工程机械AIoT：
从智能管理到无人工地

王　晔　刘兆萄　吴　涛　王超群 ◎ 编著

中国建筑工业出版社

图书在版编目（CIP）数据

工程机械 AIoT：从智能管理到无人工地 / 王晔等编著. -- 北京 : 中国建筑工业出版社, 2025.2. -- ISBN 978-7-112-30991-7

Ⅰ . TU6-39

中国国家版本馆 CIP 数据核字第 2025C5K459 号

责任编辑：李闻智　朱晓瑜
责任校对：芦欣甜

工程机械 AIoT：从智能管理到无人工地
王　晔　刘兆萄　吴　涛　王超群　编著

*

中国建筑工业出版社出版、发行（北京海淀三里河路 9 号）
各地新华书店、建筑书店经销
国排高科（北京）人工智能科技有限公司制版
北京中科印刷有限公司印刷

*

开本：787 毫米 ×1092 毫米　1/16　印张：18¾　字数：440 千字
2025 年 3 月第一版　2025 年 3 月第一次印刷
定价：65.00 元
ISBN 978-7-112-30991-7
（44090）

版权所有　翻印必究
如有内容及印装质量问题，请与本社读者服务中心联系
电话：（010）58337283　　QQ：2885381756
（地址：北京海淀三里河路 9 号中国建筑工业出版社 604 室　邮政编码：100037）

推 荐 语

《工程机械 AIoT：从智能管理到无人工地》，作者王晔以自身丰富的行业经验，深刻剖析了建筑施工行业数字化智能化的困境与机遇，聚焦在工程机械施工管理的 AIoT 解决方案。书中不仅应用了人工智能、无线通信与定位、传感器与半导体等硬科技的前沿成果，更有诸多实用的方法和案例，具有很强的指导性和可操作性，为推动行业变革提供有力指引，值得一读。

——沈渊，清华大学电子工程系教授、党委书记

在数字化时代，《工程机械 AIoT：从智能管理到无人工地》这本书的出现，可谓恰逢其时。随着我国工业的不断升级以及对标准化、智能化要求的日益提高，工程机械领域也面临着新的挑战和机遇。本书作者以深刻的洞察力，为我们展现了基于 AIoT 技术，从智能管理逐步迈向无人工地的发展路径。本书内容翔实，既有理论深度，又有实践案例，对于从业者、研究者以及相关政策制定者都具有参考价值。相信这本书将为推动我国工程机械的智能化发展和标准化建设发挥积极的作用。

——宿忠民，中国标准化研究院院长

随着新一代信息技术的不断发展和持续应用、迭代，制造行业在信息化、数字化方面已经将建筑行业远远地甩在了后面。住房和城乡建设部提出，要像造汽车一样造房子。我常常在想，类似无人工厂、黑灯工厂的制造业场景什么时候能够在建筑行业实现？《工程机械 AIoT：从智能管理到无人工地》一书将这个梦想变得不再遥不可及。我始终相信，技术是带来改变的最根本力量。这本书也正是沿着技术这条主线徐徐展开，将无人工地的宏伟蓝图用一个个最基础的传感器和算法一笔笔绘就。

——陶峰，中国建筑云筑网董事长

当下，工程建设领域正处于科技变革的浪潮之中。中国中铁顺势而为，凭借物联网技术，实现了对全国乃至国际施工项目中大量工程机械的有效管控。这一举措

在优化资源配置、提升工程效率与质量方面成效显著，有力彰显了企业与行业的先锋之姿。《工程机械AIoT：从智能管理到无人工地》的出版很有意义。该书全面且系统地阐述了相关技术与应用，是工程从业者不可或缺的知识源泉。阅读此书，有助于精准洞察技术发展路径，为智能化工程管理实践筑牢根基，进而推动全球工程建设行业的稳健发展。

——高令旗，中铁三局集团原董事长、党委书记

2019年，与智鹤科技有了一次试用合作，没想到竟促成一段不解之缘。一晃六年过去，作为建筑企业信息部门的一名老兵，见证着智鹤科技一天天的成长，也更加坚定了当初的选择。欣闻《工程机械AIoT：从智能管理到无人工地》一书即将问世，对智鹤眼中建筑业的未来倍感好奇，在仔细拜读书稿后，不禁对工程机械智能施工管理无限展望，相信在不久的将来，在无数智鹤这样公司的努力下，中国土地上也会诞生属于自己的"钢铁侠"，并成为新时代的国之重器。

——秦亮亮，中国水电五局科数部副主任、信息中心主任

从事施工行业30年，深感从单一项目设备机群管理，到近千亿营收的集团施工机械管理，如何提高设备效率、降低管理成本，如何改变施工行业规模不经济、数字化落后的局面，是施工企业管理者的头等大事。2018年偶遇本书作者刘兆萄团队，我们一拍即合，从物联网试用、软件开发到管理提升，实现了千万台套工程机械的在线管理，降低机械成本近20%。作为最直接的受益者，我感谢作者团队。

AIoT通过将人工智能与物联网相结合，实现了对工程机械设备的状态监测、故障预警、远程控制等功能，使得管理更加高效和精准。更令人振奋的是，AIoT技术正在逐步实现无人工地的构想，无人驾驶工程机械已经在一些试点项目中得到应用。2023年本人所管理的施工项目使用无人操作机群连续施工13km的沥青路面，第一次实现了无人机群的正式商用，管理经验被山东省评比为管理创新一等奖。

智鹤科技在实践的过程中不断总结，将多年的实战经验凝结成这本《工程机械AIoT：从智能管理到无人工地》。这是施工企业的福音，是给施工企业管理者找到了精细管理的工具，是给机械管理人员提供了实用的工具，有理论更重实践，也为施工企业谋划了清晰的蓝图：无人工地一定代表着未来终极的施工模式。

——左国胜，山东省路桥集团有限公司董事、聊城市交通发展有限公司董事长

新疆，广袤且充满潜力的土地，基建事业方兴未艾，正亟待创新力量的注入。

看到《工程机械 AIoT：从智能管理到无人工地》一书的问世，让人惊喜。书中所呈现的工程机械 AIoT 技术，犹如一把精准的钥匙，与新疆基建项目的管理需求高度契合。其针对性的技术方案可适应复杂多变的施工环境，在穿越沙漠、跨越山脉的工程中优化工程机械的配置和调度。无人工地的前瞻性理念，能助力解决基建劳动力分布不均与艰苦环境作业的难题，大幅提升效率与质量。研读此书，可汲取智慧，为未来的基建施工插上科技翅膀，实现跨越式发展，铸就现代化交通与建设的辉煌篇章。

——杨志刚，新疆路桥建设集团总工程师、首席质量官

随着智能化技术在建筑行业的不断应用，建筑行业迎来了质量与效率的双重提升新契机。刘兆萄是一位极具行业使命感和事业心的创业者，本书是他带领智鹤团队积十年成败得失之功的思想、方法和经验总结。《工程机械 AIoT：从智能管理到无人工地》阐述了人工智能与物联网在工程机械管理中的创新应用，为我们在项目施工过程中做质量管控提供了切实可行的新思路。希望更多行业同仁能够从中受益，为提升工程项目的质量和效率，为建筑业的数字化和智能化转型注入新的活力。

——黄斌元，浙江正方控股集团总裁

初识刘兆萄团队是 2019 年，当时公司几百台套机械设备的管理正在困扰我和团队，跑冒滴漏、效率低下、配置不合理的问题频发，我们也曾想过各种方法制度，但劳神费力事倍功半。带着困惑和问题，我们与刘总团队的交流让我精神振奋。这个团队有活力有梦想，在机械管理实践与信息技术融合方面已经相当成熟，而且不断研发创新，精益求精。《工程机械 AIoT：从智能管理到无人工地》系统阐述了工程机械智能管理的核心理念与实践方法，为我们揭示了工程行业未来的发展趋势和无限可能。我衷心向行业同仁推荐这部著作，不论你是新入行的新丁还是从业多年的专家，相信此书都会带给你宝贵的启示和收获。

——郑冀东，安徽金鹏建设集团总裁

从事地产开发多年，一直感觉建筑业对比其他行业，产值虽高，但管理水平低下，包工头形象影响高水平人员不愿意进入，数智化水平差，生产管理口口相传，简单粗放。有幸拜读耶鲁大学王晔的《工程机械 AIoT：从智能管理到无人工地》这本书。书中剖析了一个关键点：复杂多变的工程环境对于物联网和 AI 技术的应用制造了障碍。作者通过翔实的案例介绍了针对这个问题的解决方案，前沿的技术

和落地案例给我很多启发。相信在 AI 人工智能的赋能大潮下，中国的建筑业数智化一定大有可为。

——彭刚，上海海派房地产开发有限公司董事长

    基建工程作业从人抬手搬模式开始，随着科技进步发展，逐步产生了人工为主机械为辅的作业模式。进入机械化时代，工程机械化作业成为主流，人工则成为辅助性作业。随着数字化技术的快速发展，数字化与装备、工艺全面融合，实现了基建领域学科交叉相互赋能的模式，加快推动了智能建造技术的发展，机械操控无人化在逐步成为现实，也体现了基建领域强劲的创新动力。

    《工程机械 AIoT：从智能管理到无人工地》一书正是经历了创新和实践，在关键时期推出的一本优秀读本。该书详细分析了机械施工存在的管理问题，并卓有成效地给出了解决措施。同时，对工程机械能耗分析、安全生产、无人驾驶、协同作业等方面均采用案例的方式，让读者明白该怎么干、怎么能干好，为类似工程施工作业提供了参考借鉴。

    在这个时代，我们需要在工程施工作业智能化技术创新上和产业化应用上与时间赛跑，赛不过时间我们就会落后。同时，我们需要与这个时代发展的速度赛跑，赛不过时代我们就会失去机遇。

——冯海暴，河北工程大学高级工程师、硕士生导师

    身为建筑业信息管理领域的研究者，我向读者推荐《工程机械 AIoT：从智能管理到无人工地》一书。当下，建筑业正迈向智能化转型关键期，本书精准聚焦工程机械 AIoT，理论前沿且实用落地。从智能管控到畅想无人工地，为行业勾勒清晰路径。它整合大量现场实操案例，对我所管理的住房和城乡建设部重点实验室研究也有启发。无论高校师生探索学术，还是从业者寻求实操升级，都能从中觅得真知。

——刘昌永，哈尔滨工业大学建设管理系教授，
住房和城乡建设部建筑业信息管理实验室（哈尔滨工业大学）常务副主任

前　言

作者在智鹤科技的 10 多年创业过程中，深刻体验了建筑施工行业在数字化和智能化过程中遇到的种种困难，也充分实践了利用人工智能物联网来赋能工程机械的数字化和智能化管理，获得了成功的经验，也吸取了失败的教训。作者希望能够将经验教训整理在本书中，为推动建筑施工行业数字化和智能化升级做出贡献。

作者在 2006 年进入工程机械行业，服务施工企业近 20 年。在 2012 年开始参与工程施工，以"包工头"的身份承接了一个高难度的工程。当时众多行业老手根据自己的经验预测作者的项目至少要亏损 30%，于是作者抱着交学费入行的心态，以小白的视角去思考如何提升效率，不断用最新的技术手段去改变原有的施工作业方法，最终使这个工程得以保质保量提前完工，盈利 20%，一炮而红。此后类似的高难度的工程承接不断，利润率一直保持较高水平，客户有口皆碑，作者团队每做完一个工程都有满满的成就感。从此，作者认识到，通过数字技术可以改变工程行业，可以拧出行业的水分，可以干出漂亮的工程。

但是庞大到数十万亿规模的建筑施工行业，依靠少数施工团队在技术上做单点突破，对行业的影响非常小。作者开始思考施工行业的未来应该如何发展，经过一段时间的学习和摸索，作者忽然有了顿悟：既然建筑施工行业在数字技术上如此落后，为什么我们不去改变它呢？于是作者带领团队从施工方转向下游产业，立志用快速更新的人工智能和物联网技术来帮助施工企业持续提升施工效率。

建筑施工行业亟须改变，需要改变数字技术落后的局面，需要改变规模不经济的局面，需要改变粗放式发展的局面。为什么会出现当前这种局面呢？作者根据多年的经验，逐渐挖掘出了本质原因：工程项目的施工效率太低。参考其他行业数字技术发展的四个阶段：手工作业→机械化→数字化→智能化，越往后，效率越高。建筑行业因其特殊的属性原因，技术发展一直缓慢，当前还处于手工作业与机械化之间，效率依然低下。

如何改变这个行业，持续提升施工效率？带着强烈的使命感，作者为智鹤科技确立的愿景是"用数字赋能每一个工地，成为施工行业的智慧引领者"。因为作者团队是工程机械行业背景出身，很快就发现数字化可以解决的第一个实际问题就是当前工地上的物资设备管理：大量的工程机械设备都是施工方租赁使用，它们属于各个不同的机主，每位机主可能派来多位驾驶员。管理人员、现场施工员、机械、机主、机手的复杂组合，显著增加了管理难度。通常施工企业的管理方法是派自己的管理人员去监管外协人员与机械，通过三张小票来做统计和结算：台班签证单、燃油票据、运趟凭证。这种人工管理的方法成本高，效率低，而且有明显的漏洞，容易被钻空子。智鹤科技从这个点切入，研发数字化产品，通过物联网和人工智能代替管理人员来监管工程机械，自动化地为三张小票采集数据，通过 SaaS 软件完成管理，显著提升了管理效率，堵住了原来的管理漏洞，实现燃油成本下降约 20%，工程机械使用成本下降约 15%，帮助施工企业实现了降本增效。在研发和服务的过程中，作者团队踩了很多产品技术和管理实践的坑，通过多年的去芜存菁，逐渐形成了基于人工智能物联网进行工程机械数字化和智能化管理的方法论和最佳实践，对于工程机械需要什么样的 AIoT 技术、施工现场需要如何管理、无人工地的未来如何发展有了自身的理解。

  作者希望将这些心得体会，以及可以"拿来即用"的方法整理在本书之中，以供行业内外的读者参考。本书共有 8 章，第 1 章介绍工程机械施工管理的挑战，也是为什么我们需要使用 AIoT 技术来进行工程机械数字化和智能化管理的原因；第 2 章万机互联和第 3 章工地一张网主要介绍机械施工管理需要使用的主要 AIoT 技术；第 4 章总结了基于 AIoT 的工程机械智能施工管理方案，从 L1 逐步升级到 L4 的 4 个级别的智能化；第 5 章、第 6 章、第 7 章对机械的智能施工管理方案展开详细讨论，分别是工作结算、油耗监管、智能调度；第 8 章展望未来的无人工地，探讨今天的工程机械如何在明天实现极致的施工效率。

  道阻且长，行则将至。我们相信，工程机械人工智能物联网一定能帮助传统的建筑施工行业从智能管理走向无人工地。

刘兆萄

目　　录

第1章　工程机械施工管理的挑战 …………………………………………… 1

1.1　10万亿分散大市场 ……………………………………………………… 5
1.2　施工工地数字化管理难题 ……………………………………………… 8
1.3　工程机械施工管理困境 ………………………………………………… 10
1.4　机械施工管理问题的深度剖析 ………………………………………… 12
　　1.4.1　数字化程度低，依赖人工 ……………………………………… 13
　　1.4.2　工程机械种类繁多，行业规范缺失 …………………………… 13
　　1.4.3　非实时数据 ……………………………………………………… 17
　　1.4.4　施工管理系统繁杂，数据割裂 ………………………………… 18
　　1.4.5　无法试错，难以迭代 …………………………………………… 18
1.5　解决方案：基于AIoT的机械智能管理 ……………………………… 19

第2章　万机互联：工程机械物联网 ………………………………………… 21

2.1　工程机械需要什么样的物联网？ ……………………………………… 23
2.2　物联网技术结构 ………………………………………………………… 24
　　2.2.1　传统物联网四层结构 …………………………………………… 24
　　2.2.2　工程机械物联网结构 …………………………………………… 26
2.3　工程机械物联网中的传感技术 ………………………………………… 30
　　2.3.1　运动速度传感器 ………………………………………………… 31
　　2.3.2　加速度传感器 …………………………………………………… 32
　　2.3.3　角度和姿态传感器 ……………………………………………… 33
　　2.3.4　角速度传感器 …………………………………………………… 34
　　2.3.5　液位传感器 ……………………………………………………… 34
　　2.3.6　力传感器 ………………………………………………………… 36
　　2.3.7　距离传感器 ……………………………………………………… 37
　　2.3.8　磁感应传感器 …………………………………………………… 38
　　2.3.9　温度传感器 ……………………………………………………… 39

  2.3.10 液体流量传感器 ……………………………………………… 40
  2.3.11 工程机械领域传感器的特点 …………………………………… 41
 2.4 工程机械物联网中的定位技术 …………………………………………… 42
  2.4.1 全球导航卫星系统 ……………………………………………… 42
  2.4.2 区域范围定位技术 ……………………………………………… 44
  2.4.3 定位技术的结合 ………………………………………………… 47
 2.5 工程机械物联网中的通信技术 …………………………………………… 48
  2.5.1 运营商网络 ……………………………………………………… 48
  2.5.2 NB-IoT …………………………………………………………… 49
  2.5.3 蓝牙 BLE ………………………………………………………… 50
  2.5.4 星闪 NearLink …………………………………………………… 51
  2.5.5 自组织网络 ……………………………………………………… 52
 2.6 工程机械物联网中的计算架构 …………………………………………… 52
  2.6.1 边缘计算 ………………………………………………………… 53
  2.6.2 云计算 …………………………………………………………… 53
 2.7 工程机械物联网标准 ……………………………………………………… 54

第 3 章 工地一张网：施工大数据 …………………………………………… 55

 3.1 工地自组织网络 …………………………………………………………… 57
  3.1.1 联网技术 ………………………………………………………… 57
  3.1.2 通信协议 ………………………………………………………… 59
  3.1.3 自组织网络应用案例 …………………………………………… 63
 3.2 "人机料法环"数据采集 …………………………………………………… 68
  3.2.1 劳务实名制和人脸识别 ………………………………………… 69
  3.2.2 智能安全帽 ……………………………………………………… 71
  3.2.3 摄像头 …………………………………………………………… 72
  3.2.4 物料管理 ………………………………………………………… 73
  3.2.5 结构安全监测 …………………………………………………… 75
 3.3 工地三维地形图重建 ……………………………………………………… 77
 3.4 施工过程时空线重建 ……………………………………………………… 80
 3.5 数字孪生辅助施工 ………………………………………………………… 81
  3.5.1 数字孪生 ………………………………………………………… 81
  3.5.2 AI 辅助施工 ……………………………………………………… 82

第 4 章 基于 AIoT 的工程机械智能施工管理方案 ………………………… 85

 4.1 工程机械 AIoT 智能施工管理概述 ……………………………………… 87
 4.2 智能管理 L1：数据展示 ………………………………………………… 89

4.2.1　工时管理 ·· 89
　　　4.2.2　燃油管理 ·· 90
　　　4.2.3　车辆管理 ·· 91
　　　4.2.4　综合管理 ·· 91
　　　4.2.5　L1 阶段的日常管理动作 ··· 92
　　　4.2.6　L1 阶段的价值 ··· 92
　4.3　**智能管理 L2：现场管理** ·· 92
　　　4.3.1　L2 阶段的日常管理方法 ··· 94
　　　4.3.2　工时和产量管理 ·· 94
　　　4.3.3　燃油管理 ·· 95
　　　4.3.4　车辆管理 ·· 95
　　　4.3.5　日常管理 ·· 96
　　　4.3.6　报警管理 ·· 97
　　　4.3.7　L2 阶段的价值 ··· 97
　4.4　**智能管理 L3：经营结算** ·· 98
　　　4.4.1　工时管理 ·· 98
　　　4.4.2　运输趟数等管理 ·· 99
　　　4.4.3　燃油管理 ·· 99
　　　4.4.4　成本核算 ·· 99
　　　4.4.5　经营趋势 ·· 100
　　　4.4.6　L3 阶段的管理工作 ·· 100
　　　4.4.7　L3 阶段的价值 ··· 101
　4.5　**智能管理 L4：智慧指挥** ·· 101
　　　4.5.1　AI 辅助的施工效率管理 ··· 101
　　　4.5.2　AI 辅助的机械现场管理 ··· 103
　　　4.5.3　AI 辅助的财务结算 ·· 103
　　　4.5.4　AI 辅助的机群指挥 ·· 104
　　　4.5.5　L4 阶段的管理理念 ·· 105
　　　4.5.6　L4 阶段的价值 ··· 105

第 5 章　工程机械 AIoT 智能施工管理：工作结算 ························· 107

　5.1　**项目管理** ··· 110
　　　5.1.1　新增项目 ·· 110
　　　5.1.2　项目成员 ·· 111
　5.2　**进场验收** ··· 112
　　　5.2.1　安装智能终端 ··· 113
　　　5.2.2　录入机械台账 ··· 115

5.2.3　手机扫码绑定 117
　　　5.2.4　机械入网 117
　　　5.2.5　机械二维码 118
　5.3　工时自动统计 119
　　　5.3.1　AIoT 技术方案 119
　　　5.3.2　核对工时数据 120
　　　5.3.3　管理配置 121
　5.4　台班管理 123
　　　5.4.1　电子台班签证单 123
　　　5.4.2　审批流配置 125
　　　5.4.3　台班审批 127
　5.5　产量自动统计 129
　　　5.5.1　工程机械的产量 129
　　　5.5.2　机械工作场景配置 130
　5.6　日常管理 132
　　　5.6.1　异常报警管理 133
　　　5.6.2　考勤和出勤管理 136
　　　5.6.3　机械点检和盘点 137
　5.7　退场结算 140
　　　5.7.1　结算单 140
　　　5.7.2　退场 141
　5.8　机群管理 141
　　　5.8.1　项目机械审计 142
　　　5.8.2　地图监测 143
　　　5.8.3　机械工作审计 143
　　　5.8.4　机械工作效率分析 144
　5.9　制度化应用基于 AIoT 的机械工作结算 146
　　　5.9.1　管理水平分析 146
　　　5.9.2　管理优化 148
　　　5.9.3　业财 IT 系统集成 148

第 6 章　工程机械 AIoT 智能施工管理：油耗监管 149

　6.1　IT 系统配置 152
　6.2　进场机械加装硬件 153
　　　6.2.1　安装油位监测仪 153
　　　6.2.2　机械绑定智能硬件 157
　　　6.2.3　检查油量曲线 160

- 6.3 油箱标定 160
  - 6.3.1 填写油箱参数 161
  - 6.3.2 参数标定 162
  - 6.3.3 模型标定 163
  - 6.3.4 一次加油标定 163
  - 6.3.5 两次加油校正 165
- 6.4 日常加油管理 166
  - 6.4.1 AIoT 技术方案 167
  - 6.4.2 加油规范与手工登记 168
  - 6.4.3 手工登记审批与核验 170
- 6.5 日常油量监管 172
  - 6.5.1 实时油量检查 172
  - 6.5.2 油量曲线检查 172
  - 6.5.3 油量异常应急响应 173
  - 6.5.4 油量管理相关报警 175
- 6.6 油耗统计与结算 175
  - 6.6.1 机械油耗统计 176
  - 6.6.2 项目机群油耗统计 177
  - 6.6.3 管理优化 178
- 6.7 制度化应用基于 AIoT 的机械油耗监管 179

第 7 章 工程机械 AIoT 智能施工管理：智能调度 181

- 7.1 智能机械选型 183
- 7.2 合理排班问题 185
- 7.3 路径规划问题 188
- 7.4 现场调度指挥系统 190
  - 7.4.1 调度指挥大屏 191
  - 7.4.2 AI 对讲机 192
  - 7.4.3 自动进退场 194
  - 7.4.4 派工建议 196
- 7.5 加油和维保的调度 197
  - 7.5.1 智能加油调度问题 197
  - 7.5.2 智能维保提醒 198
- 7.6 现场异常处理 199
- 7.7 工程机械自动驾驶 201

第 8 章　无人工地：工程机械智能施工的未来 203

8.1　从万机互联到工地一张网 205
8.1.1　万机互联 205
8.1.2　工地一张网 206
8.1.3　数据积累 207
8.2　AI 的施工经验积累 208
8.3　无人工地：AI 指挥的工程机械机群施工 209
8.4　施工自动化相关技术 211
8.4.1　装配式建筑 211
8.4.2　无人驾驶工程机械 213
8.4.3　建筑施工机器人 214
8.4.4　蚁群机器人 216
8.4.5　液态自组织机器人 217
8.5　畅想月球基地施工项目 218
8.6　无人工地的挑战与机遇 221

附录 1　全球运营商网络概况 223

附录 2　工程机械命名编码规范 255

附录 3　工程机械数字化管理规范案例 265

附录 4　项目机械施工管理数字化分析报告 273

参考文献 283

第1章
工程机械施工管理的挑战

工程机械 AIoT：
从智能管理到无人工地

2023 年中国建筑业总产值达 31.6 万亿元，增加值达到 8.6 万亿元、占国内生产值的 6.8%，共有超过 15 万家建筑施工企业，吸纳就业超过 5000 万人，可以说建筑业是国民经济的支柱产业（图 1-1）。

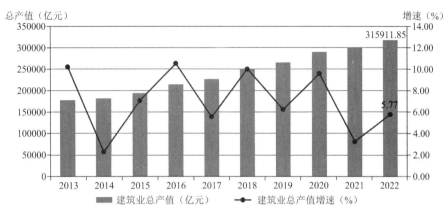

图 1-1　建筑业总产值与增速
（来源：中国建筑业协会）

只要人类社会继续投资改善自己的生活环境和生产环境，工程建筑行业就会持续增长，不断发展。建筑施工工程，既包括修路架桥、水利电力、市政环保等基建类工程，也包括工业、商用、民用的房建类项目。建筑施工是永不停歇的经济发展引擎。

但中国建筑业整体利润率只能维持在 3% 左右，而且还呈现出逐年下降的趋势，中国建筑业还处在规模不经济状态。在 21 世纪前 20 年的建设高峰期间，中国建筑业消耗了全球森林砍伐量、钢材量的 50%，全球水泥 60% 用于中国建筑业，还产生了 48% 的城市固态垃圾，可谓成本高昂（图 1-2）。中国建筑业的效率和效益还需要大幅提升。

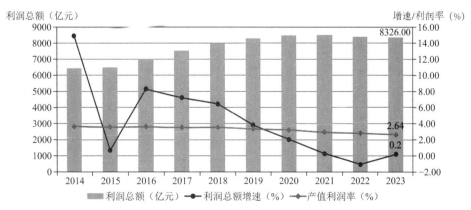

图 1-2　建筑行业利润与增速
（来源：中国建筑业协会）

建筑业之所以效率低下，一个重要的原因是数字化和智能化程度低，所以管理水平上不去，无效浪费严重。包括人工智能物联网（AIoT）在内的有巨大潜力的数字科技，未能有效帮助建筑施工行业提高效率。

虽然近20年建筑业积极拥抱科技创新，但是其他行业的数字化和智能化水平提高得更快，落地实现的效果也更好。逆水行舟，不进则退。经过几十年激烈的竞争，建筑行业的数字化与智能化水平已经落后于农业和酒店行业。

当前，我国建筑施工企业信息化投入占总产值的比例约为0.08%，发达国家则为1%；我国建筑业信息化率约为0.03%，国际平均水平为0.3%，两者相比差距都在10倍。（数据来自清华大学互联网产业研究院）

不同发展周期的前沿技术在各行业场景中的应用分布如图1-3所示。

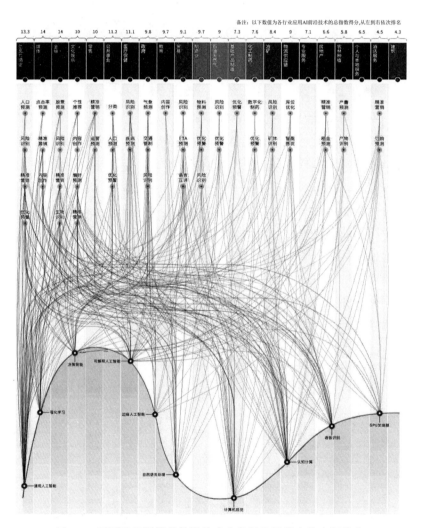

图1-3 不同发展周期的前沿技术在各行业场景中的应用分布

（来源：和鲸科技）

建筑施工项目成本高、周期长、人员多、环境恶劣、工艺复杂，有很多的板块和海量的细节，每个点都可以通过数字化和智能化管理来降本增效。那么在哪个板块发力可能会得到更好的效果呢？一个建筑工程项目的成本来自"人机料法环"五大板块，其中建材（料）占比最大，占比近60%，其次是工程机械（机），占比20%以上。这几十年来，随着施工工艺和工程机械的技术进步，机械成本的占比在逐渐提高。所以，在提升建筑施工效率的工作中，新材料的数字化、智能化管理价值最高，其次就是本书所关注的工程机械施工的智能化管理。

值得注意的是，工程机械的智能化水平是紧追信息技术的快速发展的，新一代工程机械普遍具有智能驾驶、辅助作业、联网监控、碰撞预防等高科技功能，还有一些新能源工程机械正在逐步面世。但是先进的工程机械在进场工作的时候并没有展现出智能高效，因为施工企业对单机械以及多机群的管理方法还比较落后，派工、指挥、调度、产能统计、财务结算等管理工作大量依靠人工，错漏多、智能少、速度慢、耗时久。

工程机械施工管理的数字化和智能化具体遇到了哪些挑战呢？

1.1　10万亿分散大市场

根据住房和城乡建设部公布的数据，中国建筑行业的总产值从2016年的19.3万亿元增长到2023年的31.6万亿元，年度复合增长率约为7.3%。建筑行业作为国民经济的压舱石，在未来经济增速整体放缓的情况下，国家对建筑行业的投入力度会持续加大。同时国家在这些年一步步推进数字中国建设的政策中，对建筑行业也产生了较大的积极影响。

当今世界正在经历百年未有之大变局，科技革命和产业变革日新月异，大数据、云计算、人工智能、物联网等数字技术的深化应用，深刻改变着人类生产生活方式，对经济社会发展影响深远。在数字经济时代，全球企业都在谋划未来发展大计，数字化转型升级既是战略性选择，又是企业可持续发展的必经之路。在数字化变革的大趋势下，作为国民经济支柱产业的建筑业在政府监管、招标投标管理、工程组织方式、建筑用工制度等方面进行了改革与创新，尤其是BIM的应用及装配式建筑的发展极大地提升了建筑业现代化水平。

但是，建筑业整体面临着盈利能力低、运营效率低、信息化率低、环境污染、核心竞争力不强、改革力度不够、创新能力不足等问题，建筑业的转型升级迫在眉睫。根据以上情况，建筑企业只有将数字化作为一种手段和思维方式，深化改革，建立现代企业制度，提升管理水平，推动数字化转型升级，才能实现建筑业持续性发展。

但是，建筑业规模极其庞大，正是行业数字化改革和智能化变革的巨大挑战。建筑施工企业数量众多，水平参差不齐，从央企巨无霸到乡村包工头，各种规模的企业都很活跃。中国建筑、中国中铁、中国铁建、中国交建、中国电建、中国能建、中国中冶、中国安能八大建筑央企占市场份额超过35%，个个都有万亿规模的年产值、十万规模的人员。同时，还有60%多的市场由超过15万家各地国企和大中小民企承接，企业规模从几十人到几万人不等，承建项目产值从几百万元到上千亿元不等，这些施工企业地理分布分散，参与的工程项目更是天南海北。虽然这些大小企业之间经常通过分包、承建、租赁、借调等方式进行各种业务合作，但是整体来说企业与企业之间的差别是远大于共性的。

在这样一个巨大的、高度分散的市场，几乎不可能诞生统一的、通用的智能管理系统。不同规模、不同资质、不同业务风格的施工企业，其管理目标、管理需求、管理方法天差地别。所以，市场上出现了大量的各式各样的中小型信息科技公司，分别服务于不同地域的一部分相似企业，往往也只能帮助施工企业完成一小部分的信息化。对绝大多数施工企业来说，工程机械施工管理的信息化程度都很低，基本上只完成了由 IT 系统替代纸质单据的一小步。实际工地上的管理，还得依靠大白板排班表、对讲机大喇叭、人填手录发小票等人工方法。建筑行业从业人员统计如图 1-4 所示，建筑行业企业数量统计如图 1-5 所示。

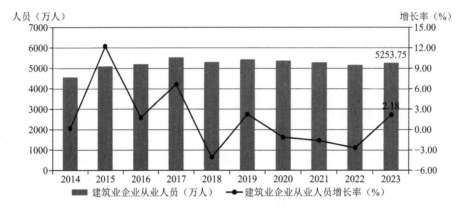

图 1-4　建筑行业从业人员统计

（来源：中国建筑业协会）

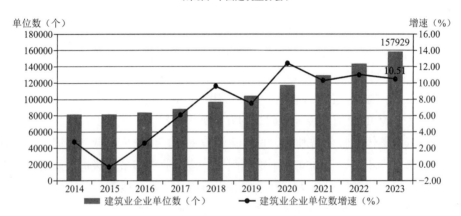

图 1-5　建筑行业企业数量统计

（来源：中国建筑业协会）

如前所述，建筑施工的总产值中，建筑材料占比最大，其次是工程机械。30 万亿元的总产值中，工程机械施工占比在 1/3 以内。工程机械施工管理的总市场规模，在 10 万亿元量级。

这也是一个巨大的、高度分散的市场。但是与建筑施工行业的金字塔形分布不同，工程机械施工产值在企业间的分布更加碎片化且均匀。这是因为工程机械施工是层层转包管理的。中大型施工企业有好的资质和资源，可以投标承建大量的大中型项目。中大型施工企业承建的项目中，有大量建设工作会分包给中小型施工企业，而中小型施工企业又会把其中比较标准和简单的工作分包给小型分包商。

这些分包合作的工作通常是常用工程机械可以完成的工作。在中大型施工企业的项目上工作的机械，大部分由小型施工企业等分包商管理，少数由自己来管理。

无论是大型施工企业、小型施工企业，还是小型施工分包商，主要使用的都是租赁的工程机械，只有小部分是自有机械。

这种分包合作和租赁合作的机制，是适应了工程项目的市场特点的。施工企业每年承建的项目都不一样，不同项目地理上可能相距甚远，对各种不同机械的需求也有很多区别，各项目的工期进度也经常变动，所以不能依赖调度不灵活的自有机械，而需要依靠同业租赁合作来充分提高工程机械的整体利用率。

从市场情况来看，大中小型施工企业都不会保有太多自采购的机械，所以工程机械在企业间的分布就更显分散和均匀。

施工企业分包合作示意图如图1-6所示。

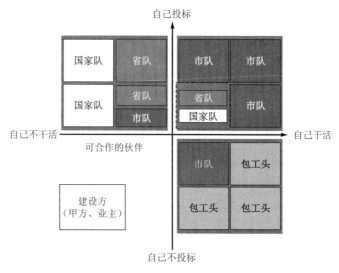

图1-6 施工企业分包合作示意图

一般来说，常用机械，比如普通型号的挖掘机、装载机、自卸车、起重机、洒水车、混凝土搅拌运输车、摊铺机、压路机等，施工企业通常会选择性价比高的租赁模式来租用。特种机械，如盾构机、提云架、升降机、特大型号的各种机械，施工企业通常会选择自己购置维保，调配给各个项目交替使用。

常用机械的租赁方，包括有一定规模的工程设备租赁公司，也包括大量的个体机主。租赁方也会一定程度参与到工程机械的施工管理之中。

所以，工程机械施工管理的需求，散落在大中小各个层级的15万家施工企业和上百万机主中，高度分散。想要满足这么多需求方，对机械智能管理的解决方案要求很高。更进一步的挑战是，因为工程机械在这些企业中的分布相对均匀，头部央企的机械智能管理方案仅能覆盖一小部分的工程机械，要实现整个施工行业的工程机械智能化管理，需要适配这种高度分散的市场特征。

1.2 施工工地数字化管理难题

除了建筑行业整体的巨大规模、高度分散特点以外，建筑施工和其他行业还有一个本质区别：恶劣的工地环境对数字化的挑战（图1-7）。

图1-7 对数字化不友好的工地环境

每个新项目的工地都是一个新环境，工地现场管理的难度远大于办公室和工厂，工地的 IT 技术支持也远低于办公室和工厂。

（1）从技术层面分析，数字化和智能化的核心要素是数据。而对于工地环境，数据的获取、数据的传输、数据的处理都很困难。

① 智能管理需要使用 AI 模型来取代人工管理经验，而 AI 模型的训练又依赖大量可靠的数据。

首先工地上存在大量的数据，包括大量工程机械在开工过程中都产生了大量数据，但实际上只有少量数据被采集，而且主要靠人工填录来采集。数据质量很低、不完整、不准确、不实时。绝大多数施工过程数据是没有被持续采集的。如果要在工地上完整地采集数据，就需要海量的持续运转的传感器。但现状是，一个数平方公里的工地上布置的传感器可能少到是个位数的。作为对比，一辆几平方米的新能源汽车上有几百个传感器，工地传感器数量非常稀疏。作为另一个对比，工厂里可以方便快捷地布置传感器，只要安装完成，数十年都可以采集数据，而工地上完全不一样，工地上布置传感器的难度非常大，在其他行业很容易的接线取电工作在工地就是一个大障碍。其次是工地环境经常发生变化，当天安装的传感器可能因为施工推进，第二天就被挖掉了。

所以，工地上的数据获取可能是各种行业里最难实现的。

② 再加上工地的网络通信环境受到限制，特别是荒山野外、隧道深坑、海面水下等工程场景甚至很难有无线电信号覆盖。即便工地上可以持续采集数据，数据的传输过程也面临巨大的挑战。

现状是，绝大多数工地，都只有部分区域有网络信号，很多角落是通信死角。而工地整体对外的数据传输通道延迟高、带宽低、丢包多。

③数据处理依赖高质量的算力，在数据传输能力有限的情况下，工地环境就很依赖边缘计算。但是工地上环境多变、电源不稳、碰撞多发，即便是简易的传感器都很难稳定工作，对于计算芯片和自组织网络的稳定运行更是挑战巨大。

实际情况是，边缘计算在工地的使用非常少，而且经常出故障，需要反复请IT运维工程师到现场进行检修。

（2）从经济价值分析，建筑行业因为规模大、商机多，IT供应商始终积极地为其提供智慧工地等解决方案。但是基于智慧工地的数字化尝试，有一些明显的重复建设和过度建设，在没有克服技术挑战的条件下、在没有帮助施工提效的情况下，将过多的异业IT技术引入工地，可能无法取得较好的效果。许多智慧工地的样板工程最终成为"花瓶工程"，硬件坏了，软件数据缺失，系统使用逐渐荒废，工程项目在智慧工地上的投入产出比非常低。

不可否认的是，智慧工地将新的信息技术带到了传统的建筑工程行业。比如人脸识别闸机、智能胸牌，对于劳务实名制有提效；安全监管摄像头、智能安全帽等，对于安全生产的管理有提效；钢筋数量视觉统计、无人机巡检进度等，对于材料管理和项目管理也有提效；还有其他很多有价值的数字化技术，也为工程项目的管理效率做出贡献。

只是从经济价值角度来讲，施工企业需要采购、安装、维护很多昂贵的IT设备，还需要在施工管理过程中适配这些复杂的IT工具，实际的经济收益比较小。让施工企业做投入大、成本高、收益低的工作，是不可持续的。

实际上，最近几年建筑企业已经开始怀疑数字化在建筑行业到底能不能行得通，能不能降本增效，有没有实际的意义。

（3）一个工程项目需要多部门复杂配合施工，管理难度大。从管理数据来讲，至少有项目设计数据、工程进度数据、质量管理数据、安全生产数据、财务成本数据、人员管理数据、设备数据、物料数据、环境监测数据等，也就是人、机、料、法、环各板块的数据，由不同的部门进行管理，很容易各自为政，形成数据孤岛。

想要在复杂的工地上，让所有人都能快速适应数字化和智能化管理系统，形成合力，难度非常大。工程项目的周期一般是几个月到几年，说短不短，说长也不长。各部门人员不可能像企业办公室一样长年接触、配合默契。实际上，工地中每个人如果能管好个人的事情，已经是效率很高了，要更进一步实现整体的数字化和智能化，还需要更好的落地路径。

综上三点，建筑施工行业在数字化管理的推进中开始越来越谨慎，行业数字化水平也较为落后。

从一组图片我们就看出来施工工地数字化管理的落后与停滞（图1-8～图1-10）。这20年来信息技术突飞猛进，通信、传感器、大数据、物联网、人工智能等技术发展日新月异，对人类生产生活产生了深远的影响。尤其是人们的日常生活消费领域已经被改造得天翻地覆，2005年教皇登基的时候人们只是仰视教皇（那时候还没有智能手机，更没有微信），2013年教皇登基的时候所有人都可以观看现场直播。即便是在技术迭代缓慢的制造业工厂车间，2001年还是人山人海，到2024年已经全面数字化，接近无人化。只有大工程的工地似乎没有什么改变，还是熟悉的挖掘机群与劳动队伍，我们甚至无法区分两张工地照片哪张是 2003 哪张是 2023 年。

施工工地的数字化管理，至今还在起步阶段。

图 1-8　2005 年教皇登基对比 2013 年教皇登基

图 1-9　同一家工厂的生产车间（左：2001 年；右：2024 年）

图 1-10　2003 年工地现场对比 2023 年工地现场

1.3　工程机械施工管理困境

因为施工行业的上述特点，工程机械施工需要大量的管理成本，催生出各种或专业或土法的管理方法。比如设计管理单据让施工员和机械驾驶员共同填录签字、由统计员给机械驾驶员发特制小票、让驾驶员扫特定二维码或者在屏幕上点击录入、由统计员现场记录填表、由无人机进行巡检记录工作情况等。

但是，工程机械的施工管理整体是比较粗放的，从全国各地项目汇总到公司总部办公室的数据，错漏较多，基本无法反映真实的施工过程，对于管理动作的指导更是无从谈起，甚至会对施工企业管理者的决策产生误导。

对施工企业来说，目前工程机械施工管理面临"三多一少"难题（图 1-11）：

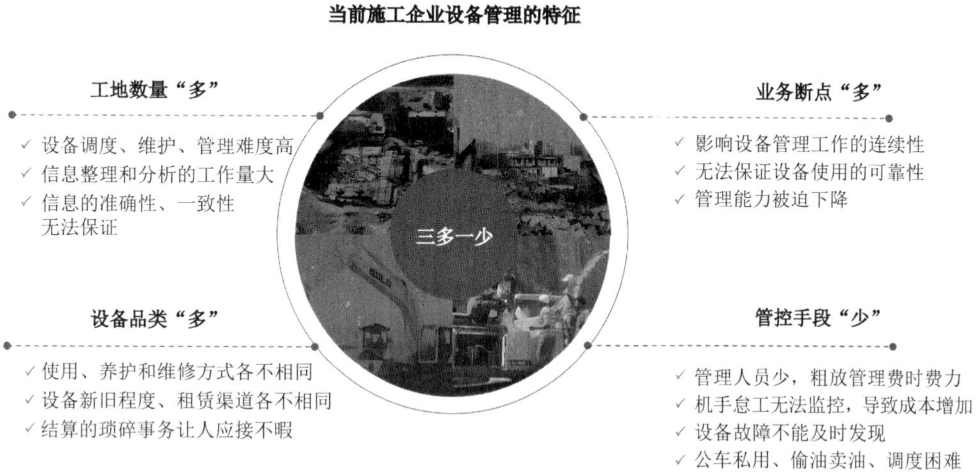

当前施工企业设备管理的特征

工地数量"多"
- 设备调度、维护、管理难度高
- 信息整理和分析的工作量大
- 信息的准确性、一致性无法保证

业务断点"多"
- 影响设备管理工作的连续性
- 无法保证设备使用的可靠性
- 管理能力被迫下降

设备品类"多"
- 使用、养护和维修方式各不相同
- 设备新旧程度、租赁渠道各不相同
- 结算的琐碎事务让人应接不暇

管控手段"少"
- 管理人员少，粗放管理费时费力
- 机手怠工无法监控，导致成本增加
- 设备故障不能及时发现
- 公车私用、偷油卖油、调度困难

图 1-11 "三多一少"难题

（1）施工项目多、分布广、战线长。

（2）工程机械数量多、种类多、品牌多、型号多、来源复杂、新老不一。

（3）规章制度多，工作流程长，存在很多业务断点。

（4）管理难、手段少，数字化水平低。

因为这些困难的存在，绝大多数项目对机械的管理效率都比较低下，存在如下实际问题：

（1）**跑冒滴漏多**：由于机械数据采集不完善，管理流程中通常存在较多的漏洞。管理人员和施工人员，包括机械驾驶员和机主，都有钻空子的行为。

在一个施工项目中，出现过一台挖掘机一天偷懒怠速 5h 但是统计员记录其全天台班的情况。另一个项目中，一台摊铺机的油箱容积是 400L，但是人工记录的一次加油达到了 550L。在一个土方工程项目中，自卸车的司机自己记录每一趟拉运，由卸料点统计人员核对，这样细致的管理下，依然出现每天漏记 2 趟（一共 14 趟）的情况。有的项目的结算单据里出现了从来没有真实进场工作的机械或者是在附近项目工作的机械。甚至有水建项目的工程船在项目期间将储油舱里的大量燃油转卖，造成几百万元的经济损失。

摊子大了，跑冒滴漏就会在各个角落出现。跑冒滴漏多了，施工效率就会持续下降。无独有偶，跑冒滴漏现象通常和拖延工期一起发生，造成损失加重。

（2）**管理成本高**：如果要把每个项目的机械都管理好，就需要增加管理人员的工作量，增加管理人员数量，还需要额外增加激励来确保管理人员的工作效率。依赖人工的管理，成本居高不下。

实际现状是，大多数项目对工程机械的管理只能安排有限的人员，主要的管理资源还是放在项目事务、劳务、物资等更紧急的板块。于是，大多数项目只能容忍工程机械的跑冒滴漏和低效率施工。

（3）经济效益低：由于管理能力有限，各个工程机械的排班、调度、配合很难优化，经常发生车等铲、铲等车、返工、排队、空转等效率低下的情况。整体机械闲置率高、利用率低。在跑冒滴漏和效率低下造成严重损失的情况下，机械机群施工工艺和流程的优化还有很长的路要走。

实际上，因为前三个问题的存在，机械施工管理的精益求精只能是一个美好的愿望，无法落到实处。

当然，优秀的施工企业已经在工程机械管理的数字化和智能化上有了长足的进步，特别是很多先行者使用基于 AIoT 的机械施工智能管理方案，克服了"三多一少"难题，解决了效率低下的问题。

本书后续章节会详细介绍这些管理问题以及基于 AIoT 的解决方案，以供我们这个庞大行业中的大量尚未走出泥潭的施工企业作为参考。

1.4 机械施工管理问题的深度剖析

正如前文所述，最近 20 年工程机械本身的进步是巨大的，完成了数字化、智能化的升级，也已经开始了新能源化的改造。工程机械的驾驶员培训水平也提升明显，熟练驾驶员（机手）可以很高效地完成被安排的工作。

对工程项目来说，有这样的进步，机械的施工管理效率应该很高，但实际上工程机械的施工管理效率却仍然较低：

（1）项目早期阶段对机械需求量的评估误差较大，有些项目租用了过多的机械，偶尔也有项目对工作量估计不足。

（2）项目进场前机械的使用计划不甚完善，通常需要边做边改。只有特别小工作量的临时需求，计划才比较准确。

（3）机械进场后，计划外的实时派工和调度等管理工作比较粗放，依赖项目经理和施工员的个人经验。

（4）机械退场前的财务结算经常发生纠纷，原因通常是工作量统计偏差。

而造成工程机械施工效率低下的根本原因，就是数字化和智能化水平低下。机械的排班、调度、派工、指挥、操作，都重度依赖现场的人工。

因为缺少实时、全面、准确的数据，人工管理效率的高低，很大程度上取决于人的过往经验，而不同的人在不同的工作场景会做出不同的决策，无法保证施工效率的最优化。

从统计学角度来说，工程机械的平均施工效率大概能达到普通项目经理、普通管理人员（安全员和指挥员）、普通驾驶员所能达到的水平。而普通人的能力是显著低于行业高水平的。

机械的运转记录、产量、能耗，以及对应的施工效率等数据，尽管项目方广泛使用了 IT 系统，但是统计数据重度依赖人填手录，不仅额外增加人力成本，而且系统录入数据和真实数据之间会有较大误差。

没有完整准确的数据，行业是无法进行大数据积累的，也就无法系统性地持续迭代施工管理方法。实际上，给定一个建筑施工项目的需求，多数项目经理很难给出最优的工程机械成本定额。对于不熟悉的项目，机械成本预算超支是经常发生的。同样的项目重新再做一遍，机械的施工效率是否能提升也不可知。

数字化和智能化的水平低下，有很多具体表现，在不同层面对工程机械的施工管理效率低下造成了影响。我们用实际案例来做剖析。

1.4.1 数字化程度低，依赖人工

建筑施工行业是典型的传统行业，历史悠久，相对僵化。尽管行业不断推进信息化建设，但只是基本实现了用IT系统替代纸质单据。

因为前文所述的原因，无论是老旧的纸质单据还是新一代的IT系统，机械施工数据的采集主要依赖人填手录，容易错漏，容易出现作弊违规，管理成本高。

就算持续增加管理成本，也并不能从根本上解决数据错误、漏洞百出的问题。这就导致管理的效果差，管理产出低。

1.4.2 工程机械种类繁多，行业规范缺失

当前用于工程施工的机械有几百种类型、几千个品牌、几万多种规格型号。表1-1和图1-12是智鹤科技根据已知信息统计的机械类型清单和品牌分布，如此多种不同的工程机械，管理难度自然很大。

机械类型、品牌、规格　　　　　　　　　　表1-1

机械类型名称	品牌数量	规格数量	机械类型名称	品牌数量	规格数量
挖掘机	118	974	滑移清扫车	14	15
装载机	110	351	洒水车	75	341
平地机	34	84	沥青洒布车	15	28
推土机	23	42	稀浆封层车	11	11
自卸车	78	291	同步封层车	14	19
摊铺机	38	65	汽车式起重机	64	336
单钢轮压路机	40	164	履带式起重机	21	112
双钢轮压路机	35	86	塔式起重机	37	37
胶轮压路机	29	64	随车式起重机	83	252
静碾压路机	20	21	叉车	36	110
冲击式压路机	11	28	门式起重机	24	24
铣刨机	19	28	桥式起重机	18	19
沥青搅拌站	16	16	高空作业平台	7	7
路拌机	18	18	高空作业车	27	27
冷再生	8	8	施工升降机	13	14
热再生	7	7	泵车	27	116
稳定土搅拌站	5	5	拖泵	14	15

续表

机械类型名称	品牌数量	规格数量	机械类型名称	品牌数量	规格数量
车载泵	12	30	侧翻装载机	6	12
混凝土搅拌运输车	72	362	长臂装载机	6	7
混凝土搅拌站	26	26	桥梁检测车	4	4
旋挖钻机	24	105	潜孔钻机	9	9
水平定向钻	10	10	移动破碎机	13	13
连续墙抓斗	7	9	粉料撒布车	7	7
连续墙钻机	2	2	全转向液压自行模块车	1	1
锚杆钻机	7	7	自行液压平板车	3	8
矿用自卸车	24	48	牵引车	27	32
掘进机	5	5	桅杆吊	3	3
凿岩机	8	8	架桥机	10	10
破碎机	12	14	拖式压路机	3	3
静力压桩机	3	3	水稳拌合站	7	7
混凝土湿喷台车	10	13	沥青转运车	3	4
加长臂挖掘机	13	31	伸缩臂挖掘机	5	8
轮式挖掘机	39	80	旋耕机	3	3
发电机组	22	120	滑移装载机	10	17
空压机	13	13	静压植桩机	2	2
正面起重机	8	8	叉装机	2	2
强夯机	8	9	轮胎吊	6	7
折臂吊	6	8	液压打桩锤	5	16
长螺旋钻机	3	3	滑模摊铺机	5	9
循环钻机	4	4	农用运输车	2	2
全套管钻机	3	3	联合疏通车	4	4
双轮铣	5	7	除雪车	12	13
多轴式钻机	3	3	皮卡车	25	65
柴油打桩锤	4	4	轻型厢式货车	12	12
振动桩锤	11	20	轻型普通货车	24	39
环卫清扫车	24	27	普通货车	44	94
铣挖机	3	3	加长双排货车	10	25
打洞立杆机	1	1	绿化综合养护车	4	8
多锤头破碎机	4	4	沥青路面热再生修补车	8	8
路面共振破碎机	2	2	护栏抢修车	7	8
水陆挖机	12	12	升降车	1	2

续表

机械类型名称	品牌数量	规格数量	机械类型名称	品牌数量	规格数量
轿车	15	15	车载式绿篱修剪机	1	1
稳定土搅拌站	2	2	路缘石开槽机	1	1
门座式起重机	6	6	滑索吊	1	1
固定式混凝土浇筑机械	2	2	道路划线机	1	1
沥青加热炉	2	2	筛分机	3	3
混凝土路面修整机	2	2	轮胎搬梁机	5	5
钢筋处理设备	4	4	冲击钻	2	2
弯曲矫正机	4	4	防撞车	7	7
面包车	6	7	融雪撒布机	8	8
越野车	31	33	重型厢式货车	11	37
客车	13	13	内燃机车	1	1
洒水车（带雾炮）	31	108	TBM罐车	1	1
喷涂机	2	2	磨粉机	2	2
螺杆式空压机	3	3	运梁车	11	11
单梁桥式起重机	4	4	跨线提梁机	4	4
桥式双梁起重机	1	1	节段拼装架桥机	3	3
防爆双梁起重机	1	1	搬梁机	2	2
半门式起重机	1	1	运架一体机	1	1
气体压缩机*空压机	1	1	轮胎式提梁机	5	5
捷豹螺杆式空压机	1	1	轮轨式提梁机	4	4
稳定土拌合站	4	4	汽化炉	1	1
全自动间歇式沥青混凝土拌合设备	3	3	盘扣式脚手架	1	1
油汽两用有机热载体炉	1	1	内河运输船	1	1
数控钢筋笼滚焊机	2	2	电动平板车	1	1
重型低平板半挂车	46	174	短驳转运车	1	1
油罐车	9	28	锯切套丝生产线	1	1
变压器	4	4	数控弯箍机	1	1
油罐	1	10	数控弯曲中心	1	1
商务车	7	7	弯曲机	1	1
凿岩台车	5	5	调直机	2	2
混凝土桥面振动整平机	1	1	切割机	1	2
钻机	2	4	PMC燃烧器	1	1
抹光机	1	1	高压清洗机	2	2
履带多功能钻机	2	2	卧式加工中心	1	1

续表

机械类型名称	品牌数量	规格数量	机械类型名称	品牌数量	规格数量
电子汽车衡	1	1	房屋建筑物及结构物	4	4
布料机	2	2	洗地机	2	2
清洗车	7	7	仪器仪表/计量标准器具及量具	205	254
清障车	3	3	厨房设备	5	15
多功能道路清扫车	11	12	文体器械	3	9
运输船	1	1	家具用具	8	35
储油船	1	1	电子电器及通信设备	103	180
储油罐	4	4	图书及陈列品	1	1
绞吸疏浚船	1	1	机械设备	33	33
生活船	1	1	抓斗式挖泥船	1	1
锚艇	1	1	机器设备	159	181
洗石机	1	1	多用途乘用车	2	2
焊接工作站	1	1	隧道拱架安装台车	3	3
吊管机	1	1	拖拉机	4	4
坡口机	1	1	重型罐式货车	3	3
工业除湿机	1	1	重型半挂牵引车	10	10
静载试验架	1	1	羊足碾压路机	2	2
履带式挖掘机	1	2	拖运船的发电机	2	2
吸污车	4	4	拖运船的发动机	1	1
液压夯实机	4	4	压裂车	3	3
清扫机	8	8	带压作业机	1	1
移动式抛丸机	1	1	清蜡车	1	1
焊接工程车	2	2	固井水泥车	1	1
拖拉机电站	1	1	混砂车	1	1
防腐多功能工作站	1	1	工程车	6	6
打拔机	9	9	撬装泥浆泵	1	1
修井车	4	4	氮气增压车	1	1
火车	3	3	轨道起重车	1	1
旋喷搅拌桩机	4	4	移动水泵站排涝拖车	1	1
洒水车水箱	2	2	炊事车	1	1
成槽机	1	1	净水车	1	1
通井机	1	1	宿营方舱车	1	1
锅炉车	1	1	淋浴车	1	1
垃圾外运车	9	9	发电车	1	1
其他资产	18	18	通信车	1	1

机械类型名称	品牌数量	规格数量	机械类型名称	品牌数量	规格数量
排水车	2	2	单钢轮压路机	1	1
机械化桥	1	1	轻型多用途货车	1	1
动力舟桥	1	1	轻型栏板货车	2	2
打桩船	1	1	小型轿车	1	1
干湿两用吸尘车	2	2	小型普通货车	2	2
交通船	1	1	小型普通客车	6	6
专项作业车（泵车）	1	1	小型越野车	1	1
蒸汽车	1	1	中型普通客车	2	2
动力钻	1	1			

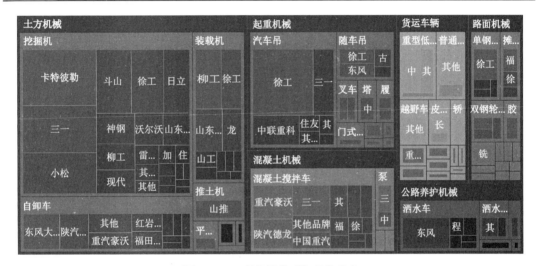

图 1-12　工程机械类型与品牌分布

不同类型的工程机械在施工中需要完成不同的工作任务，比如最常用的挖掘机在建筑施工时可能用于土石方剥离、土石方填埋、土石方破碎、道路除障、道路平整、挖掘地基、水域清理、起重、装载等。这些不同的工作场景，要求机械使用不同的操作方法和工作方式，对机械的状况、能耗、维保等都有不同的影响。

但是施工现场对各种机械的管理方法却基本一致：由人工安排任务（派工），由人工统计工作时间和工作量，根据人工统计量来结算。

之所以无法使用智能化的手段来管理不同类型、不同型号的机械，是因为行业规范的缺失。对各种机械的工作场景，我们没有规范的管理方法和管理标准，施工企业为了"兼容"多种多样的机械种类和工作场景，不得不采用"简单到粗放"的管理方式。

这就导致管理手段非常有限，管理经验难以积累，管理效果大打折扣。

1.4.3　非实时数据

有一些在数字化上做得比较好的项目，可以通过管理手段减少数据缺失和出错。但是如果缺少工程机械智能物联网的支持，机械数据非实时的问题就会暴露出来。

现在工程建设已经逐渐实现了信息化，由 IT 系统来支持工程管理。工程项目使用机械的过程管理已经可以录入 IT 系统中，包括机械的采购过程或者租赁过程、调剂过程，施工过程中的工作记录、工况记录、油耗记录、配件记录、维保记录、财务结算等。

但是这些记录通常是施工工作完成之后录入的，而不是实时记录。有些记录是定期（每月、每周、每日）由统计员整理多台机械的纸质单据一起录入系统，有些记录是驾驶员下机之后再填写由统计员核对录入。数据的延迟从几分钟到几个月不等。

缺少实时数据，那么现代化的实时管理手段就无法开展。施工现场的机械调度效率就很难持续提升，实际工程中时常出现人等机械、机械等人、机械等机械、机械等建材、建材等机械的情况。比如有一个项目，一台月租机械的平均等待时间达到了 81%。

缺少实时数据，那么就只能依赖项目经理的个人经验，而无法快速利用身在远程的领导的智慧。比如道路施工中，挖到了一个墓葬需要如何处理；比如房建过程中，自卸车意外压到小动物需要如何处理。应对类似这些突发场景，只能依靠项目经理随机应变，而无法保证最优的处理。

作为对比，金融、制造、交通、市政等行业已经逐渐实现使用实时数据做管理决策，工程机械施工基于非实时数据的管理是无法达到最高效率的。

1.4.4 施工管理系统繁杂，数据割裂

如前文所述，施工企业工程项目的数据由不同部门管理，由不同系统采集和保存，这就导致施工管理系统繁杂、数据割裂。例如，BIM 系统的施工方案数据，驾驶员考勤的劳务数据和机械管理数据在不同的 3 套系统中。一次派工这样的简单管理动作，理论上至少要对接 3 套 IT 系统，无形中提高了数字化和智能化的门槛。

现实情况是，由于各系统之间互相数据不通，项目管理人员不得不忍受重复填报、推迟填报、数据不一致、频繁错漏的各种问题。繁杂的管理系统，消耗人力，增加断点，却没有带来管理效率的提升。

这就导致管理决策时只能依赖部分的数据、失真的指标、不完整的信息。也许使用有限的数据可以对某些部分做优化，但是无法实现施工管理效率的整体优化。

1.4.5 无法试错，难以迭代

因为以上各种原因，工程项目的施工过程数据做不到准确、实时、完整，所以每个项目积累的数据价值都大打折扣。这就导致工程项目的施工管理经验难以积累，管理策略难以试错。

实际上，对一个成功项目的完工复盘，或者对一个失败项目的教训总结，由于数据质量不够，很难对其他项目做出立即见效的指导。时至今日，同一个施工企业在各个项目之间的表现还是参差不齐。而工程机械的管理方法，难以形成持续提升的快速迭代。

作为对比，数字营销、旅游出行、消费金融、电子商务等行业都已经可以使用大数据分析、A/B 测试等统计学方法进行科学试错，持续迭代，管理策略的升级可谓是一年一个

样。而建筑施工，却只能依赖几年前甚至几十年前的管理手段，提升速度缓慢。

1.5 解决方案：基于 AIoT 的机械智能管理

尽管有这么多困难和挑战，工程机械管理的数字化和智能化却是建筑行业全面数字化的关键突破口。因为工程机械是项目施工过程的重要主体，其参与完整的建设流程。通过人工智能物联网（AIoT）技术，施工企业可以利用持续移动工作的工程机械来采集完整、实时、准确的施工过程数据，从而建立一个基础的事实数据支撑。在这个基础之上，就可以进一步建设智能化的施工管理方案。

一些优秀的施工企业已经做出了探索，形成了可复制的经验。相信只要建筑人坚持努力，一定可以基于 AIoT 实现工程机械施工的智能管理，塑造行业新质生产力。本书的后续章节会全面地讨论工程机械人工智能物联网，从技术到管理，从方法论到最佳实践，从当前经验到未来展望，和读者一起共创未来。

第2章
万机互联：工程机械物联网

工程机械 AIoT：
从智能管理到无人工地

工程机械施工管理效率低下的根本原因，就是数字化和智能化程度低。参考工业制造业的数字化和无人化发展路径，要提升工程机械施工管理的数字化水平，就需要使用物联网技术，再基于积累的物联网数据推进机械施工管理的智能化，最终实现无人化。

这个建设过程的第一步是让每个工程项目的工程机械都入网，由项目部实时在线管理机械机群的施工：

（1）用传感器代替人填手录，实时采集准确的机械施工过程数据。

（2）用物联网代替人工指挥，实现全局的机群高效协作。

（3）用大数据和人工智能代替个人经验，实现项目整体的机械管理优化。

但是建筑施工行业和工业制造业的现场管理面临不同的问题。在一个充满不确定性的环境里管理机械，与在一个固定工厂的产线里管理设备，有很大不同。所以，现有的在其他行业获得成功的物联网技术方案，难以直接应用于工程机械的现场施工管理。工程机械需要全新设计的物联网技术和配套解决方案。

2.1 工程机械需要什么样的物联网？

对于工程机械来说，在施工现场联网，会遇到独特的环境复杂性：

（1）项目地址不固定，且项目所在地的环境非常多样：从天南到海北，从城市中心到无人区，从戈壁沙漠到水域滩涂，不同的项目有不同的气候、地质、水文、历史、周边条件，也就要求机械采用不同的施工方法，要求管理人员为机械制定不同的调度排班和维保计划。

（2）网络信号不连续，且带宽受限：从全国乃至全球范围来说，各移动通信运营商的5G/4G/3G等网络总覆盖已经很完善，几乎在任何地域的施工工地都具备联网条件。但是宏观范围的网络覆盖不等于微观层面处处有信号，很多工地的部分区域会出现联网死角。特别是在无人地区新开工的项目，信号测试往往不完善，机械只有在部分点位工作时有移动通信信号。

即便是可以连上5G等信号的位置，网络带宽通常也有限制。

另外，对于长度较长的隧道和复杂的井下环境，会遇到大段工作面无信号的问题。

（3）基础设施有限：大型施工项目通常涉及基础设施建设，也就是说工地原有的基础设施比较有限，缺少建成的道路、稳定的电源、自来水、通信基站等。在这些基础设施建设完成之前，人员可以安全活动的范围也比较有限。

（4）工地环境多变：工程项目的重要目标是加快进度，为了更快地完成建设，各种碰撞在所难免，工地的环境每一天都随着进度的推进而发生改变。昨天才埋好的传感器，今天就被新进场的压路机碾坏了；上周还有一个临时小桥，这个月就被拆了；上个月主要工作面在西边10km，这个月就在南边5km了。

（5）受天气影响大：很多项目的工地都是露天环境，温湿度受到雨雪风霜的影响，能见度受到雾霾阴晴、日照角度、光线强弱的影响。

环境复杂性给工程机械的物联网技术解决方案提出了高要求：

（1）工作范围广：工程机械物联网的硬件设备需要具备三防（防霉菌、防潮湿、防盐雾）、耐高温低温、适应高湿与干燥、抗强震、抗强噪、抗扬尘等强大的特性。

（2）超低功耗：工程机械物联网的运转不依赖外部电源，做到无源、无线、易安装、长期运转。

（3）无人运维：工程机械物联网的运转还要不依赖其他基础设施，不依赖人工运维，做到全自动入网、全自动纠错、无人化运维、终身长期自动运转。

（4）高移动性：工程机械物联网要适配多变的工地环境，允许工程机械自由移动和自由工作，允许物理环境自由改变，不干扰网络的正常运转。

（5）兼容主流网络：工程机械物联网不是局域网，需要可以使用现有的无线通信协议接入工地现场各种类型的网络，可以接入互联网（Internet），具备较强的灵活性，同时具备高可靠性。

除以上要求之外，要实现工程机械施工智能化管理的长远目标，还需要工程机械物联网具有更高的计算智能和接入能力：

（1）边缘计算：工程机械物联网需要具备人工智能算力，即达到人工智能物联网（AIoT），从而支持施工智能管理的需求，作为新质生产力支持国家的新基建战略。

（2）全球联网：工程机械物联网需要在全球各地都可以部署和运转，支持国家"一带一路"倡议和未来的全球化统一标准。本书附录1"全球运营商网络概况"列举了2024年4月的全球运营商的2G/4G等网络接入频段，供读者参考。

要建设同时满足以上所有要求的物联网，仅使用常规的传感器、通信模组、计算芯片是不够的，需要定制化的软硬件支持。本章我们详细讨论工程机械物联网的技术方案与落地实践。

2.2 物联网技术结构

2.2.1 传统物联网四层结构

虽然各行业的物联网应用场景各不相同，但是其系统架构大同小异。一般来讲，通常将物联网系统划分为以下四个层级：感知层、网络层、平台层和应用层（图2-1）。

1. 感知层

物联网系统的感知层是整个系统的基础，负责从环境中收集数据。感知层包括各种传感器设备，这些设备能够感知和测量环境中的各种参数，例如温度、湿度、光照、压力、运动等。感知层的作用是识别物体并采集信息，类似于人的感觉器官，它是物联网识别物体、采集信息的来源。

图 2-1　传统物联网四层结构

在各领域的物联网中感知层的作用包括：

（1）在智能家居系统中，感知层的传感器可以监测室内温度、湿度、光照等参数。例如，温度传感器可以自动调节空调或暖气，以保持舒适的室内温度。

（2）在农业领域，农业物联网系统使用感知层传感器来监测土壤湿度、气象条件和作物生长状态。这些数据有助于优化灌溉、施肥和收获时间。

（3）在工厂和生产线上，感知层传感器可以监测设备状态、温度、振动等。这有助于实现预测性维护，减少停机时间。

（4）在智能交通中，感知层使用传感器来监测交通流量、车辆位置和道路状况。这些数据可以用于交通管理、导航和优化交通流动。

感知层是物联网系统中至关重要的一环，它为其他层级提供了必要的数据基础，使整个系统能够更智能、更高效地运行。

2. 网络层

物联网系统的网络层是整个系统的纽带，连接着感知层和平台层。网络层的主要作用包括：

（1）网络构建：在感知层和平台层中间构建网络，实现物联网系统各层级和网络节点之间的信息交换和共享。这一层主要包括各种通信技术和协议，例如 Wi-Fi、蓝牙、星闪、ZigBee、LoRaWAN 等。这些技术和协议需要能够在各种环境中稳定、可靠地传输数据。

（2）网络管理：网络层处理各种网络问题，例如网络拥塞、数据丢失、数据安全等。它确保数据在各种设备之间安全可靠地传输。

（3）数据传输：网络层负责将感知层收集到的数据传输到平台层，进一步地，将感知层获取的信息传输到应用层。它在物联网系统中起到关键作用，确保数据流畅地流向应用层；并传输应用层的控制指令至感知层和执行层。

如果以人的神经网络进行类比，网络层相当于人的神经中枢系统，它的作用是将感知层获取的信息安全可靠地传输到上层，并将来自上层的指令准确地传递到感知层。

3. 平台层

物联网系统的平台层是整个系统的关键组成部分，负责解决数据存储、检索、使用和数据安全隐私保护等问题。它的核心功能包括：

（1）数据存储和管理：平台层承担了大量感知数据的存储和管理任务。这包括数据的持久性存储、数据索引、备份和恢复等。例如很多商业物联网云平台（如AWS IoT、腾讯云IoT）提供了强大的数据存储服务，使用户可以轻松存储和管理来自各种传感器的数据。

（2）数据分析和处理：平台层对感知数据进行分析、处理和挖掘，以提取有用的信息。这包括数据清洗、聚合、模式识别、预测分析等。例如从大量的原始数据中，去除冗余信息和错误信息，提取真正有价值的信息，形成高质量数据。高质量的数据对于后续分析和应用至关重要。清洗后的数据有助于减少错误、提高应用层模型准确性，并支持更可靠的决策。

（3）数据隐私和安全：平台层确保数据的隐私和安全。它包括身份验证、访问控制、加密和数据脱敏等。例如在智能家居系统中，平台层需要保护用户的隐私，确保只有授权的用户可以访问家庭传感器数据。

（4）应用接口和开发支持：平台层提供了应用程序接口（API）和开发工具，使开发人员可以构建物联网应用。开发人员可以使用平台层的API来访问传感器数据、执行控制操作，或者创建自定义的物联网应用。

平台层相当于物联网系统的"大脑"，它将感知层采集的数据转化为有意义的信息，为应用层提供丰富的功能和服务。

4. 应用层

物联网系统的应用层是整个系统中最接近用户的一层，负责为用户提供特定的服务和功能。

例如在智能家居系统中，用户可以通过智能手机应用程序远程控制家中的灯光、调整温度、查看摄像头画面，实现智能家居的便捷管理。在农业领域，可以使用应用程序查看土壤湿度、气温、降雨量等数据，以优化灌溉、施肥和种植计划。工厂经理则可以使用应用程序实时监控生产线上的设备运行状态，预测维护需求，减少停机时间。智能交通中，交通管理部门可以使用应用程序监测交通流量、调整信号灯时间，以优化城市交通。

应用层是物联网系统的"服务窗口"，通过各种应用程序为用户提供丰富多样的物联网服务。

2.2.2 工程机械物联网结构

借鉴传统物联网的结构，并针对工程机械行业的特点进行改进，就形成了工程机械物联网的结构，其主要部分包括四个层级：硬件层、数据层、软件层、应用层（图2-2）。

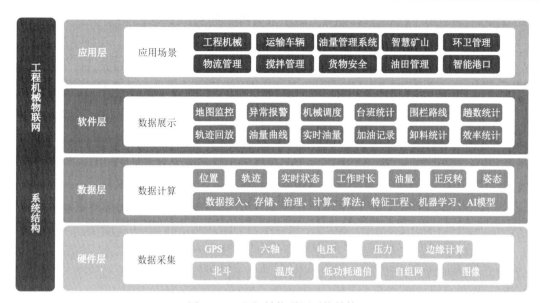

图 2-2　工程机械物联网系统结构

1. 硬件层

硬件层是工程机械物联网系统结构的基础，它包括了所有的物理设备和传感器，这些设备和传感器用于在施工现场收集关键数据。硬件层的设计和功能直接影响到整个物联网系统的性能和可靠性。它通常包含以下几个部分：

1）设备与传感器

硬件层的核心组件是各种设备和传感器，它们安装在挖掘机、装载机、起重机等工程机械上。这些传感器能够实时监测机械的工作状态，如发动机温度、燃油消耗、荷载重量、机械位置和运行时间等。高精度的 GPS 和 IMU（惯性测量单元）为机械的精准定位和导航提供了可能。此外，环境监测传感器如温度、湿度、噪声和粉尘传感器等，也是硬件层不可或缺的一部分，它们帮助监控施工现场的环境条件。

2）数据采集与传输

数据采集模块是硬件层的另一个关键组成部分。它负责从传感器和设备中收集数据，并通过有线或无线通信技术将数据传输至数据层。无线通信技术，如蜂窝网络、Wi-Fi、蓝牙、ZigBee 或 LPWAN（低功耗广域网），在工程机械物联网中尤为重要，因为它们可以实现设备间的远程通信和数据传输。

3）能源管理

为了确保工程机械的连续运行和数据传输的稳定性，硬件层必须具备有效的能源管理系统。这通常涉及能源接入、储能部件、能源管理系统。在某些情况下，可能使用太阳能板或其他可再生能源解决方案，以实现更加可持续的能源利用。

相比于其他物联网设备，工程机械物联网的硬件设备通常在恶劣的环境中运行，因此必须考虑耐用性与安全性，设计得足够坚固，能够抵抗振动、冲击、尘埃、水和极端温度。此外，硬件层的安全性也至关重要，以防止数据被非法访问或篡改。因此，硬件设计通常还包括了加密模块和安全协议，确保数据在采集和传输过程中的安全性。

2. 数据层

数据层承担着从原始数据到有价值信息转化的关键任务，它不仅要确保数据的安全存储和高效访问，还要对数据进行必要的计算和处理，同时保障数据的安全性和隐私性。

1）数据存储和访问

在工程机械物联网中，数据存储必须能够处理来自众多传感器和设备的大量实时数据流。这要求存储解决方案具有高吞吐量和低延迟特性，以支持快速的数据写入和查询。同时，分布式存储系统的使用可以提高数据访问的可靠性和弹性，特别是在地理分散的施工现场中，数据的本地化处理和存储可以减少网络延迟，并提高数据处理速度。

为了满足多样化的访问需求，数据层应采用灵活的存储策略，包括结构化数据存储（如关系数据库）和非结构化数据存储（如对象存储）。这样可以确保不同类型的数据——从机器运行日志到复杂的三维测量数据，都能被有效存储和索引。

2）数据计算和处理

数据计算和处理是数据层的"心脏"，它负责将原始数据转化为可用的信息。在工程机械物联网中，这通常涉及数据的实时分析，比如对机器的工作效率、运转成本、故障预测、维护需求和操作优化进行实时评估。

数据层还需要支持复杂的数据处理操作，如机器学习算法的训练和推理，这些操作可以在云端或边缘设备上执行。云计算具有灵活、实现成本低、通用性强等显著优势，是最常用的处理方式。边缘计算在某些场景发挥着重要作用，它允许数据在离数据源更近的地方进行处理，从而减少了数据传输的需要，并加快了响应时间，在诸如异常报警、离线计算等一些需求中，适合使用这类技术。

3）数据安全与隐私

在工程机械物联网中，数据安全与隐私不仅是法律遵从的要求，也是保障企业和用户信任的基石。数据层必须实施全面的安全措施，包括数据在传输和存储过程中的加密、对数据访问的严格控制，以及对数据处理和管理操作的审计。

随着国内外数据保护法规的日益严格，数据层还需要确保符合国家、当地和企业相关法规等文件的要求。这意味着必须对个人和公司敏感数据进行识别、分类和保护，以及提供数据主体的访问、纠正和删除等权利。

3. 软件层

软件层是实现数据智能化应用和服务的关键，它通过一系列高度专业化的功能，将复杂的数据转换为直观的洞察和可操作的控制，为决策提供有效的数据支撑。它包含一些软件通用的功能以及一些工程机械施工中特有的业务功能。

1）人员账号、权限和组织架构

系统首先要确保所有用户的账号得到妥善维护，这包括账户的创建、权限的分配和管理。软件层支持复杂的组织架构，允许不同层级的人员访问控制，确保敏感数据只能被授权人员查看。这种权限管理机制既保护了数据安全，也保证了信息流的正确和高效。

2）硬件部署设置和各类配置

在硬件部署方面，软件层提供了一个直观的配置界面，使得管理人员能够轻松地进行设备的注册、配置和管理。无论是终端硬件、传感器设备还是其他相关物联网设施，都可以通过软件层进行集中管理，控制其工作模式，确保所有硬件组件的正确配置和高效运行。

3）实时位置监控与机械调度

软件层通常会包含实时位置监控功能，让用户能够在地图上看到每一台机械的实时位置，从而进行有效的机械调度。这不仅提高了资源利用率，还减少了机械之间的冗余作业，优化了整体的作业流程。

4）设备维护和故障诊断

设备维护模块能够追踪物联网设备的维护历史，并在出现潜在故障时及时发出警报，并快速识别问题所在，减少停机和脱离监控时间，确保所有物联网终端设备的性能达到最优，始终确保数据的准确性和可靠性。

5）高级数据分析和报告工具

软件层包括高级数据分析和报告工具，这些工具能够处理和分析大量数据，生成直观的报告。例如，效率统计功能可以分析机械的运行数据，识别低效的作业模式；成本统计则通过跟踪和分析运营成本，帮助企业优化预算并提升利润率。

6）数据对外开放接口

系统提供了数据对外开放接口（API），允许第三方系统或应用程序访问和使用数据。这种开放性确保了系统的可扩展性和灵活性，允许企业或第三方公司根据自身需求，集成更多功能或服务。

7）交互界面

用户交互界面是软件层的前端展示，包括 Web 平台、移动 App 和小程序等。这些界面设计友好，易于使用，确保用户能够在任何设备上访问系统，无论是在办公室还是现场。

8）软件新版本更新发布系统

为了保持系统的先进性和安全性，软件层通常包括新版本更新发布系统。这个系统确保所有用户都能够及时获得最新的功能和安全更新，同时还支持定制化更新，以满足特定用户的需求。

此外，软件系统还可以实现客户服务、售后系统和用户反馈等功能。通过这些功能的协同工作，软件层成为工程机械物联网系统中不可或缺的一部分，它不仅提高了操作效率，还提升了整个系统的智能化水平。

4. 应用层

应用层是系统结构的最顶层，它直接与用户的业务流程和管理任务相结合，提供定制化的解决方案和服务。应用层的设计注重于工程机械在不同施工场景下的管理需求，使得物联网技术不仅仅停留在设备的连接和数据的收集，而是进一步实现了数据的智能应用和业务流程的优化。除了常见的施工场景以外，应用层更多地在不同场景下有针对性地提供不同的解决方案。

1）物流运输管理

在物流运输管理方面，应用层提供了实时监控和调度系统，通过 GPS 定位和传感器数据，实现对车辆的精准追踪和状态监控。系统能够根据路线、交通状况和货物特性，自动规划最优运输路径，提高物流效率并降低运输成本，以及对货物的状态进行实时监控。系统能够检测到货物在运输过程中的温度、湿度、振动等关键参数，及时预警潜在的安全问题，确保货物在到达目的地之前保持最佳状态。

2）油量全流程管理

油量管理是工程机械运营的重要组成部分。应用层通过集成油耗监测系统，实现对油量的实时监控和历史数据分析，帮助管理者优化油料补给计划，防止浪费，并确保机械在工作时油量充足。

3）智慧矿山

在智慧矿山场景中，应用层利用物联网技术实现矿山设备的远程控制、自动化作业和安全监测。通过对采矿设备的实时数据分析，系统能够预测设备故障，优化作业计划，保障作业人员安全，并提升矿产资源的开采效率。

4）市政环卫

市政环卫应用中，应用层通过智能调度系统，对清洁车辆进行有效管理，确保街道清洁和垃圾收集工作的高效性。系统可以根据城市垃圾生成的规律和实时情况，动态调整清扫和收集计划，提升环卫工作的响应速度和服务质量。

5）智能港口

在智能港口应用中，应用层通过集成的监控系统和自动化设备管理，提高了货物装卸的效率和精度。智能调度系统能够实时响应船只到港、货物装卸和存储的需求，减少等待时间，并提高港口的吞吐能力。

6）智能油田

智能油田应用集成了地面和井下设备的监控，实现了对油田作业的全面管控。通过对油井生产数据的实时分析，应用层能够优化提油策略，预防环境风险，并确保油田生产的连续性和安全性。

7）搅拌站管理

搅拌站管理中，应用层通过监控混凝土的生产、运输和浇筑过程，确保混凝土质量和工程进度。系统可以根据施工需求自动调整生产计划，并实时监控混凝土的状态，保障施工质量。

应用层在工程机械物联网系统中起到了至关重要的作用，它将物联网技术与具体的业务场景紧密结合，通过智能化管理提高了作业效率，降低了运营成本，并增强了安全保障。

2.3 工程机械物联网中的传感技术

传感技术是实现设备智能化的基础。传感器作为物联网的"感官"，能够将机械运动和环境变化转换为电信号,以便于监测和控制(图2-3)。

图 2-3　各类传感器照片

在工程施工行业,使用比较多的传感器包括:运动速度传感器、加速度传感器、角度和姿态传感器、角速度传感器、液位传感器、重量传感器、距离传感器、力传感器、磁感应传感器、温度传感器、光照传感器、液体流量传感器等。

2.3.1　运动速度传感器

运动速度传感器是一种用于测量物体速度的设备,它可以转换物体的速度为可读的输出信号。以下是一些常见的运动速度传感器种类,以及它们的工作原理、优点和缺点:

1)机械式速度计

原理:这类传感器通过一个与旋转部件相连的齿轮和指针工作。当齿轮旋转时,指针在刻度盘上移动,指示速度值。

优点:简单、成本低廉,维护容易。

缺点:精度较低,容易受到机械磨损和环境因素(如温度、湿度)的影响。

2)电磁式速度传感器

原理:这类传感器利用电磁感应原理。当金属齿轮或类似装置旋转时,线圈内的磁通量会发生改变,产生电动势,电动势的频率与速度成正比。

优点:无须物理接触,响应速度快,稳定性好。

缺点:可能受到电磁干扰,且在低速情况下信号可能不够稳定。

3)光电式速度传感器

原理:这类传感器通过发射光束到一个旋转的编码盘上,编码盘上有透光和不透光的区域,传感器根据接收到的光信号的中断模式来确定速度。

优点:精度高,响应速度快,不受机械磨损影响。

缺点:对环境光线敏感,灰尘和污物可能影响测量准确性。

4）多普勒雷达速度传感器

原理：这类传感器发射频率已知的无线电波或声波，当这些波遇到移动的物体时，会发生频率的变化（多普勒效应），从而可以计算出物体的速度。

优点：能够远距离测量，不受物体表面的影响。

缺点：设备比较昂贵，可能受到其他电磁设备的干扰。

5）激光测速仪

原理：与多普勒雷达类似，但使用激光作为测量媒介。激光测速仪发射激光脉冲，并测量其反射回来的时间差，从而计算出速度。

优点：精度非常高，能够在多种环境下工作。

缺点：成本高，可能受到环境因素（如雾、烟）的影响。

6）霍尔效应速度传感器

原理：这类传感器基于霍尔效应，当传感器靠近一个带有磁性材料的旋转元件时，磁场的变化会在传感器上产生电压，电压的变化频率与速度成正比。

优点：不受污染和磨损影响，寿命长，适用于恶劣环境。

缺点：对于没有磁性的旋转部件，需要额外的磁性材料。

2.3.2 加速度传感器

这是一种测量加速度的装置，即物体速度变化的快慢。它们广泛应用于汽车、航空、消费电子产品以及工业控制系统中。以下是几种常见的加速度传感器类型：

1）MEMS（微机电系统）加速度计

原理：MEMS 加速度计含有微小的机械结构，当加速度作用于这些结构时，它们会发生位移。这种位移通过电容变化或其他方式被检测，并转换为电信号。

优点：体积小，成本低，功耗低，集成度高，可以测量静态和动态加速度。

缺点：灵敏度和测量范围有限，可能受到温度、振动和冲击的影响。

2）压电加速度计

原理：压电加速度计使用压电材料，当加速度作用于这些材料时，它们产生电荷，这些电荷的量与加速度成正比。

优点：响应频率范围宽，灵敏度高，适用于动态加速度的测量。

缺点：不能用于静态加速度的测量，需要外部电荷放大器，并且比 MEMS 加速度计更昂贵。

3）伺服加速度计

原理：伺服加速度计包含一个质量块，当加速度作用时，它会偏离初始位置。这种偏移通过反馈机制被检测，并通过伺服电路使质量块保持在原始位置，从而测量必须施加的力，该力与加速度成正比。

优点：非常精确，可以测量非常小的加速度。

缺点：结构复杂，成本高，体积较大，维护要求较高。

4）应变片加速度计

原理：应变片加速度计利用应变片粘贴在弹性元件上，当加速度作用于弹性元件时，引起应变片的形变，从而改变其电阻值，通过测量电阻的变化来确定加速度。

优点：成本较低，结构简单。

缺点：受温度影响较大，精度较低，适用范围有限。

5）电容式加速度计

原理：电容式加速度计通过测量加速度引起的电容器中电极间距离的变化来测量加速度。

优点：能够测量静态和动态加速度，精度较高。

缺点：可能受到电磁干扰，以及长时间使用后性能可能降低。

6）光学加速度计

原理：光学加速度计使用激光或光纤来检测由加速度引起的物理位移。

优点：不受电磁干扰，可以在高温或有害环境中使用。

缺点：成本高，技术要求高，可能需要复杂的信号处理。

2.3.3 角度和姿态传感器

角度和姿态传感器用于测量物体相对于参考方向的倾斜、方位或旋转。它们在航空航天、汽车、机器人、建筑和游戏控制器等领域中有广泛应用。以下是一些常见的角度和姿态传感器类型：

1）磁力计（Magnetometer）

原理：磁力计测量地磁场的强度和方向，可以用来确定物体相对于地球磁北极的方向。

优点：有助于提供绝对参照，用于校准和定位。

缺点：易受到周围磁场的干扰，如电子设备和金属物体。

2）倾角传感器（Inclinometer）

原理：倾角传感器通常使用液体电平或重力感应元件来测量相对于水平面的倾斜角度。

优点：简单且成本较低，适合测量小范围的倾斜角度。

缺点：不适合动态测量，且测量范围有限。

3）旋转编码器（Rotary Encoder）

原理：旋转编码器通过机械或光学方式检测轴的旋转，用于测量角度位置或运动。

优点：提供精确的角度测量，可以是增量式或绝对式。

缺点：通常只适用于轴或旋转体的角度测量。

4）光学编码器（Optical Encoder）

原理：光学编码器通过光束穿过编码盘上的开槽，然后被光电传感器接收，从而测量角度位置或运动。

优点：非接触式测量，精度高，分辨率高。

缺点：易受环境光和污染的影响。

2.3.4 角速度传感器

角速度传感器,通常指的是用于测量物体围绕一个轴或点旋转速率的设备,最常见的是陀螺仪。它们在航空航天、汽车电子稳定控制系统、机器人技术、游戏控制器以及运动追踪系统中有着广泛的应用。以下是几种常见的角速度传感器类型:

1)机械陀螺仪(Mechanical Gyroscope)

原理:传统的机械陀螺仪基于陀螺效应,即一个高速旋转的轮子会保持其旋转轴指向不变,除非受到外力扭矩的作用。当发生旋转时,由于角动量守恒,陀螺仪会对扭矩产生一个垂直于旋转轴和扭矩方向的响应。

优点:能够提供非常稳定的参考,不依赖外部信号。

缺点:体积庞大、成本高、启动时间长、维护要求高。

2)光纤陀螺仪(FOG)

原理:光纤陀螺仪利用光在光纤中传播时的相位差来测量角速度。当光纤绕成线圈并围绕旋转轴时,旋转会导致两束光的相位发生变化,从而可以测量出角速度。

优点:不受电磁干扰,精度高,没有移动部件。

缺点:成本较高,体积相对较大,温度变化可能影响精度。

3)振动陀螺仪(Vibrating Gyroscope)

原理:包括振动结构陀螺仪(如调谐叉陀螺仪)和MEMS陀螺仪。它们使用一种振动结构,当结构围绕其敏感轴旋转时,会由于科里奥利效应产生一个正交于振动方向的力,从而导致附加振动,这种附加振动的大小与角速度成正比。MEMS陀螺仪即属于振动陀螺仪的一种。

优点:体积小,成本低,功耗低,响应快。

缺点:可能受到温度、冲击和长期漂移的影响。

4)激光陀螺仪(RLG)

原理:环形激光陀螺仪使用两束沿相反方向传播的激光,在旋转时会产生相位差,从而可以测量角速度。

优点:精度非常高,无移动部件,长期稳定性好。

缺点:成本非常高,体积较大,复杂性高。

5)动态调谐陀螺仪(DTG)

原理:动态调谐陀螺仪是一种机械陀螺仪,它通过调整旋转质量的位置来动态调整其固有频率,以保持旋转轴的稳定。

优点:相对于传统机械陀螺仪有更好的性能和稳定性。

缺点:仍然具有机械陀螺仪的一些缺点,如体积较大和成本较高。

2.3.5 液位传感器

液位传感器用于测量容器中液体的高度。它们在工业自动化、食品和饮料生产、医疗设备、水处理和汽车等领域都有着广泛的应用。以下是几种常见的液位传感器类型:

1)机械浮球传感器

原理:机械浮球传感器利用浮力原理,浮球随液面上升而上升,通过机械连杆或磁性耦合的方式驱动开关或电位计。

优点:结构简单,成本低,易于安装和维护。

缺点:机械部件容易磨损,对于黏稠或含有固体颗粒的液体可能不适用。

2)静压式液位传感器

原理:静压式液位传感器根据液体静压原理工作,即液体的压力与其高度成正比。传感器通常安装在容器底部,测量的压力值可以转换为液位高度。

优点:无移动部件,稳定性好,适用于各种液体。

缺点:需要校准,受容器形状和液体密度变化的影响。

3)电容式液位传感器

原理:电容式液位传感器测量容器内部和外部之间的电容变化,这种变化与液位高度有关。液体的介电常数不同,会导致电容值的变化。

优点:适用于无法接触液体的情况,灵敏度高。

缺点:对于液体的介电常数变化敏感,可能需要根据不同液体类型进行校准。

4)超声波液位传感器

原理:超声波液位传感器通过发射超声波脉冲,然后接收反射回来的脉冲,传感器根据脉冲发射和接收之间的时间差来计算液位高度。

优点:非接触式测量,适用范围广,不受液体电导率或化学性质的影响。

缺点:泡沫、蒸汽、粉尘和极端温度可能影响测量精度。

5)雷达液位传感器

原理:雷达液位传感器使用微波信号,利用信号的时间飞行原理(ToF)来测量液位。信号从传感器发射,反射回来的时间被用于计算液位。

优点:非接触式测量,高精度,适用于极端工况,不受介质变化的影响。

缺点:成本较高,安装和调试相对复杂。

6)光学液位传感器

原理:光学液位传感器使用一根浸入液体的光纤,通过测量光在光纤端面的反射来判断液位。

优点:反应速度快,尺寸小,可用于检测小容器的液位。

缺点:对液体的透明度敏感,可能需要定期清洁以保持准确性。

对于工程机械的油箱液位测量,理想的液位传感器应当满足如下条件:

(1)能够耐受油类化学品的腐蚀。

(2)能够在各种温度和压力条件下稳定工作。

(3)能够抵抗机械振动和冲击。

(4)提供足够的精度以确保油箱中油位的准确读数。

(5)便于安装和维护,尤其是在空间有限的环境中。

因此上述不同类型的液位传感器中，比较多应用于工程机械上的主要有以下三类：

（1）静压式液位传感器：它们通过测量油箱底部的压力来确定液位，对油品的化学性质不敏感，且没有移动部件，能够抵抗振动和冲击。但它们可能需要根据油品的密度进行校准，并且在油箱形状复杂时读数可能不准确。

（2）电容式液位传感器：如果油箱设计允许传感器与油直接接触，电容式传感器可以提供非常精确的液位测量。它们的测量不受油品种类的影响，但需要确保传感器材料与油不会发生化学反应。

（3）超声波液位传感器：非接触式的超声波传感器可以从油箱顶部测量液位，避免了与油品直接接触，因此不会受到化学腐蚀。但是，它们可能受到油箱内部结构的影响，并且在油箱内部有过多的泡沫时，测量准确性可能会下降。

各类传感器的照片如图2-4所示。

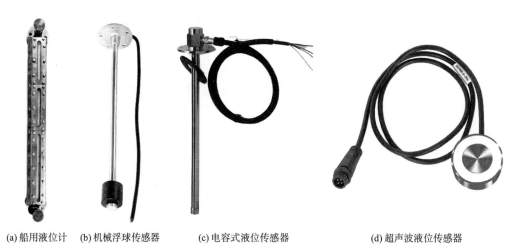

(a) 船用液位计　　(b) 机械浮球传感器　　(c) 电容式液位传感器　　(d) 超声波液位传感器

图2-4　各类传感器的照片

2.3.6　力传感器

力传感器是一种用于检测和测量力的装置，它可以转换受到的力信号为电信号输出。力传感器的作用是在工业自动化、机械工程、生物医学应用和消费电子产品等领域中监测和控制力的大小。这些传感器的设计和工作原理允许它们检测压缩、拉伸、弯曲或剪切力。

力传感器的工作原理通常基于物质的弹性变形。当外力作用于传感器的弹性元件（如弹簧、梁或隔膜）上时，弹性元件会发生形状变化。这种变化可以通过各种物理效应（如电阻变化、电容变化、压电效应、磁变化等）检测到，并转换成可读的电信号。

1）应变片式力传感器

原理： 应变片式力传感器通过粘贴或焊接在弹性体（如钢或铝质梁）上的应变片来工作。当传感器承受力时，弹性体发生形变，应变片也随之变形，导致其电阻值发生变化。这种电阻的变化通过惠斯通电桥转换成电压变化，从而可以测量出力的大小。

优点：精度高，稳定性好，响应速度快，价格相对低廉，适用于各种规模的称重系统。

缺点：对温度和湿度敏感，可能需要温度补偿；容易受到侧向载荷和冲击载荷的影响；需要精确校准。

2）压电式力传感器

原理：压电式力传感器利用某些材料（如石英）在受到力的作用时会产生电荷的特性。这个电荷的大小与作用力成正比，可以通过电荷放大器转换为电压信号。

优点：响应速度极快，适用于动态测量；不需要电源即可运行；适用于高温环境。

缺点：长期静态测量时信号可能漂移；价格较高；可能需要特殊的放大器和电路。

3）磁电式力传感器

原理：磁电式力传感器利用了当材料受到外力作用而变形时，其磁场也会发生变化的原理。传感器内部的线圈中会感应出一个与力成正比的电压。

优点：稳定性好，适用于大范围的力测量；耐用，寿命长。

缺点：可能受到外部磁场的干扰；价格较高；结构相对复杂。

4）光学式力传感器

原理：光学式力传感器通过测量由于力的作用而导致的光纤、光栅或光波导的物理变化来测量力。这些变化会导致光的传播特性（如相位或强度）发生变化，从而可以检测到力的大小。

优点：不受电磁干扰影响，适用于高电磁干扰环境；可以实现远距离传感。

缺点：技术相对复杂，成本较高；可能需要精密的光学组件和精确的校准。

基于力传感器的设计和相同的原理，还可以设计出重量传感器、拉力传感器、压力传感器等同类传感器，并广泛应用于各类民用、工业和施工场景中。

2.3.7 距离传感器

距离传感器是一类用来检测物体与传感器之间距离的设备，以下是几种常见的距离传感器：

1）超声波距离传感器

原理：超声波距离传感器通过发射超声波脉冲，并接收反射回来的声波来测量距离。通过计算声波发射和接收之间的时间差，可以确定物体的距离。

优点：测量范围较广，不受大多数材料表面的影响，成本相对较低。

缺点：精度一般，受温度和空气流动的影响较大，声波可能会在复杂环境中发生多次反射导致测量误差。

2）红外距离传感器

原理：红外距离传感器通常使用一个红外 LED 和一个光电探测器。传感器发射红外光，当光线遇到物体时会被反射回来，并被探测器接收。根据接收到的光强或时间差可以计算距离。

优点：体积小，响应速度快，价格低廉。

缺点：测量范围有限，易受环境光线干扰，不适用于高反射性或透明物体。

3）激光距离传感器

原理：激光距离传感器发射激光束，然后检测激光从物体反射回来的时间或相位变化，从而计算出距离。激光测距常见的技术分别是 iToF（间接时间飞行）和 dToF（直接时间飞行）两种技术，其中 iToF 测量光波的相位变化来推算光波往返行程时间，而 dToF 技术直接测量光波发射出去到被检测物体反射回来的确切时间。

优点：精度高，分辨率高，测量速度快，能在较远的距离上进行精确测量。

缺点：价格较高，激光对眼睛可能有害，可能会受到强光环境的影响。

4）电磁波（雷达）距离传感器

原理：雷达距离传感器发射无线电波，并接收反射回来的波。通过分析反射波的时间差、频率变化或相位变化，可以确定物体的距离和速度。

优点：适用于长距离测量，能够在恶劣天气条件下工作，可以提供速度信息。

缺点：设备通常较大，成本较高，分辨率较激光传感器低。

选择合适的距离传感器时，需要根据应用的具体需求来考虑，包括测量距离、精度、响应时间、环境条件、成本等因素。例如，对于户外的工程机械测量，可能会优先选择激光或雷达传感器，因为它们具有较高的精度和较强的环境适应性；而对于成本敏感型的室内应用，红外或超声波传感器可能是更经济的选择。

2.3.8 磁感应传感器

磁感应传感器是一种利用磁场变化来检测物体状态的传感器。它们广泛应用于位置、速度、加速度以及方向的检测。以下是几种常见的磁感应传感器：

1）霍尔效应传感器（Hall Effect Sensors）

原理：当导体或半导体材料中的电荷载体通过垂直于其运动方向的磁场时，会产生一个垂直于电流和磁场的电压，这就是霍尔效应。霍尔效应传感器利用这个原理来检测磁场的存在、强度或变化。

优点：结构简单，响应速度快，体积小，成本低，耐用性好，不受污染影响。

缺点：对于低强度磁场的灵敏度较低，可能需要温度补偿。

2）磁电式传感器（AMR、GMR、TMR）

原理：磁电式传感器基于磁电效应，包括各向异性磁电阻（AMR）、巨磁阻（GMR）和隧道磁阻（TMR）效应，当外部磁场变化时，材料电阻发生变化。例如智能手机和平板电脑广泛使用了此类传感器，用于屏幕旋转、指南针应用、接近开关（如翻盖唤醒/休眠）等功能。

优点：对磁场的变化非常敏感，可以检测到非常微弱的磁场变化，稳定性好。

缺点：可能比霍尔效应传感器更昂贵，对温度变化敏感。

3）磁感应线圈（Inductive Coils）

原理：当磁场中的磁通量变化时，根据法拉第电磁感应定律，会在导电线圈中产生感应电动势。磁感应线圈可以检测通过线圈的磁场变化。

优点：简单且成本低廉，适用于速度和运动检测。

缺点：只能检测到磁场变化，不能用于静态磁场的检测。

4）磁通门传感器（Fluxgate Sensors）

原理：磁通门传感器包含一个或多个饱和磁芯和两组线圈。一组线圈用于产生交变磁场使磁芯饱和，另一组线圈用于检测由外部磁场引起的磁芯磁导率的变化。

优点：非常精确，能够检测到地磁场级别的微弱磁场。

缺点：结构复杂，体积较大，成本较高。

磁感应传感器选择时需要考虑应用场合的具体需求，例如测量范围、灵敏度、响应速度、环境条件、尺寸限制和成本。例如，霍尔效应传感器非常适合用于开关和位置检测的应用，而磁通门传感器适用于需要高精度磁场测量的地质勘探和空间应用。

2.3.9 温度传感器

温度传感器是用来测量物体温度的设备，无论是在日常生活中，还是在工业、家电、环境监测和汽车等领域都有广泛应用。以下是几种常见的温度传感器：

1）热电偶（Thermocouple）

原理：热电偶由两种不同金属（或合金）丝焊接在一起形成闭合回路。当两个接点温度不同时，会产生电动势（热电效应），电动势的大小与温度差成正比。

优点：温度范围宽，响应速度快，结构简单，成本低，易于安装。

缺点：精度相对较低，需要使用专用仪器进行温度补偿，长期使用稳定性较差。

2）电阻温度探测器（Resistance Temperature Detector, RTD）

原理：RTD 利用金属的电阻随温度变化的特性来测量温度。最常用的金属是铂，因为它的温度系数很高，且在一定范围内电阻随温度变化是线性的。

优点：精度高，稳定性好，重复性好。

缺点：价格相对较高，响应时间慢于热电偶，测量范围不如热电偶宽。

3）热敏电阻器（Thermistor）

原理：热敏电阻器是一种半导体材料制成的电阻，它的电阻值随温度变化而显著变化。热敏电阻器通常分为两种类型：正温度系数型（PTC）和负温度系数型（NTC）。

优点：价格低廉，体积小，灵敏度高，适用于小范围精确温度测量。

缺点：温度范围有限，非线性响应，长期稳定性和重复性较差。

4）半导体集成温度传感器（IC 温度传感器）

原理：这些传感器通常是基于半导体的 PN 结温度敏感特性，它们通常集成有模拟或数字输出接口。

优点：提供数字输出，易于与微处理器连接，精度相对较高，稳定性好。

缺点：温度测量范围较窄，价格相对于热敏电阻器较高。

5）红外传感器（IR 温度传感器）

原理：红外传感器测量物体发射的红外辐射能量来计算其表面温度，不需要与物体接触。

优点：非接触测量，可以用于移动物体或电气危险物体的温度测量，响应速度快。

缺点：受环境因素影响较大，如灰尘、烟雾、湿度和其他气体的存在可能影响精度，价格较高。

6）双金属温度传感器

原理：双金属温度传感器由两种不同热膨胀系数的金属片组成。当温度变化时，两种金属的膨胀不同，导致金属片弯曲，弯曲程度与温度变化成正比。

优点：结构简单，成本低，可靠性高，适用于简单的温度控制应用。

缺点：精度较低，响应时间慢，不适用于精确温度测量。

2.3.10 液体流量传感器

液体流量传感器用于测量流经管道或通道中的液体流量。这些传感器在工业自动化、水处理、医疗设备以及汽车等领域有着广泛的应用。以下是几种常见的液体流量传感器类型，以及它们的工作原理、优点和缺点：

1）机械式流量传感器

原理：机械式流量传感器通过液体推动一个转子、涡轮或浮子来测量流量。流体的动力转化为机械运动，进而通过各种方法（如磁性耦合）转换为电信号。

优点：结构简单，成本较低，易于安装和维护。

缺点：机械部件易磨损，对污染和颗粒物敏感，可能需要定期清洁和校准。

2）涡轮流量传感器

原理：涡轮流量传感器中液体流动会驱动涡轮旋转，其转速与流量成正比。通常使用光电传感器或磁传感器来检测涡轮的转速。

优点：精度较高，响应速度快，适用于大范围的流量测量。

缺点：涡轮的存在可能会引起压力降，对流体的清洁度有一定要求，因为颗粒物可能会损害涡轮。

3）活塞式流量传感器

原理：活塞式流量传感器内有一个可以在管道内自由移动的活塞。当液体流过传感器时，活塞被推动并通过一个弹簧或其他机制定位。流量的大小决定了活塞移动的位置，这个位置可以通过磁性传感器或光学传感器来检测，并转换为流量读数。

优点：结构简单，价格低廉，安装容易，并且可以测量低流量。

缺点：活塞和弹簧的机械部件可能会磨损，需要定期维护。流量变化可能导致活塞响应不及时，影响测量精度。此外，活塞的存在可能会引起一定的流体压力降。

4）椭圆齿轮式流量传感器

原理：椭圆齿轮式流量传感器内有一对椭圆形的齿轮，当液体流过时，齿轮被驱动旋转。每旋转一次，就会有一定体积的液体通过。传感器通过检测齿轮的旋转次数来计算通过的液体总体积。通常使用磁性传感器或光学传感器来检测齿轮的旋转。

优点：高精度，重复性好，适用于黏度较高的液体，能够测量低到中等流速的流量。

缺点：机械部件可能会受到磨损，对液体中的固体颗粒和杂质敏感，可能需要过滤器来保护齿轮。成本相对于其他类型的流量传感器也较高。

5）电磁流量传感器

原理：电磁流量传感器基于法拉第电磁感应定律。当导电液体穿过垂直于流动方向的磁场时，会在液体中感应出一个电压信号，该电压信号与流体的平均流速成正比。

优点：没有流动阻碍的机械部件，不受液体黏度、温度、压力和密度变化的影响，维护需求低。

缺点：液体必须具有一定的电导率，成本相对较高，不适用于非导电液体。

6）超声波流量传感器

原理：超声波流量传感器利用超声波在液体中传播的时间差或频率变化来测量流量。常见的类型包括时差超声波流量计和多普勒超声波流量计。

优点：非侵入式测量，不会对流体产生压力损失，适用于腐蚀性或高纯度流体。

缺点：安装复杂，价格昂贵，对流体中气泡或悬浮颗粒的存在较为敏感。

选择液体流量传感器时，应该考虑测量的精度、流体的性质（如腐蚀性、黏度、电导率）、流量范围、安装环境以及成本等因素。

在工程机械施工中，常使用加油枪和加油机对机械加注柴油，这些设备中，使用的流量传感器一般是涡轮流量计、椭圆齿轮流量计和活塞式流量计，精度和传感器体积依次提高，后两种流量计统称为正位移流量计。

2.3.11 工程机械领域传感器的特点

在工程机械上选择和安装各类传感器，确保传感器可以在恶劣的施工环境中准确可靠地工作，需要考虑比较多的因素，包括：

（1）环境条件：例如温度，传感器应能在机械所处环境的温度范围内工作，包括对温度变化的补偿机制。考虑到工程机械常在户外使用，传感器应具有良好的防水和防潮性能。

（2）可靠性：工程机械在运行时会产生大量振动，传感器应有足够的机械强度来抵抗这些振动和偶发的冲击。

（3）安全性：在一些特殊环境中，传感器必须保证其工作不会导致一些风险事故的发生。例如在机械油箱内部或附近安装的传感器，应当具有很好的防爆和防燃烧特性。

（4）精度和分辨率：传感器的精度和分辨率应满足工程机械对测量的具体要求。

（5）安装便捷性：传感器的尺寸应适合机械上的可用空间。传感器应易于安装，不需要复杂的调整。

（6）低维护需求：传感器应设计为低维护或无维护，以减少停机时间。传感器应具有高可靠性和长寿命，以最小化更换频率和降低总体拥有成本。例如在电子产品中常见的频繁充电的补电方式，可能不太适合于工程机械行业的传感器硬件。

（7）法规和标准：传感器应满足相关的行业和安全标准，如 ISO、CE 认证，防爆认证和一些特殊环境的认证标准。

（8）成本效益：除了满足技术要求外，传感器的成本也是一个重要考虑因素，应确保整体解决方案在预算范围内并具有良好的成本效益。

随着各类芯片技术、制造工艺、AI技术的更新换代，传感器的技术也在不断迭代发展，每一代传感器技术的发展都是为了满足更高的精确度、更强的环境适应性以及更好的成本效益比。随着技术的不断进步，传感器变得更加微小化、智能化和网络化，使得工程机械物联网的实现变得更加高效和先进。

2.4 工程机械物联网中的定位技术

在工程机械物联网领域中，确定机械设备的位置是至关重要的。一般来讲，常见的定位技术可分为广域的定位和局部区域的定位。广域定位技术中，比较常见的是卫星定位技术，例如GPS/北斗；局部定位技术则比较广泛，有激光、电磁波、磁场、惯性、视觉等多种方式。根据使用的场景，可以选择其中的一种技术，或多种技术融合，满足实际的定位需求。

2.4.1 全球导航卫星系统

全球导航卫星系统（Global Navigation Satellite Systems, GNSS）是一个通用术语，它涵盖了一系列通过使用来自地球轨道的卫星的信号来提供全球或区域覆盖的自主地理空间定位系统，使得具备相应接收设备的用户能够确定自己的精确位置（纬度、经度、高度）和时间。GNSS包括美国的全球定位系统（GPS）、俄罗斯的全球导航卫星系统（GLONASS）、欧盟的伽利略定位系统（Galileo）和中国的北斗卫星导航系统（BDS），以及其他的区域系统，如印度的导航卫星系统（NavIC）和日本的准天顶卫星系统（QZSS）。这些系统通过维持由多颗卫星组成的星座，确保任何时间任何地点至少有四颗卫星对地面用户可见，用户的接收器通过解码这些卫星发射的信号来计算距离，进而利用三角测量来确定位置。GNSS广泛应用于军事、民航、海洋探索、个人导航等领域，它是现代通信、交通和信息系统不可或缺的一部分。

GNSS系统实施的是"到达时间差"（时延）的概念：利用每一颗GNSS卫星的精确位置和连续发送的星上原子钟生成的导航信息获得从卫星至接收机的到达时间差。GNSS卫星在空中连续发送带有时间和位置信息的无线电信号，供GNSS接收机接收。由于传输的距离因素，接收机接收到信号的时刻要比卫星发送信号的时刻延迟，通常称之为时延，因此，也可以通过时延来确定距离。卫星和接收机同时产生同样的伪随机码，一旦两个码实现时间同步，接收机便能测定时延；将时延乘上光速，便能得到距离。

以GPS系统为例，GPS系统通过一组至少24颗分布在地球不同轨道上的卫星，向地球上的接收器广播带有各自精确时间和轨道位置信息的信号，这些信号在传播到地面的过程中会被接收器捕获；接收器通过记录接收到的信号的精确时间，并与卫星的时间进行比对，计算出信号从卫星传播到接收器的时间差，再乘以光速，得到从卫星到接收器的距离；利用至少4颗卫星的数据，接收器可以确定用户的三维位置（纬度、经度和海拔高度）以及时间信息，这个过程中考虑到了各种可能的误差源，如大气层延迟、卫星和接收器钟差、相对论效应等,以确保定位的准确性(图2-5)。

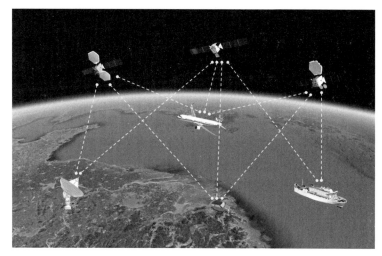

图2-5 卫星导航系统定位原理

GPS系统的定位精度受多种因素影响,包括信号传播中的大气干扰、多路径效应、接收器质量和设计以及卫星几何分布等。在理想条件下,标准的民用GPS可以提供3～5m的水平定位精度。在郊区和开阔地带使用,定位精度可以达到或接近理想精度;而在山区和实际城市环境中使用时,由于山体的遮挡和楼宇的反射,定位精度可能降低到10～50m。当需要用到更高的定位精度时,需要用增加定位技术,例如差分定位技术。

差分定位技术(Differential GPS,DGPS)的原理是基于对GPS信号中的误差进行校正,以提高定位的精度。这种技术通常使用至少两个接收器:一个是在已知位置的基准站,另一个是移动的用户接收器。基准站接收器位于地理位置已知的点,它接收来自GPS卫星的信号并计算其自身的估计位置。由于基准站的确切位置是已知的,它可以计算出GPS信号中的误差,包括由于大气条件(电离层和对流层延迟)、信号多路径效应、卫星轨道误差等引起的误差。基准站将这些误差计算为校正信息,然后通过不同的通信方式(如无线电信号、互联网或卫星通信)实时发送给附近的用户接收器。用户接收器接收这些校正信息,并应用它们来修正自己从GPS卫星接收到的信号。这样,用户接收器能够减少误差,实现比标准GPS更高的定位精度。差分技术的关键在于,基准站和用户接收器相对较近,所以它们接收到的GPS信号会经历类似的大气条件。因此,基准站计算出的误差校正值对用户接收器也是适用的。通过应用这些校正值,可以显著减少定位误差,从而实现更精确的定位结果。DGPS可以将标准GPS的精度从几米提高到大约1m或更好。而更高级的差分技术,如实时运动基准系统(Real-Time Kinematic,RTK)GPS,可以提供厘米级甚至毫米级的精度。RTK GPS使用相同的基本原理,但它还包括使用卫星信号的相位信息,而不仅仅是信号的时间延迟信息,这允许进行更精细的误差校正。当然差分定位技术达到更高精度的代价,是更高的成本,更大的体积和功耗,这些都是在实际使用中需要考虑的因素。

全球四大卫星导航系统对比如表2-1所示。

全球四大卫星导航系统对比　　　　　　　　　　　　　表 2-1

系统	GPS	BDS	GLONASS	Galileo
研制国家	美国	中国	俄罗斯	欧盟
标配卫星数量	33	35	26	30
在轨卫星数量	31	33	23	24
卫星寿命	10～15 年	5～10 年	3～7 年	12 年
定位精度	0.3～5m	全球 3～5m 亚太 1.2～2.68m	2.8～7.38m	1m
组网完成时间	1993 年	第一代：2000 年 第二代：2012 年 第三代：2020 年	本土：2007 年 全球：2009 年	2020 年
竞争优势	成熟，广泛应用	安全性强 短报文通信	抗干扰能力强	精确度高

2.4.2 区域范围定位技术

1. 信号强度定位技术

信号强度定位技术主要通过测量无线信号的强度（Received Signal Strength Indicator, RSSI）来估计设备与信号源之间的距离，从而推算设备的位置。常见的信号强度定位技术有蜂窝网络定位、Wi-Fi 定位和蓝牙定位。

（1）蜂窝网络定位：蜂窝网络定位利用移动电话网络中的基站信号来确定设备的位置，通过测量设备与一个或多个基站之间的信号强度或时间差异来估算距离，其中包括单一基站定位、多基站的三角测量，以及基于时间差异的定位方法。这种定位技术因其广泛的网络覆盖范围在室外环境中特别有效。它的定位范围覆盖比较广，通常在有蜂窝网络信号的区域都可以定位，定位精度受到基站密度的影响，通常在数百米到数千米范围内。

（2）Wi-Fi 定位：Wi-Fi 定位通过捕捉和分析周围 Wi-Fi 热点的信号强度来定位，每个 Wi-Fi 接入点都有一个唯一的 MAC 地址，可用于识别其物理位置，通过测量设备与多个接入点之间的信号强度和采用三角测量技术，Wi-Fi 定位能在室内环境中提供相对较高的精度，通常在 10～20m 范围内，它的有效性和精度受到接入点密度和环境因素如墙壁和家具的影响，而功耗方面，Wi-Fi 定位通常低于蜂窝网络定位，但高于蓝牙定位。

（3）蓝牙定位：蓝牙定位主要通过蓝牙低功耗技术和蓝牙信标来实现，信标设备在一定范围内广播其标识符，设备通过测量信号强度来估计与信标的距离。这种方法在室内小范围内比较精确，甚至可以达到米级精度。蓝牙定位的显著优点是其低功耗特性，适合于需要长时间运行的应用，但是它的有效范围相对较小，通常在 10～30m 范围内。

2. 电磁波定位技术

电磁波定位技术主要通过监测电磁波的发射角度、到达角度、飞行时间来估计设备和信号源之间的方位和距离。

（1）蓝牙 AoA：蓝牙 AoA（Angle of Arrival）定位技术是一种基于蓝牙信号的高精度

定位技术，它通过测量信号到达接收器的角度来确定设备的具体位置。与传统的基于信号强度（RSSI）或时间差（TDOA/TOA）的方法不同，AoA定位需要使用带有阵列天线的接收器来精确测量入射信号的到达角度。

蓝牙AoA技术能够实现非常高的定位精度，理论上可以达到亚米级（小于1m），甚至在某些条件下可以达到厘米级精度。实际的精度会受到多种因素的影响。

蓝牙AoA技术仍旧具有蓝牙定位的低功耗特点，随着技术的发展和优化，它有潜力在各种应用中提供更为精确的定位服务。

（2）超宽带（UWB）定位：超宽带（UWB）定位技术是一种无线通信技术，它通过使用极短的脉冲来传输数据，这些脉冲在非常宽的频率范围内传播，通常定义为超过500 MHz的带宽。UWB技术由于其宽带特性，提供了极高的时间分辨率，这使得它在定位系统中非常有用，因为可以用来非常精确地测量信号的传播时间，从而确定发射器和接收器之间的距离。

UWB定位系统通常通过到达时间（Time of Arrival, ToA）或时间差（Time Difference of Arrival, TDoA）测量来确定位置。由于UWB信号具有高时间分辨率，这些系统能够实现非常高的定位精度。在理想条件下，UWB定位技术可以达到厘米级甚至毫米级的精度。实际应用中，由于多路径效应、信号衰减和环境干扰等因素的影响，精度可能会有所下降，但通常仍能保持在10cm以内。

UWB技术的另一个优点是其相对较低的功耗。由于UWB信号是以短脉冲的形式传输的，因此即使在较高的数据率下，它也只在很短的时间内消耗能量。这意味着UWB设备在待机模式下几乎不消耗能量，而在激活时也只在瞬间消耗电力。这使得UWB设备特别适合于需要电池供电的应用，如移动定位设备和穿戴式技术。

UWB定位技术因其高精度和低功耗特性而在多种应用中备受青睐，预计将在未来的定位和通信领域扮演更加重要的角色。

3. 无线射频识别定位技术

无线射频识别（RFID）定位技术是一种利用无线电波进行识别和跟踪的自动识别技术。它由两个主要组件组成：RFID标签和RFID读取器。

RFID标签包含一个微型电子芯片和一个天线。标签可以是被动的（无需内部电源，从读取器接收到的信号中获取能量）、半被动的（可以独立驱动内部电路回传信息到读取器），或主动的（内置电源，可以主动发送信号）。例如，常见的IC卡和服装电子标签属于被动类标签，车辆上的ETC终端则属于主动类标签。

RFID读取器发射无线电波，当标签进入其工作范围时，标签的天线接收这些波并激活芯片。然后芯片使用天线将其存储的信息（如一个唯一的标识符）传输回读取器。读取器接收到来自标签的信息后，将其传输到后端系统进行处理，以便进行存储、分析和决策支持。

RFID不仅在日常生活中应用广泛，在施工行业也经常用于资产的跟踪和管理、人员安全管理、原材料质量跟踪等管理应用中。

4. SLAM 定位技术

SLAM（Simultaneous Localization and Mapping）定位技术是一种使机器人或移动设备在未知环境中同时进行定位和地图构建的技术。SLAM 可以与不同的传感器技术结合使用，例如视觉（Visual SLAM，V-SLAM）和激光（Laser SLAM，也称为 LiDAR SLAM，L-SLAM）。

1）视觉 SLAM（V-SLAM）

视觉 SLAM 使用摄像头作为主要传感器来感知环境。它通常包含以下几个关键步骤：

（1）特征提取：从摄像头捕获的图像中提取特征点，这些特征点应该是易于跟踪并且在不同图像之间容易匹配的显著点。

（2）特征匹配：将连续帧中的特征点进行匹配，以估计相机或机器人的运动。这通常涉及光流估计、特征描述子的匹配等技术。

（3）运动估计：根据匹配的特征点计算相机或机器人的位姿变化。这一步可能使用多视图几何学中的基础矩阵或本质矩阵。

（4）优化：通过非线性优化算法（如图优化或 Bundle Adjustment）来精确调整所有相机位姿和地图点的位置，以减少重投影误差。

（5）环境地图构建：根据提取的特征点和估计的相机位姿构建环境的三维地图。

视觉 SLAM 受到光照变化、特征缺乏（如在白墙上）和快速运动（导致运动模糊）的影响。然而，它的优势在于成本较低，因为摄像头比激光传感器便宜，且数据丰富，可以用于物体识别和增强现实。

2）激光 SLAM（L-SLAM）

激光 SLAM 通常使用激光测距装置（LiDAR）来获得环境的精确距离信息。其工作流程如下：

（1）数据采集：LiDAR 传感器发射激光束并接收反射回来的激光，通过计算往返时间来测量与周围物体的距离。

（2）扫描匹配：通过比较连续扫描之间的激光点云数据来估计机器人的运动。常见算法包括迭代最近点（Iterative Closest Point，ICP）算法等。

（3）位姿估计：根据匹配的点云数据计算机器人的位姿变化。

（4）地图构建：使用滤波器如卡尔曼滤波器或粒子滤波器，或者使用图优化技术来构建环境地图并优化机器人的轨迹。

激光 SLAM 在环境中提供了非常精确的距离测量，使得它在结构复杂或特征缺乏的环境中表现出色。但是，LiDAR 传感器通常比摄像头昂贵，且数据不包含颜色信息，这限制了其在某些应用中的使用。

综合来说，视觉 SLAM 和激光 SLAM 各有优势和局限性。在实际应用中，它们有时会被组合使用，以利用两者的优点来提高整体系统的鲁棒性和精度。这种组合通常被称为多传感器融合 SLAM。

5. 其他定位技术

除了以上常见的定位技术外，还有很多非常规的定位技术，例如地磁定位、惯性定位等。

1）地磁定位

地磁定位技术是一种基于地球磁场分布特性来确定位置的方法。它利用了地球磁场在不同地点的微小差异，这些差异由地壳中的磁性矿物质分布和环境中的一些固定建筑共同造成，不同地点的地磁场特性是独一无二的，就像是地球表面的一个磁性"指纹"。使用磁力计来测量地球磁场在特定地点的强度和方向，通过预先建立一个参考的地磁图，实时测量的地磁数据可以与这个图进行比对，以确定当前位置。这种方法不依赖于外部信号源，如 GPS，因此特别适用于室内或其他 GPS 信号不可达的环境中。

2）惯性定位

惯性定位系统（Inertial Navigation System，INS）依赖于惯性测量单元（Inertial Measurement Unit，IMU），它包含加速度计和陀螺仪来分别测量物体的加速度和旋转。通过对这些测量值进行积分，可以计算出物体随时间变化的速度和位置。因为 INS 是自主工作的，不依赖外部信号，它可以在任何环境中使用，包括水下、地下或宇宙空间。然而，由于积分运算随时间累积误差，INS 系统通常会与 GPS 或其他定位系统结合使用，以校正这种误差，保持定位的准确性。

几种常见的定位技术的比较如表 2-2 所示。

几种常见的定位技术的比较　　　　表 2-2

定位技术	精度（m）	覆盖范围	保密性	穿透性	抗干扰	维护成本	建设成本	功耗
蜂窝网络	100～1000	大	一般	好	一般	低	高	高
Wi-Fi	10～20	中	差	一般	差	低	低	中
蓝牙信标	1～5	中	一般	好	一般	低	低	低
BLE-AoA	0.1～2.0	中	高	一般	差	中	中	低
UWB	0.05～0.5	小	高	差	好	中	高	低
RFID	10～100	小	高	差	好	中	中	低
视觉 SLAM	0.05～1	中	高	差	一般	中	中	中
激光 SLAM	0.01～0.1	小	高	差	好	高	高	高

2.4.3 定位技术的结合

以上介绍的这些定位技术既可以单独使用，也可以结合起来使用，以提高定位的准确性和可靠性。例如，室外环境下的车辆辅助驾驶系统常常使用 GPS 结合激光雷达和图像来提高定位精度；而商场、地下停车场等室内或遮蔽环境下，可能会采用 RFID、UWB 或 Wi-Fi 定位技术辅助定位。物联网设备的发展使得这些技术的集成和应用变得更加灵活和高效。

工程机械物联网需要使用北斗和 GPS 定位来支持绝大多数露天工作的需求，也会用到 RFID 和 UWB 等定位技术来支持隧道和井下等无法接收卫星信号的施工场景。

2.5 工程机械物联网中的通信技术

在工程机械物联网的实现过程中，通信技术扮演了至关重要的角色（图 2-6）。这些技术确保了在施工现场的各种机械设备之间，以及设备与控制中心之间的实时数据传输和指令交换。无线传输技术，如蓝牙 BLE、ZigBee、LoRa、RF433、UWB（超宽带）、Z-Wave、WiSun、Thread、Sigfox 以及近期兴起的星闪 NearLink，提供了灵活性和扩展性，使得设备能够在没有复杂布线的情况下进行通信。同时，运营商网络的进步，从 2G（GPRS）和 4G（CAT1）到 NB-IoT、5G mMTC 和 LTE-M，为远程监控和大规模设备管理提供了强大的支持。此外，传统互联网连接方式，如 Wi-Fi 和 RJ45 以太网，为设备提供了高速且可靠的数据传输选项。在有线传输方面，从基本的有线模拟信号到同轴电缆、RS232/RS485、USB 总线、CAN 总线，以及高带宽的光纤连接，都是工程机械物联网中不可或缺的组成部分。这些通信技术各有特点，通过它们的合理搭配和集成，可以构建出一个高效、可靠且具有高度适应性的工程机械物联网系统。

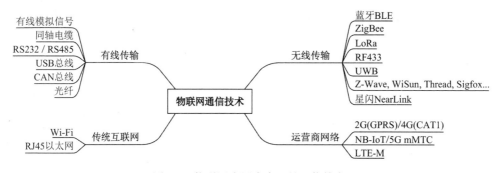

图 2-6　物联网应用中常见的通信技术

2.5.1 运营商网络

运营商网络是最常见的通信技术，也是目前在全球范围内使用最普遍的通信技术。

运营商网络主要采用蜂窝移动通信技术，通过基站与移动设备之间的无线电波进行通信。根据不同的技术标准和发展阶段，蜂窝移动通信技术可以分为以下几代：

（1）第一代（1G）：采用模拟技术，主要用于语音通话，代表技术为 AMPS。

（2）第二代（2G）：采用数字技术，支持语音通话和短信服务，代表技术为 GSM、CDMA。

（3）第三代（3G）：支持更高的数据传输速率，可以实现移动互联网接入，代表技术为 WCDMA、CDMA2000、TD-SCDMA。

（4）第四代（4G）：提供更快的移动互联网体验，支持高清视频通话和在线游戏等应用，代表技术为 LTE、LTE-Advanced。

（5）第五代（5G）：拥有更高的数据传输速率、更低的延迟和更广的连接范围，支持物联网、虚拟现实等新兴应用，代表技术为 NR。

除了蜂窝移动通信技术，运营商网络有时候还会使用卫星通信和 Wi-Fi 热点作为辅助手段，以达到更全面的网络覆盖。

蜂窝移动网络以其广域覆盖能力，能够在大范围内提供稳定的网络连接，确保用户无论在何处都能随时上网。此外，这种网络支持高度移动性，用户可以在移动过程中无缝使用各种网络服务，无须停留在固定位置。基于以上原因，运营商蜂窝网络成为目前最主流的无线通信技术。

随着技术的不断发展，运营商网络通信方式也在不断演进，主要趋势包括：5G 网络的普及，将提供更高速、更低延迟的网络连接，支持更多新兴应用。利用人工智能帮助运营商优化网络性能、提高效率和降低成本。将计算资源部署到网络边缘计算，以降低延迟并提高响应速度，支持实时应用等。

运营商网络通信方式的不断发展，在满足用户不断增长的需求同时，也极大程度推动了社会数字化转型。

2.5.2 NB-IoT

窄带物联网（Narrowband Internet of Things, NB-IoT）是物联网领域的一项重要技术。NB-IoT 的研发始于 2014 年，最早由华为和沃达丰提出，并在 2016 年由 3GPP（第三代合作伙伴计划）正式纳入其标准体系。随着物联网设备数量的迅速增长，对低功耗、广覆盖的通信技术需求日益增加，NB-IoT 应运而生。2017 年，NB-IoT 标准正式发布，并迅速在全球范围内推广应用。如今，NB-IoT 已成为物联网通信技术的重要组成部分，广泛应用于智能抄表、智慧城市、智能农业等领域。

1. 技术原理

NB-IoT 是一种基于蜂窝网络的低功耗广域网（LPWAN）技术，主要通过以下技术原理实现其功能：

（1）窄带传输：NB-IoT 采用窄带传输技术，每个信道宽度仅为 180kHz，这使得它能够在现有的蜂窝网络基础上进行部署，充分利用现有的频谱资源。

（2）正交频分多址（OFDMA）：在上行链路中，NB-IoT 采用 OFDMA 技术，通过将频谱划分为多个正交子载波，提高频谱利用率，降低干扰。

（3）低功耗设计：NB-IoT 设备在不需要通信时进入深度睡眠模式，仅在需要发送或接收数据时唤醒，从而显著降低功耗。

（4）广覆盖：NB-IoT 通过增强的链路预算和重复传输技术，能够实现广覆盖，即使在地下室或偏远地区也能保持稳定的连接。

2. 特点和优势

NB-IoT 具有以下主要特点和优势：

（1）低功耗：NB-IoT 设备的功耗极低，通常使用电池供电，电池寿命可达数年，适用于需要长时间运行的物联网设备。

（2）广覆盖：NB-IoT 具有出色的覆盖能力，能够在地下室、地下管道等传统蜂窝网络难以覆盖的区域实现稳定通信。

（3）大连接：NB-IoT 支持大规模设备连接，单个基站可以支持数万个设备，适用于大规模物联网应用场景。

（4）低成本：NB-IoT 模块成本低，且可以在现有蜂窝网络基础上进行部署，降低了网络建设和维护成本。

（5）高可靠性：NB-IoT 采用增强的链路预算和重复传输技术，确保数据传输的可靠性，即使在信号较弱的环境中也能保持高质量的通信。

（6）安全性：NB-IoT 基于蜂窝网络，继承了蜂窝网络的安全机制，提供了端到端的数据加密和认证，保障数据传输的安全性。

3. 应用场景

NB-IoT 的低功耗、广覆盖、大连接和高可靠性等特点，使其在多个领域得到了广泛应用：

（1）智能抄表：NB-IoT 广泛应用于水、电、气等智能抄表系统，实现远程数据采集和管理，提升资源利用效率。

（2）智慧城市：在智慧城市建设中，NB-IoT 用于智能停车、智能路灯、环境监测等应用，提升城市管理水平和居民生活质量。

（3）智能农业：NB-IoT 在农业领域用于土壤监测、环境监测、智能灌溉等应用，进而实现精细化管理，提高农作物产量和品质。

（4）智慧物流：NB-IoT 用于物流跟踪、仓储管理等应用，实现物流全程可视化，提高物流效率和管理水平。

NB-IoT 作为物联网通信技术的重要组成部分，凭借其独特的技术优势，正在推动物联网应用的快速发展，为各行业的数字化转型提供强有力的支持。

2.5.3 蓝牙 BLE

蓝牙 BLE（Bluetooth Low Energy）技术，是蓝牙技术的一个重要分支，专为物联网（IoT）设备设计，旨在提供比传统蓝牙更低的功耗和成本，同时保持相似的通信距离。BLE 自 2010 年起作为蓝牙核心规范的一部分发布，并迅速成为各种低功耗无线通信需求的行业标准。

BLE 使用的物理频段是 2.4GHz ISM 频带，这是一个全球开放的无线电频带，也是 Wi-Fi 和传统蓝牙使用的频带。BLE 在该频带内实现了一些特殊的设计，以优化功耗和通信效率。BLE 在频带内划分了 40 个射频通道，每个通道宽度为 2MHz。其中，37 个通道用于常规的数据传输，而另外 3 个通道被用作广播通道，即用于设备发现、配对和广播数据。

与传统蓝牙（也称为蓝牙 BR/EDR，Basic Rate/Enhanced Data Rate）相比，BLE 在协议

设计上做了一系列针对低功耗设计的协议改进。它简化了连接过程，减少了握手步骤，以提高连接效率。通过高效的频率跳变策略和小数据包设计，BLE 优化了数据传输，降低了能耗。此外，它引入了低功耗空闲模式以进一步减少待机状态下的能量消耗，并通过非连接广播机制支持简单的数据传输和设备发现。BLE 采用了属性协议（ATT）和通用属性配置文件（GATT）来结构化服务发现和数据交互，同时增强了安全性，提供更为安全的通信环境。这些变革共同使 BLE 成为适应物联网需求的理想无线通信技术。

BLE 的通信范围与传统蓝牙相似，可以达到 50m 以上，具体距离取决于设备的功率等级和周围环境。其数据传输速率为 125Kbps～2Mbps。尽管这比传统蓝牙（2～3Mbps）和 Wi-Fi（数百 Mbps）要慢，但对于大多数低功耗应用来说是足够的。

BLE 在现代技术应用中扮演着重要角色，常见应用场景包括智能穿戴设备、智能家居系统、工业物联网、位置跟踪和室内导航等。这些应用利用 BLE 的低功耗特性，实现了长运行时间，同时提供了稳定、可靠的短距离无线通信解决方案，极大地促进了物联网设备的普及和发展。

2.5.4 星闪 NearLink

该通信技术是近年来在物联网和无线通信领域崭露头角的一项创新技术。其发展始于对现有无线通信技术在低功耗、高速率、低延迟等方面的局限性进行改进的需求。星闪技术由华为牵头，多家领先的通信技术公司和研究机构联合研发，并在 2020 年前后逐渐进入公众视野。随着物联网设备和应用的快速增长，星闪技术迅速获得了广泛关注和应用，成为物联网通信技术的重要组成部分。

2022 年 11 月 4 日，星闪联盟发布星闪无线短距通信 1.0 标准，该标准具有两类接入技术模式，即基础接入和低功耗接入技术模式，用以综合传统无线技术（如蓝牙和 Wi-Fi）的特点，并满足时延、功耗、覆盖和安全等方面的要求。

星闪采用循环前缀正交频分复用（Cyclic Prefix-OFDM）波形以解决各种应用面临的延迟问题，该波形具有极短的框架结构和灵活的时间域资源调度方案，使传输延迟可降低至约 20μs。此外，星闪采用极化码和混合式自动重送请求（HARQ）方案，以支持对可靠性要求高的应用，例如，自动装配线等工业闭环控制应用的可靠性要求至少为 99.999%。

星闪技术涵盖两种接入技术模式，分别是"低功耗接入技术"模式（SparkLink Low Energy，SLE）和"基础接入技术"模式（SparkLink Basic，SLB）（图 2-7）。

低功耗接入技术模式主要面向低功耗、低时延、高可靠性的应用场景，如无线耳机、鼠标、车钥匙等；数据传输率可达 12Mbps，相当于蓝牙的 6 倍；支持双向空口时延 250μs，256 台设备同时接入，以及低于 2mA 的电流。

基础接入技术模式专注于高速率、高容量、高精度的应用场景，例如视频传输、大文件共享、精准定位等。数据传输率可达 1.2Gbps，相当于 Wi-Fi 的 2 倍；支持空口时延 20μs，以及 4096 台设备同时接入。

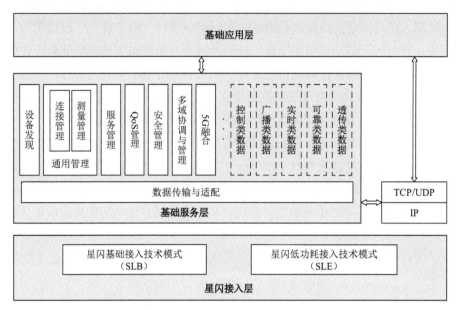

图 2-7　星闪无线通信系统架构

星闪（NearLink）技术是中国原生的新一代近距离无线连接技术，标志着中国通信产业在全球的领先地位。星闪技术的推出不仅是中国通信产业自立自强的重要里程碑，也预示着近距离通信领域的新时代。随着星闪技术的不断发展和应用，未来的无线连接体验将更加快速、可靠和智能。

2.5.5　自组织网络

对于工程机械施工管理场景，为了实现超低功耗、高移动性、兼容主流网络、无人运维的需求，我们需要综合运用以上各种网络互联技术，并且基于以上通信协议定制出自组织网络（Adhoc）的能力。

我们会在本书第 3 章详细讨论自组织网络的技术解决方案和落地实践。

2.6　工程机械物联网中的计算架构

计算是物联网的另一个重要组成部分。传感器采集得到的物理量组成了多模态多维度时序数据，以及定位模组测量得到的定位数据，通过自组织通信网络聚合起来，就是用来支持用户端侧的实时监测和控制业务，支持管理中心云侧的人工智能模型的训练、智能算法分析、业务整体优化迭代等计算需求。

工程机械物联网也不例外，需要在工程机械端侧的边缘计算能力，也需要在项目施工管理的云计算能力。

图 2-8 展示了一种边缘计算（基础硬件 + 网关）与云计算（数据算法）相结合的技术架构，可以应用于工程机械物联网。

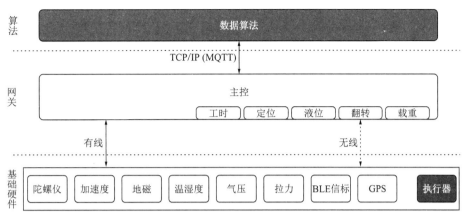

图 2-8 云计算与边缘计算架构图

2.6.1 边缘计算

边缘计算是指靠近数据源,低延迟、低成本地处理实时数据。边缘计算是一种适配 AIoT 需求的分布式的数据处理架构,每一个边缘计算节点只需要处理其所触达的一小部分数据即可。不过,边缘计算可以尽可能充分利用这个节点所能采集到的所有数据,将所有数据进行采样、滤波、计算之后提炼出来的关键业务数据会非常精炼。这样,需要上传到云端的数据量就会很少,节约了珍贵的网络带宽。

边缘计算通常需要将终端设备的数据上传到边缘服务器。对于工程机械物联网,因为工地环境无法提供稳定的边缘服务器,所以更适合以安装在机械上的智能终端作为边缘侧的算力中心。

工程机械上安装的各种传感器负责采集数据,对数据进行初步的过滤、去噪、滤波,然后将数据通过蓝牙自组织网络上传到机械的智能终端。

智能终端就是边缘计算的主要计算控制中心,下辖各个传感器等硬件设备一起计算,听从云端的指令,配合完成计算任务。最主要的计算任务就是对来自分布式多传感器的多维度物理量的时序聚合,并使用边缘侧的 AI 模型算法进行基础的状态分类与识别,最终将计算得到的关键业务数据上传到云端。

除了主要的业务计算以外,智能终端还需要执行一些对响应速度要求高的业务工作,特别是紧急事件的检测和报警,包括硬件故障、低电量、硬件被拆除、偷油漏油等。智鹤科技机械指挥官的智能终端在检测到此类紧急事件时,会触发声光报警,通过闪光和鸣笛引起现场的机械管理人员的注意。

2.6.2 云计算

云计算是指在数据中心聚合部署的算力资源对各个终端上报的数据进行大规模的聚合计算。

对工程机械物联网来说,云计算的载体是机械物联网平台、AI 算法中心,以及工程项目施工管理系统。

其中,物联网平台负责聚合所有工程机械上报的多维度时序物理量数据,为 AI 算法中心提供原始训练样本。同时，聚合的机械物联网数据也是日常施工管理的实时输入数据，由 AI 算法计算为机械施工的业务数据，最终提供给工程项目施工管理系统。

AI 算法中心将机械物联网数据与项目管理信息结合，通过人工标注和专家指导来训练人工智能（AI）模型。AI 模型是用于将多模态多维度的物联网时序数据集计算为机械施工管理的业务数据，包括机械运转记录、能耗（油耗）、产量统计等。云端的 AI 算法还会检测终端无法捕捉到的非实时异常事件，如硬件离线、机械脱离监测、机械持续怠速、机械长期闲置等。云端的 AI 算法还需要对终端上报的数据进行复查和增强，如对加油记录进行审核避免误推、对油量异常报警进行审核避免误报等。

工程项目施工管理系统，是施工企业和项目部日常使用的施工管理软件系统。这套系统在运转过程中除了支持日常的管理规章制度，还录入了项目施工过程的各种信息，为 AI 算法提供项目管理数据以及标注数据。AI 算法计算得到的机械业务数据，会和施工管理系统里的其他业务数据以及财务数据进行融合。同时，云端的系统面对管理人员，会使用自然语言处理大模型、语音交互、视频交互等 AI 技术，来支持施工管理的智能化。

2.7 工程机械物联网标准

如本章前文所述，工程机械物理网的建设是综合传感器、定位、通信、计算等技术于一体的整体解决方案，参考借鉴了其他行业物联网的标准，但是又有很多独特的特性要求和技术要点。目前，还没有完善的统一标准供施工企业作为实施管理依据。

在实践中，智鹤科技机械指挥官解决方案能够较好地适应建筑施工工地现场的长期使用，基本做到了普遍适用、极简安装、不接线不打孔、自动采集数据、客观准确不受人为干扰、操作友好、功能全面、减轻现场工作负担。该方案已被中国中铁、中国铁建、中国交建、中国电建、山东路桥、湖南路桥、深圳市政等大型国有施工企业大面积应用，服务超过 1000 家用户、8000 个工地，联网设备达 15 万台。根据中国施工企业协会的统计，机械指挥官可以提升项目施工效率 20% 以上，提升机械设备管理效率 50% 以上，降低设备使用成本和燃油成本 15% 以上。

由全国信息技术标准化技术委员会（TC28）主持，由全国信息技术标准化技术委员会物联网分会（TC28SC41）执行，由南京智鹤电子科技有限公司等企事业单位参与制定的《物联网 基于物联网和传感网技术的动产监管集成平台系统要求》GB/T 44865—2024 国家标准，是经过实践经验总结之后对工程机械物联网的一些重要特性提出的建议性标准，可以供读者参考。

第3章

工地一张网：施工大数据

工程机械 AIoT：
从智能管理到无人工地

在逐步实现万机互联之时，机械施工的智能化管理还需要另一项建设：工地一张网。

在施工行业，尤其是在大型工程项目中，现有的通用网络无法很好地满足使用需求，建立一个施工场景专属的"工地一张网"至关重要，它主要解决以下问题：

（1）通信质量和可靠性：很多工地通常位于偏远地区，特别是基建类施工现场，常规的商用通信网络覆盖可能不稳定或信号弱。专属网络能够确保高质量和高可靠性的通信，这对于保证工程项目的顺利进行至关重要。实时监控、沟通信息和远程控制都需要稳定可靠的网络支持。

（2）网络覆盖的全面性：工地的地理环境复杂，从开阔地区到密闭空间都可能存在。专属网络可以根据工地的具体情况灵活适配，确保无论是地下室、隧道还是高层建筑，所有区域都能得到有效覆盖。

（3）低功耗和持久性：在工地上，稳定的电源供应通常是一个重要问题，特别是在远离城市电网的地区，建设初期通常借助一些临时设备发电。而一些移动设备和工程机械频繁移动，也无法通过固定方式取电，因此低功耗的设备通信方式非常重要，结合太阳能板等可再生能源供电，确保网络设备长时间运行而不需要频繁更换电源。

（4）易于安装和部署：工地的运作特点是动态变化的，随着项目的进展，工地的布局和结构可能会发生变化。一个易于安装和重新配置的网络系统对于适应这种变化非常关键。无线通信解决方案在这方面尤其有优势，可以迅速部署并根据需要调整。

（5）降低部署成本：现有通用的网络技术，其网络建设成本和设备接入成本普遍较高，工地需要更加低成本的专属网络。专属网络可以根据工地施工特点和应用需求定制化开发，删除一些不必要的通用功能和高级功能，从而节省大量成本。

为施工行业设计和实施一个专属的通信网络，不仅能提高项目效率，确保安全和质量，还能在项目管理中引入现代化的技术手段，这是推动行业现代化发展的重要步骤。

而基于工地一张网全面采集和积累的施工大数据，就可以用于更精细化地管理机械施工过程，逐步实现辅助驾驶、优化工序、智慧指挥，直至未来的无人工地。

3.1 工地自组织网络

3.1.1 联网技术

联网技术常见的网络拓扑类型主要有：总线型拓扑、星型拓扑、环型拓扑、树型拓扑、网状拓扑和混合型拓扑等。在物联网领域，更多使用的组网技术是单点接入、树形网络、自组网等方式。

1. 单点接入

物联网（IoT）的单点接入入网方式是一种简化的网络架构，它允许物联网终端设备直接通过运营商的蜂窝网络（如 2G/3G/4G/5G）或局域无线网络（如 Wi-Fi）连接到云端服务器。这种方式的核心优势在于其直接性和易于部署的特点，使得终端设备能够无需复杂的中介结构或网关，便可实现与云端的数据交互。

在这种模式下，物联网设备首先通过内置的无线通信模块，如 NB-IoT、LTE 或 Wi-Fi 模块，建立网络连接。一旦连接建立，设备便可以发送其采集的数据到预定的云端服务平台，同时也可以接收来自云端的命令和固件更新。这种通信通常通过标准的互联网协议进行，如 HTTP/HTTPS、MQTT 或 CoAP 等，确保了数据传输的安全性和互操作性。

单点接入方式的应用场景非常广泛，从智能家居的各种传感器和设备直接连接到家庭 Wi-Fi 网络，到工业传感器通过蜂窝网络上传关键运营数据到企业的云平台。这种方式大大简化了物联网设备的部署和管理，加速了物联网解决方案的推广和实施。然而，它也要求设备能够自我管理网络连接，并且有足够的安全措施来保护数据的安全和隐私。

大多数的物联网设备，使用这样的方式进行联网。

2. 树形网络

物联网的树形网络联网方式是一种分层的网络结构，它以一个强大的硬件主节点作为核心，该节点不仅能够直接通过运营商的蜂窝网络或者 Wi-Fi 等局域网络连接到云端服务器，还能够在本地创建和管理一个树形网络。在这个树形网络中，主节点充当根节点，而其他的物联网设备则作为子节点，通过短距离的无线通信技术（如蓝牙、ZigBee、LoRa 等）与主节点进行连接。

在这种架构下，子节点设备通常负责收集数据并执行简单的处理任务，然后将数据传输到主节点。主节点则担负起数据的汇总、进一步处理和转发的责任。这样，数据从子节点流向主节点，再由主节点上传到云端服务器。这种方式不仅减轻了子节点的通信和处理负担，而且由于主节点通常具有更强大的处理能力和更稳定的网络连接，因此可以提高整个网络的效率和稳定性。

树形网络的优点在于它能够有效地组织大量的物联网设备，并通过主节点进行统一的管理和控制。这种方式适用于需要大规模部署传感器的场景，例如智能农场、工业自动化、智能建筑等。它的分层特性使得网络的扩展变得简单，同时也便于实施安全策略和节能策略。然而，这种网络的稳定性和性能在很大程度上依赖于主节点，因此主节点的可靠性和安全性至关重要。

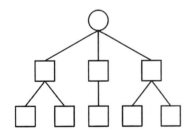

图 3-1　树形网络联网技术示意图

树形网络联网技术示意图如图 3-1 所示。

3. 自组织网络

物联网的自组织网络（Self-Organizing Network, SON）联网方式是一种高度灵活的网络架构，它允许物联网设备在无需中心化管理的情况下，自动侦测彼此的存在并建立连接。这种方式下的物联网硬件通过使用如 ZigBee、Bluetooth Mesh、LoRA 或 Thread 等无线通信技术，能够自行形成一个密集的网络，设备之间协同工作，实现信息的共享和通信。

在自组织网络中，每个设备都可以充当一个节点，这些节点通过动态的路由算法来确保网络的连通性，无论是在节点数量增加或某些节点失效的情况下，网络都能自我修复和优化路径，保障数据传输的效率。这种网络的每个节点都有能力将数据转发给其他节点，从而实现整个网络的信息共享。

为了连接到云端服务器，自组织网络中通常会有一个或多个具备互联网连接能力的网关节点。这些网关节点作为桥梁，不仅负责将网络内部的数据上传到云端，还负责将云端的信息和指令分发到网络中的每一个节点。这样，即使是网络中的一个远端节点，也能通过多跳通信与云端进行数据交互。

自组织网络的最大优势在于其鲁棒性和可扩展性，非常适用于复杂环境和动态变化的应用场景，如智能城市、灾难监测、环境监测等。此外，由于网络的自我组织特性，它大大减少了网络部署和维护的复杂性，适用于需要快速部署大量设备的情况。然而，这种网络也需要复杂的路由算法和管理策略来确保网络的高效运行和安全性。

自组织网络联网技术示意图如图 3-2 所示。

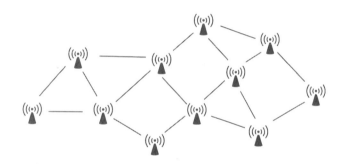

图 3-2　自组织网络联网技术示意图

3.1.2　通信协议

1. MQTT

MQTT（Message Queuing Telemetry Transport）是一个轻量级的、基于发布/订阅模型的消息传输协议，它专为工作在低带宽、高延迟或不可靠网络连接的通信环境下的物联网应用而设计。MQTT 的设计目标是简单易用，同时提供可靠的网络通信（图 3-3）。

MQTT 的一些主要概念和机制包括：发布/订阅模型、主题、质量等级、连接机制、保持连接。

（1）发布/订阅模型将网络节点分成三类：发布者（Publisher）为发送消息的客户端；订阅者（Subscriber）为接收消息的客户端；代理（Broker）作为中间服务器，负责接收所有发布的消息，并将这些消息转发给订阅了相应主题的客户端。

（2）主题（Topics）：消息通过主题分类。发布者将消息发送到某个主题，而订阅者订阅他们感兴趣的主题来接收消息。主题可以是层次化的，例如"home/livingroom/temperature"。

(3)质量等级(Quality of Service, QoS):消息可以根据需要,配置为三种质量等级。QoS 0 类别的消息最多发送一次,不保证消息到达(至多一次);QoS 1 类别的消息至少发送一次,确保消息到达,但可能会有重复(至少一次)。QoS 2 类别的消息确保只到达一次(只有一次),这是最高等级的服务质量。

(4)连接机制:客户端与代理之间的连接可以是持久的或临时的。持久连接允许客户端在断线时代理,能保存其订阅信息。有"遗嘱"消息的概念,允许客户端预设一条消息,如果连接异常断开,则代理会发布这条消息。

(5)保持连接(Keep Alive):客户端定期发送 PING 消息给代理,以保持连接并确认代理可用。

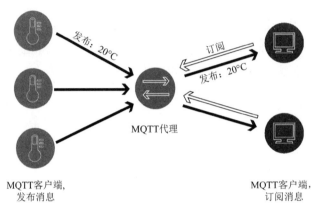

图 3-3　MQTT 的网络结构

MQTT 的特点是:

(1)轻量级:协议本身设计简单,消息头部非常小,降低了网络带宽的需求。

(2)高效:即使在网络质量不佳的情况下,也能保持稳定的消息传输。

(3)易于实现:客户端库简单,适合在资源受限的设备上实现。

(4)支持异步通信:发布者和订阅者不需要同时在线,消息由代理存储和转发。

(5)安全性:支持 SSL/TLS 协议,可以对通信内容进行加密,保证数据传输的安全性。

MQTT 是为现代物联网生态构建的一个关键协议,它通过其轻量级的特性和强大的发布/订阅模型,使得设备与设备、设备与服务器之间的通信更加高效和可靠。

2. CoAP

CoAP(Constrained Application Protocol)是一种专为小型设备设计的网络应用协议,它适用于受限的网络环境(如低功耗、低带宽)中的机器对机器(M2M)通信,常用于物联网(IoT)环境。与 MQTT 一样,CoAP 支持异步交互,这意味着客户端和服务器可以在不同的时间发送和接收消息。但相比于 MQTT,CoAP 有一些特别之处,使其在资源和带宽受限的环境中更有优势。

(1)CoAP 消息结构简洁,头部非常小,适用于带宽受限的网络,CoAP 的简单性使得它易于在资源受限的设备上实现。

（2）CoAP 遵循 REST 原则，它使用类似于 HTTP 的方法（GET、POST、PUT、DELETE），但是专为小型设备和低带宽网络进行了优化。

（3）CoAP 运行在 UDP（User Datagram Protocol）之上，而不是 TCP。UDP 的无连接特性使得 CoAP 非常适合用在网络条件受限的情况下。UDP 的简洁也让通信的功耗成本更低，使得 CoAP 适合用在电池供电的设备上。

（4）CoAP 定义了四种类型的消息：确认（CON）、非确认（NON）、应答（ACK）、重置（RST）。

（5）可靠性和重传机制：虽然 UDP 本身不保证可靠传输，但 CoAP 通过在应用层实现消息重传和确认机制来提供可靠性。对于需要可靠交付的消息，如果发送方没有收到 ACK，它会进行重传。

（6）CoAP 支持资源发现，设备可以查询其他设备上的资源。

CoAP 和 MQTT 协议层的比较如图 3-4 所示。

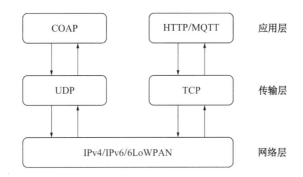

图 3-4 CoAP 和 MQTT 协议层的比较

通过结合 UDP 的低开销和 RESTful 架构的灵活性，CoAP 提供了一种有效的 M2M 通信方式。在物联网领域，CoAP 由于其轻量级和易于与 Web 技术集成的特性，成为构建互联设备网络的流行选择。

3.《道路运输车辆卫星定位系统 终端通讯协议及数据格式》JT/T 808—2019 和《道路运输车辆卫星定位系统 视频通讯协议》JT/T 1078—2016

《道路运输车辆卫星定位系统 终端通讯协议及数据格式》JT/T 808—2019 和《道路运输车辆卫星定位系统 视频通讯协议》JT/T 1078—2016 是我国标准的车载通信协议，广泛应用于车辆监控、跟踪和信息管理系统，特别是在公共交通和物流行业中。这两个协议是道路运输车辆卫星定位系统通信协议的核心部分，通常与 GPS/GNSS 定位系统和车载终端设备一起使用。

1)《道路运输车辆卫星定位系统 终端通讯协议及数据格式》JT/T 808—2019

这是一个用于车辆 GPS 监控和管理的标准通信协议，它主要定义了数据封装、通信方式、命令和应答、身份认证、位置信息上报等机制。

（1）数据封装：该协议规定了数据包的结构，包括消息头、消息体和校验码等部分。

数据包的封装确保了信息在传输过程中的完整性和正确性。

（2）通信方式：该协议规定了使用 TCP 或 UDP 进行数据传输，TCP 用于可靠传输，UDP 用于实时性要求较高的数据传输。

（3）命令和应答：该协议定义了一系列的命令和应答消息，用于实现对车辆的实时监控、远程控制等功能。

（4）身份认证：车载终端在与服务器通信前需要进行身份认证，确保数据的安全性。

（5）位置信息上报：车辆位置信息可以根据预设的时间间隔、距离间隔或者角度变化等条件自动上传。

它的特点包括：

（1）标准化：该协议属于国家标准，保证了不同厂商的车载终端和监控平台之间的互通性。

（2）可靠性：支持 TCP 协议，保证数据的可靠传输。

（3）实时性：通过 UDP 协议支持高实时性的数据传输。

（4）扩展性：协议支持自定义消息，允许扩展新的功能。

（5）安全性：通过身份认证和数据校验码提高数据传输的安全性。

2）《道路运输车辆卫星定位系统 视频通讯协议》JT/T 1078—2016

这是一个专门用于车载视频监控的通信协议，它主要定义了视频数据封装、实时传输、存储回放、多媒体控制、音视频传输等机制。

（1）视频数据封装：该协议定义了视频数据的封装格式，确保视频流在传输过程中的稳定性和完整性。

（2）实时传输：支持实时视频流的传输，可以进行实时监控。

（3）存储回放：除了实时视频，还支持视频数据的存储和回放功能。

（4）多媒体控制：该协议提供了对多媒体数据（如视频、音频）的控制命令，包括播放、暂停、快进、快退等。

（5）音视频传输：支持音视频同步传输，保证了监控的时效性和准确性。

它的特点包括：

（1）针对性：专为车辆视频监控设计，适合车辆监控的特定需求。

（2）实时性强：支持高清视频的实时传输。

（3）兼容性：与《道路运输车辆卫星定位系统 终端通讯协议及数据格式》JT/T 808—2019 配合使用，实现位置和视频信息的综合监控。

（4）高效率：视频数据压缩传输，提高了传输效率，降低了数据流量的消耗。

（5）多通道支持：支持车辆上多个摄像头的视频传输。

综上所述，这两个文件共同构成了完整的车辆监控通信体系，它们互为补充，提供了位置跟踪和视频监控的综合解决方案，大大提高了车辆监管的效率和质量。

4. 机械指挥官 TCP 上下行双向通信协议

在现代工程机械施工领域，机械施工管理系统的有效通信至关重要。为了满足特定工况下对数据传输的高效性、安全性以及灵活性的需求，机械指挥官采用了一种自定义的私有通信协议。这个协议在设计时充分考虑了工程机械在复杂施工环境中的独特挑战，如多设备间的协同组网、实时数据回传以及远程控制等。

1）底层基于 TCP

该私有通信协议选择 TCP（Transmission Control Protocol）作为底层传输协议。TCP 是一种面向连接的、可靠的、基于字节流的传输层通信协议，它确保了数据传输的可靠性和顺序性。在数据传输过程中，TCP 通过三次握手建立连接，确保了数据传送的稳定性。这一特性对于确保指挥官系统在发送关键操作指令和接收机械状态信息时的准确性至关重要。

2）高效的信息压缩比

在此协议中，信息压缩是一个显著的特点。高效的信息压缩算法能够将传输的数据量最小化，这对于带宽受限的现场环境尤其重要。通过减少数据包的大小，机械指挥官能够在复杂的网络环境中快速传递信息，从而实现更加迅速的响应时间和更高的操作效率。

3）可拓展性强

该协议在设计时便考虑到了未来的发展需求，具有良好的可拓展性。随着施工技术的进步和新设备的引入，通信协议能够通过模块化设计和开放的接口标准，轻松地扩展新的功能和服务。这种设计允许使用者无须更换整套系统即可升级拓展其系统功能。

4）安全性高

在安全性方面，该私有通信协议采用了多层加密和认证机制，以防止数据泄露和未授权访问。这些措施确保了传输过程中的数据安全，以及操作指令的执行安全，从而保护关键施工数据保密传输，防止泄露保密信息，同时也确保了数据的准确性，即无法伪造。

5）组网灵活

组网灵活是该协议的另一个关键特点。无论是在开阔地带还是复杂的城市环境中，该协议都能够支持多种网络拓扑结构。机械指挥官系统可以根据施工现场的具体需求，灵活地组织网络，实现点对点、点对多点以及多点对多点的通信模式，从而保证了在各种施工环境下的通信效率和稳定性。

作为专为工程机械物联网设计的自定义的私有通信协议，其为工程机械指挥官系统提供了一个既高效又安全的数据传输解决方案，同时也保证了系统的未来可拓展性和在多变施工环境中的组网灵活性。

3.1.3 自组织网络应用案例

在现代施工工程中，数据的实时传输和处理是确保施工安全和效率的重要环节。然而，由于某些施工场景环境的特殊性和较高的网络建设成本，传统的通信网络往往难以覆盖和满足要求，导致施工机械采集的数据无法及时上传和处理。为了解决这一问题，自组织网络技术应运而生。以下将介绍几种在施工场景中，利用自组网技术进行数据传输的应用案例，展示其在复杂施工环境中的实际应用效果。

1. 信号盲区自组织网络传输解决方案

1)场景

在隧道施工现场,常见的机械设备包括挖掘机、装载机等,这些机械上安装了智能终端,能够采集施工过程中的传感器数据,如机械状态、操作参数、环境监测数据等。然而,由于隧道内没有覆盖运营商网络,这些智能终端无法直接将数据上传到云端进行后续处理。

同时,在隧道内外运行的工程车辆(如混凝土搅拌运输车、渣土车等)也配备了智能终端。这些车辆频繁进出隧道,为自组织网络的数据传输提供了可能性。利用这些移动的工程车辆作为中继节点,可以实现隧道内数据的逐步传输和转移。

2)方案

自组织网络是一种能够自动配置和管理的无线网络,无需中央控制节点。其主要特点包括动态拓扑、节点自愈和高容错性。本解决方案中使用的自组织网络架构如下:

(1)智能终端设备:安装在隧道内机械和工程车辆上的智能终端,具备无线通信能力和数据存储功能。

(2)自组网协议:采用适用于动态环境的自组织网络协议,确保节点间的高效通信和数据传输。

(3)数据传输流程:

① 隧道内机械的智能终端采集施工数据并存储。

② 当工程车辆进入隧道并靠近机械时,双方的智能终端通过自组织网络协议互相发现并建立网络连接。

③ 机械上的数据逐步传输至工程车辆的智能终端进行暂存。

④ 工程车辆驶出隧道后,在运营商网络覆盖区域内,将暂存的数据上传至云端服务器。

信号盲区自组织网络传输解决方案示意图如图 3-5 所示。

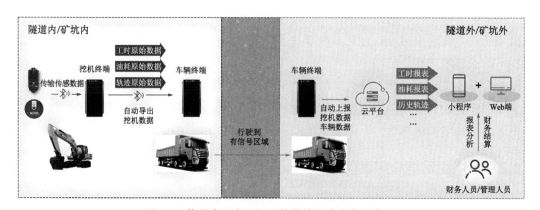

图 3-5 信号盲区自组织网络传输解决方案示意图

3)工作原理

(1)机械数据采集与存储:在隧道内,挖掘机和装载机等机械设备持续运行,并通过安装在机械上的智能终端采集各类传感器数据。这些数据包括机械的运行状态、操作参数、燃油消耗、环境温度、湿度等。这些数据被实时存储在机械的智能终端中。

（2）工程车辆数据中继：混凝土搅拌运输车和渣土车等工程车辆在隧道内外穿梭，成为数据传输的中继节点。当这些车辆进入隧道并靠近机械设备时，双方的智能终端通过自组织网络协议建立连接。机械设备上的数据被逐步传输到工程车辆的智能终端上进行暂存。

（3）数据上传至云端：工程车辆在完成隧道内的作业后，驶出隧道，进入运营商网络覆盖区域。此时，车载智能终端自动连接到互联网，并将暂存的数据上传至云端服务器。这些数据包括车辆自身的运行数据以及从隧道内机械设备传输来的数据。

（4）数据处理与分析：上传至云端服务器的数据经过处理和分析，为施工管理提供了重要的决策支持。这些数据可以用于监控机械运行状态、优化施工流程、预防设备故障、提高施工安全性和效率。

通过在隧道施工环境中应用自组织网络技术，实现了隧道内外数据的高效传输和转移。利用工程车辆作为移动中继节点，解决了隧道内无运营商网络覆盖的问题，确保了施工数据的实时上传和处理。自组织网络技术在复杂施工环境中的应用，展示了其在提高施工管理效率和安全性方面的巨大潜力。除了适用于隧道场景外，自组织网络同样适用于矿坑、无人区等无信号区域的施工，随着技术的进一步发展，自组织网络将在更多领域得到广泛应用。

2. 自组织网络快速部署方案

1）场景

在上述隧道施工场景中，除了使用信号盲区自组织网络传输解决方案以外，还可以考虑在隧道内部快速部署一个专用网络，这样的网络除了供工程机械数据采集通信以外，还可以提供给环境传感器和人员进行通信，并且辅助进行隧道内的人员定位。

在隧道施工中，通常会部署稳定的电力供应，一般除了施工动力线，还会部署照明线路（图3-6）。照明线路上通常有照明灯座或灯带。可利用此条件，为自组织网络提供部署安装条件和能源供应。

图 3-6 某隧道施工入口处照片

2）方案

由于隧道施工的特殊性，这个网络必须要考虑的因素汇总于表 3-1。

表 3-1

网络特点	采用方案
低成本 成本是实际项目中决定普适性的重要因素	使用现有设备：尽量利用现有的工程车辆和机械设备，减少新增硬件的采购 模块化设计：基站节点和智能终端采用模块化设计，便于批量生产和维护，降低单个设备的成本 预配置设备：基站节点和智能终端在出厂时已经预先配置好，现场只需简单安装即可投入使用
快速易搭建 施工项目时间紧迫，网络部署需要快速高效	无线通信：采用无线通信技术，减少布线工作，快速搭建网络 即插即用：设备设计为即插即用，施工人员无需专业网络知识即可完成安装和调试

续表

网络特点	采用方案
易扩展 随着隧道施工的推进，网络需要跟随施工区域和施工面动态变化	隧道施工项目通常会经历不同的阶段和扩展需求，因此网络方案需要具备良好的扩展性 动态节点添加：基站节点可以根据施工进度动态添加和移除，确保网络覆盖范围随时调整 自动配置：新节点加入网络时能够自动配置和发现其他节点，减少人工干预 兼容性强：系统设计时考虑到未来的技术升级和设备更替，确保新设备能够无缝集成到现有网络中
容错性和稳定性 隧道施工环境复杂，设备损坏时有发生，网络必须具备高容错性和稳定性	多路径传输：基站节点之间采用多路径传输技术，确保某一节点故障时数据可以通过其他路径传输 冗余设计：关键节点和通信链路采用冗余设计，提升整体网络的可靠性 自愈功能：网络具备自愈功能，能够自动检测和修复故障节点，保持网络的连续性和稳定性

本方案通过在隧道内部署多个基站节点（标记为B），并利用工程车辆（如混凝土搅拌运输车、渣土车等）作为移动中继节点，构建一个自组织网络（图3-7）。具体步骤如下：

图3-7 隧道内自组织快速部署网络示意图

（1）基站节点部署：在隧道内沿整个长度部署多个基站节点，这些节点具备定位和数据通信功能，形成一个自组织网络。节点通常安装在照明线上，在可行的情况下，优先推荐安装在照明灯座上的节点。

（2）通信网关配置：在隧道外部设置4G/5G通信网关，确保工程车辆在驶出隧道后能够将数据上传至云端服务器。

（3）工程车辆智能终端安装：在工程车辆上也安装智能终端，车辆在隧道内外穿梭，充当数据中继节点。

（4）设备智能终端安装：在隧道内的机械设备（如挖掘机、装载机等）上安装智能终端，用于采集施工过程中的传感器数据。

（5）环境传感设备安装：在隧道内可以部署环境监测传感器，例如压力、张力、形变、有害气体监测等。传感器可以接入自组织网络。

（6）人员设备：人员可以佩戴智能安全帽、智能身份卡、手环腕表等设备，这些设备可以监测人员的实时位置、健康情况等,并通过自组织网络及时上传。

3)工作原理

(1)数据采集与存储:隧道内的机械设备通过智能终端采集各类传感器数据,包括机械状态、操作参数、环境监测数据等。这些数据被实时存储在机械的智能终端中。

(2)基站节点间的数据传输:基站节点通过无线通信形成自组织网络,节点之间能够进行数据传输和路由。每个基站节点不仅具备数据传输功能,还可以定位设备的位置,确保数据传输的准确性和实时性。

(3)工程车辆的数据中继:当工程车辆进入隧道并靠近机械设备时,双方的智能终端通过自组织网络协议自动发现并建立连接。机械设备上的数据通过基站节点逐步传输到工程车辆的智能终端进行暂存。

(4)数据上传至云端:工程车辆在完成隧道内的作业后,驶出隧道,进入运营商网络覆盖区域。此时,车载智能终端自动连接到互联网,通过4G/5G通信网关将暂存的数据上传至云端服务器。

(5)数据处理与分析:上传至云端服务器的数据经过处理和分析,为施工管理提供重要的决策支持。这些数据可以用于监控机械运行状态、优化施工流程、预防设备故障、提高施工安全性和效率。

通过自组织网络的快速部署方案,解决了隧道内传统通信网络覆盖不足的问题,实现了隧道内外数据的高效传输和管理。利用基站节点和工程车辆作为移动中继节点,确保了数据的实时上传和处理,为隧道施工提供了可靠的通信保障。这种方案不仅提高了施工效率和安全性,还为未来在其他复杂施工环境中的应用提供了有力支持。

3. 工地一张网

在工程施工场景中,现有的网络通信技术无法很好地满足所有的施工数据采集和传输的要求,未来施工场景极有可能使用专属的通信技术来构建"工地一张网"。这样的网络需要具有以下特性:

(1)快速部署:基站节点和智能终端预先配置,现场安装后即可投入使用,减少部署时间。

(2)自组织网络:基站节点通过无线通信自动组网,形成一个灵活的自组织网络,支持动态节点添加和移除。

(3)低功耗:采用低功耗设计,延长设备的使用寿命,减少维护成本。

(4)高精度定位:基站节点具备高精度定位功能,确保数据传输的准确性和可靠性。

(5)机械联网:工程机械设备通过智能终端接入网络,实现数据实时采集和传输。

(6)车辆联网:各类施工车辆通过自组织网络连接,实现数据共享和协同工作。

(7)人员联网定位:通过基站节点和智能终端,实现施工人员的实时定位和数据通信,提升安全管理水平。

1)网络结构

在一个典型的建筑工地上,通过自组织网络实现不同设备和节点之间的通信。主要元素包括塔式起重机、工程车辆、监控室、宿舍、4G/5G通信网关等。

图片中标记为"B"的节点代表基站节点,这些节点分布在塔式起重机和其他关键位置,形成了一个自组织网络。每个基站节点可以进行数据传输和路由,确保整个工地内的数据通信(图 3-8)。

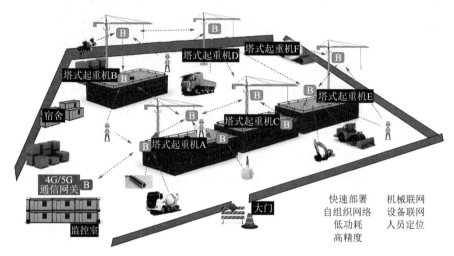

图 3-8 工地一张网示意图

2)元素说明

(1)基站节点(B):分布在塔式起重机(塔式起重机 A、B、C、D、E、F)上、建筑物边缘以及监控室和 4G/5G 通信网关处。基站节点之间通过无线通信形成自组织网络,互相传输和中继数据。

(2)4G/5G 通信网关:设置在监控室旁,用于将工地内的数据上传至云端服务器,实现远程监控和管理。

(3)工程车辆:工程车辆(如混凝土搅拌运输车、渣土车)配备智能终端,作为移动中继节点,在工地内外穿梭,传输数据。在网络覆盖区域内自动联网。

(4)环境传感器:监测环境的各项数据,如应力、形变、温湿度等。可持续连接到工地一张网并上报传感信息。

(5)人员:佩戴有智能安全帽、智能身份卡、手环腕表等设备,这些设备可以监测人员的实时位置、健康情况等,并连接到工地一张网及时通信。

通过这种自组织网络的结构形式,建筑工地内的各类设备和节点实现了高效的数据传输和管理。基站节点和工程车辆作为移动中继节点,确保了数据的实时上传和处理,为施工管理提供了可靠的通信保障。该方案在成本控制、易扩展性、快速搭建以及容错性和稳定性方面进行了充分考虑,提供了一个高效、安全、灵活的解决方案,显著提高了施工效率和安全性。

3.2 "人机料法环"数据采集

在现代建筑施工过程中,全面有效的"人机料法环"管理是确保工程质量、提升施工效率、保障安全生产的关键环节。为了实现这一目标，施工现场需要采集大量的实时数据，这些数据涵盖了人员、机械、材料、施工方法以及环境等各个方面。数据采集的实现依赖于多种先进的感知设备，这些设备通过不同的安装方式协同工作，形成一个综合的数据采集网络。常见的感知设备包括摄像头、红外遥感、智能安全帽、人脸识别、目标检测、结构光扫描、毫米波雷达和物料检测。这些感知设备通过有线或无线方式连接到施工现场的自组织网络中，形成一个全面的数据采集和传输系统。通过对采集数据的实时处理和分析，施工管理人员能够全面掌握现场的动态情况，及时做出决策，确保施工过程的安全、高效和高质量。

3.2.1 劳务实名制和人脸识别

1. 劳务实名制

劳务实名制是指在建筑施工行业中，通过对所有施工人员进行实名登记、身份核实和信息管理，以确保人员身份真实、信息透明的管理制度。劳务实名制在施工管理中的重要性主要包括以下几个方面：

（1）保障施工安全：施工现场是事故高发区域，人员流动性大且复杂多样。传统的管理方式难以全面掌握施工人员的真实身份和动态情况，容易导致安全管理上的漏洞。劳务实名制通过实名登记和身份核实，确保每一位进入施工现场的人员都经过严格的身份验证，有助于提高施工现场的安全管理水平，防止外来人员擅自进入，减少安全隐患。

（2）规范劳务用工管理：建筑施工行业长期以来存在用工不规范、劳务纠纷频发的问题。由于人员流动性大、用工形式多样，导致一些施工企业在用工管理上存在疏漏，甚至出现拖欠工资、非法用工等问题。劳务实名制通过对施工人员的实名登记和信息管理，确保用工信息的透明和可追溯性，有助于规范劳务用工行为，保障工人的合法权益。

（3）提高管理效率：传统的施工人员管理方式主要依赖人工记录和管理，效率低下且容易出现错误。劳务实名制通过信息化手段，实现施工人员的信息化管理，极大地提高了管理效率。通过对施工人员的身份信息、考勤记录、工作时间等数据进行统一管理和分析，管理人员可以更好地掌握施工现场的人员动态，优化人员调度和资源配置，提升整体管理水平。

（4）推动行业现代化：随着信息技术的不断发展，建筑施工行业正在向智能化、信息化方向转型。劳务实名制的推行，是施工企业实现信息化管理的重要一步。通过引入人脸识别、智能闸机、云计算等先进技术，劳务实名制不仅提升了管理效率和安全水平，还为施工企业的数据分析和决策提供了有力支持，推动行业向现代化方向发展。

在现代化施工管理中，劳务实名制已成为保障施工现场安全和规范管理的重要手段。人脸识别技术与智能闸机的结合，为劳务实名制的实施提供了高效、精准的解决方案，显著提升了施工现场的管理水平和安全性。

2. 人脸识别

人脸识别技术在劳务实名制中的核心作用在于身份验证。通过在施工现场入口处安装智能闸机，结合高精度的人脸识别摄像头，系统可以快速、准确地识别进入人员的身份信息。每位施工人员在入场前需提前录入个人信息和面部特征，系统会将这些数据存储在数据库中。进入施工现场时，人员只需在智能闸机前进行面部扫描，系统便能即时比对数据库中的信息，确认其身份。这种方式不仅提高了身份验证的效率，还有效防止了冒名顶替等问题，确保了进入现场人员的真实性和合法性。

智能闸机与人脸识别技术的结合，极大地简化了施工人员的考勤管理。传统的打卡考勤方式容易出现代打卡、漏打卡等问题，而人脸识别技术则通过无接触式的面部识别，实现了精准的考勤记录。智能闸机可以自动记录每位人员的进出时间，并将数据实时上传至云端管理系统。管理人员可以通过系统后台查看和分析考勤数据，确保考勤记录的准确性和完整性。这不仅减少了人工统计的工作量，还提高了考勤管理的透明度和公正性。

人脸识别技术与智能闸机的应用，还可以有效提升施工现场的安全管理水平。通过实时监控进出人员，系统能够快速识别和预警非授权人员的进入，防止外来人员擅自进入施工区域，保障现场的安全。同时，系统还可以与其他安全管理系统联动，例如视频监控、门禁控制等，形成一个综合的安全管理网络。当检测到异常情况时，系统可以自动触发报警，通知相关管理人员及时处理。

人脸识别技术与智能闸机在劳务实名制中的应用，还为施工企业的人员管理和数据分析提供了丰富的数据支持。通过对进出人员的身份信息、考勤记录、工作时间等数据进行分析，管理人员可以全面掌握施工现场的人员动态，优化人员调度和资源配置。例如，通过分析人员的进出频率和工作时长，可以发现潜在的管理问题，如人员过度疲劳、工作效率低下等，从而采取相应的改进措施。此外，这些数据还可以为项目的成本核算、进度控制等提供科学依据，助力施工企业实现精细化管理（图 3-9）。

图 3-9 智能闸机和劳务实名制通道

上述技术为施工现场的身份验证、考勤管理和安全管理提供了高效、精准的解决方案。通过智能化的技术手段，施工企业能够更好地保障施工现场的安全和规范，提升管理效率和质量。随着技术的不断发展，人脸识别技术与智能闸机将在施工管理中发挥越来越重要的作用，推动施工行业向更加智能化和现代化的方向发展。

3.2.2 智能安全帽

智能安全帽作为施工现场的重要安全装备,融合了多种先进技术,显著提升了施工管理的效率和安全性。其主要功能包括实时数据采集、人员定位、环境监测、紧急报警等,为施工现场的安全管理提供了全方位的保障。

智能安全帽具备强大的数据采集功能。内置的传感器可以实时监测佩戴者的心率、体温、血氧饱和度等生理参数,确保工作人员在高强度工作环境下的健康状况得到有效监控。当检测到异常情况时,智能安全帽可以自动发送警报,提醒佩戴者和管理人员及时采取措施,防止因过度劳累或健康问题导致的安全事故。

智能安全帽可以实现精准的人员定位。通过集成 GPS 模块或室内定位技术,智能安全帽能够实时跟踪施工人员的位置和移动轨迹。这一功能在大型施工现场尤为重要,可以帮助管理人员快速定位每位工作人员,确保在紧急情况下能够迅速组织救援。此外,人员定位数据还可以用于优化施工现场的人员调度,提高工作效率。

环境监测是智能安全帽的另一重要功能。内置的气体传感器可以实时检测施工现场的有害气体浓度,如一氧化碳、甲烷等,及时预警潜在的环境危害。温湿度传感器则可以监测现场的温度和湿度变化,确保施工环境符合安全标准。这些环境数据不仅有助于保障施工人员的安全,还可以为施工工艺的优化提供科学依据。

智能安全帽还具备紧急报警功能。当发生突发事件时,如人员摔倒、受到撞击等,智能安全帽可以自动触发报警系统,向现场管理人员和远程监控中心发送警报信息。这一功能可以大大缩短事故响应时间,提高应急处理效率,减少事故损失。

此外,智能安全帽的数据采集功能还可以与施工管理系统集成,形成一个综合的数据管理平台(图 3-10)。通过对现场数据的实时采集和分析,管理人员可以全面掌握施工现场的动态情况,及时发现并解决潜在问题。例如,通过分析人员定位数据,可以优化施工现场的人员配置,减少人员闲置和重复劳动,提高工作效率。通过对生理参数和环境数据的分析,可以制定更加科学的安全管理措施,预防安全事故的发生。

图 3-10 某款智能安全帽功能

智能安全帽在施工管理中的应用,不仅提升了施工现场的安全管理水平,还为数据驱动的施工管理提供了重要支持。通过实时数据采集和智能分析,智能安全帽帮助施工企业实现了更加精细化和智能化的管理,确保施工项目的顺利进行和人员的安全健康。随着技术的不断进步,智能安全帽将在未来的施工管理中发挥更加重要的作用,成为施工现场不可或缺的智能化装备。

3.2.3 摄像头

在现代建筑施工现场,摄像头作为一种重要的感知设备,发挥着至关重要的作用。其主要功能包括实时监控、记录施工过程、保障安全生产、提升管理效率等。施工环境中的摄像头应用不仅仅局限于传统的监控,还涵盖了多种智能化功能,极大地提升了施工管理的水平。

摄像头用于实时监控施工现场的动态情况。通过在关键位置安装高清摄像头,管理人员可以远程实时查看施工进度,及时发现和解决潜在问题。这种实时监控不仅提高了管理的透明度,还减少了现场巡视的频率,节省了人力资源。同时,摄像头记录施工过程中的各类活动,为后续的分析和审查提供了宝贵的视频资料。这些记录可以用于追溯施工过程中的关键事件,分析施工方法的有效性,甚至在发生争议时提供客观的证据。通过对视频资料的分析,管理人员可以优化施工流程,提升整体效率。此外,摄像头在保障安全生产方面也发挥着重要作用。施工现场往往存在多种安全隐患,如高空作业、重型机械操作等。通过摄像头的实时监控,安全管理人员可以及时发现并纠正不安全行为,预防事故的发生。一些智能摄像头还具备行为分析功能,可以自动识别并报警异常行为,如人员跌倒、未穿戴安全装备等,进一步提升了安全管理的水平(图3-11)。

图3-11 太阳能摄像头(左)和安装在挖掘机上的摄像头(右)

智能化功能是现代摄像头应用的一大亮点。通过集成人工智能技术,摄像头可以实现目标检测、人脸识别等高级功能。例如,摄像头可以自动识别并跟踪施工现场的关键目标,如机械设备、材料堆放区等,确保施工过程的有序进行。人脸识别功能则可以用于施工现场的人员身份验证,确保只有授权人员能够进入施工区域,提升安全管理水平。

结合AI识别技术,摄像头在施工管理和监测中的应用更加广泛和深入。例如,在土方工程中,摄像头可以安装在挖掘机上,利用先进的图像识别和数据分析技术,实现对装土车的智能监控和管理。在挖掘机给自卸车装土的过程中,摄像头可以自动识别自卸车的车牌标识，确保每辆车的身份信息准确无误。这种自动识别功能不仅提高了管理的效率，还减少了人为记录的误差，确保数据的准确性和可靠性。此外，摄像头还能够实时监控自卸车的装土满载率。通过图像分析技术，摄像头可以识别自卸车的装载情况，判断是否达到预定的装载标准。这一功能有助于避免因装载不足或超载而导致的资源浪费和安全隐患。同时，摄像头可以实时计量装土车的数量，记录每辆车的装载次数，提供详尽的作业数据。基于这些数据，施工管理人员可以对挖掘机和自卸车的工作量和工作效率进行全面统计和分析。通过对比不同时间段、不同工况下的作业数据，管理人员可以发现潜在的效率提升空间，优化施工调度和资源配置。例如，通过分析装土车的装载时间和运输路线，可以优化运输路径，减少空车往返次数，提高运输效率。同时，基于装土识别数据，还可以对挖掘机的工作状态进行监控，及时发现并解决设备故障或操作不当的问题，确保施工的连续性和高效性。这种结合 AI 识别技术的智能摄像头系统，不仅提升了施工现场的自动化和智能化水平，还为数据驱动的施工管理提供了坚实的基础。通过对现场数据的实时采集、分析和应用，施工管理人员可以更加科学地规划和管理施工过程，提升整体施工效率和质量，确保项目按时、按质完成（图 3-12）。

图 3-12　安全帽佩戴识别（左）和渣土车装土识别（右）

摄像头还可以与其他感知设备和系统集成，形成一个综合的数据采集和管理平台。通过与智能安全帽、红外遥感、毫米波雷达等设备的联动，摄像头可以提供更加全面和精准的现场数据，辅助施工管理人员做出科学决策。

摄像头在施工环境中的应用不仅限于传统的监控功能，随着智能化技术的发展，其在提升施工管理效率、保障安全生产、优化施工流程等方面的作用越来越显著。通过合理部署和科学管理，摄像头将成为施工现场不可或缺的重要工具。

3.2.4 物料管理

物料管理也是施工中的一个重要环节，它不仅关系到生产效率和产品质量，更直接影响到工程的进度和安全。以下以拌合站中的物料管理为例介绍其管理方法。

在现代化的拌合站（搅拌站）生产中，物料管理的精确性和及时性直接影响到生产效率和产品质量。传统的物料管理方式存在诸多问题，如 ERP 系统计算余量不准确、筒仓料位探测不完善、人工操作不便等，常常导致生产中的缺料现象，影响正常生产。此外，筒仓设计中的安全阀虽然能够防止压力过高引发的安全事故，但由于物料充注过多、除尘器不良等原因，仍然存在"爆仓""冒仓""掀顶"等事故风险。在智慧搅拌站管理方案中，通常需要考虑以下方面：

（1）防冒仓功能：系统通过双保险上料位报警保护机制，实时监测筒仓内物料高度，自动报警并停止上料操作，杜绝冒仓现象，避免因材料溢出导致的浪费和环保事故。

（2）防打错功能：采用智能分仓管理和动态密码上料口门禁管理，确保物料采购部门和磅房人员共同确认物料种类，避免上错料事故。系统自动识别和比对物料信息，防止因人工操作失误导致的建筑质量问题。

（3）防爆仓功能：上料口门禁与除尘器、低压输送系统智能联动，在上料过程中自动开启除尘器，实时监控筒仓内压力，防止爆仓事故的发生。系统能够在物料充注过多或除尘器不良时及时报警并采取措施，确保生产安全。

（4）测余量功能：系统配备高精度料位探测器，实时监测筒仓内粉料余量，代替传统的人工敲锤方式，避免工人不敲锤或敲锤频度不足导致的误差和人身安全事故。数据实时上传，确保管理人员随时掌握库存情况。

（5）纠偏差功能：动态盘点技术能够修正系统累计误差引起的 ERP 存量偏差，将事后追踪变为过程管控。系统通过实时数据分析，自动调整和修正库存记录，确保物料管理的精确性和及时性。

（6）云管理功能：系统支持手机端和电脑端实时数据显示，管理人员可以通过云平台随时随地查看库存情况，实现远程管理。云管理平台集成了物料采购、库存监控、生产调度等多项功能，提供全面的物料管理解决方案。

智慧搅拌站物料管理系统如图 3-13 所示。

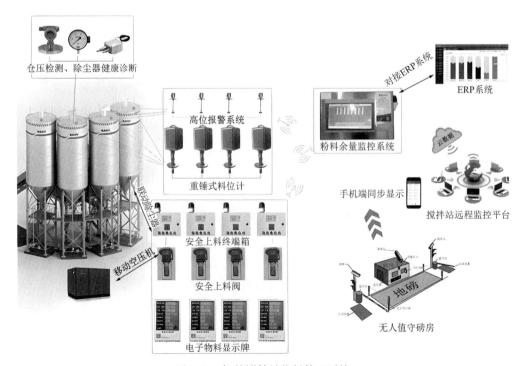

图 3-13　智慧搅拌站物料管理系统

智慧搅拌站物料管理系统由多个子系统组成，包括高精度料位探测系统、粉料余量监控系统、安全上料控制系统、电子标签云平台等。系统通过无线通信技术将各子系统的数据实时上传至云平台，实现统一管理和控制。

（1）高精度料位探测系统安装在筒仓顶部，实时监测筒仓内物料高度，数据通过无线传输至粉料余量监控系统。

（2）粉料余量监控系统通过数据分析和处理，实时显示筒仓内物料余量，并提供报警和联动控制功能。

（3）安全上料控制系统集成动态密码门禁管理、除尘器联动控制等功能，确保上料过程的安全和准确。

（4）电子标签云平台支持手机端和电脑端实时数据显示，管理人员可以通过云平台进行远程监控和管理。

智慧搅拌站物料管理系统通过精确、及时的物料管理，有效解决了传统管理方式中的诸多痛点，显著提升了生产效率和产品质量。系统的6大功能全面覆盖了物料管理的各个环节，确保生产过程的安全和稳定，为拌合站（搅拌站）的现代化管理提供了有力支持。

通过智慧搅拌站物料管理系统，企业不仅能够实现物料管理的自动化和智能化，还能够通过数据分析和优化，持续提升生产管理水平，增强市场竞争力。

3.2.5 结构安全监测

在工程机械施工过程中，结构安全监测是确保施工质量和安全的重要环节，常见的结构安全监测场景包括基坑、高支模、边坡、隧道以及桥梁等。

基坑监测主要包括基坑周边土体位移、地下水位变化、支护结构变形等，通过使用高精度的测量仪器如全站仪、倾斜仪和水准仪等实时监控，确保基坑在开挖过程中保持稳定。高支模监测则侧重于支撑体系的变形和应力分布，通常采用应变计、位移传感器等设备来实时监测支撑体系的受力情况，防止因过载或支撑失效引发的坍塌事故。边坡监测涉及坡体位移、裂缝发展和地下水位变化等，通过布设倾斜仪、裂缝计和渗压计等监测设备，及时掌握边坡稳定性，预防滑坡等地质灾害的发生。在隧道施工中，监测内容包括围岩变形、衬砌结构应力、地下水渗流等，通过布设收敛计、应力计和渗压计等设备，确保隧道结构的稳定性和安全性。桥梁监测则涵盖桥梁结构的位移、振动、应力应变等，通过安装加速度计、位移传感器和应变片等设备，实时监控桥梁在施工和运营过程中的状态，确保其结构安全和使用寿命。

通过这些系统化、科学化的监测手段，施工单位能够及时发现和处理潜在的安全隐患，保障工程的顺利进行和施工人员的安全。

以边坡安全监测为例，其目的是确保边坡稳定性和预防滑坡等地质灾害。边坡安全监测解决方案通常包括以下这些关键监测项和监测方式：

（1）降雨量监测：在边坡顶部安装降雨量监测设备，实时记录降雨量数据。降雨是引发边坡滑坡的重要因素之一，通过监测降雨量，可以评估降雨对边坡稳定性的影响，并在降雨量达到预警值时采取相应的防范措施。

（2）北斗位移监测：利用北斗卫星导航系统在边坡表面布设监测点，通过高精度的位移监测设备，实时监测边坡的水平和垂直位移情况，及时发现边坡的微小变形，预防滑坡的发生。

（3）地表裂缝监测：在边坡表面布设裂缝监测仪，监测地表裂缝的宽度和深度变化。地表裂缝的扩展和加深是边坡失稳的前兆，通过裂缝监测可以及时发现边坡潜在的危险区域。

（4）土体湿度监测：在边坡内部布设土体湿度传感器，监测土体含水量的变化。土体含水量的增加会降低土体的抗剪强度，增加滑动的风险，通过湿度监测可以评估边坡的稳定性。

（5）深部位移监测：在边坡内部钻孔布设深部位移监测设备，监测不同深度的土体位移情况。深部位移监测能够提供边坡内部变形的详细信息，帮助判断滑动面的深度和位置。

（6）孔隙水压力监测：在边坡内部布设孔隙水压力传感器，监测孔隙水压力的变化。孔隙水压力的增加会降低土体的有效应力，导致边坡失稳，通过监测孔隙水压力可以评估边坡的稳定性。

（7）地下水位监测：在边坡内部布设地下水位监测设备，监测地下水位的变化。地下水位的升高会增加边坡的滑动风险，通过监测地下水位可以及时采取排水措施，降低滑坡风险。

（8）视频监控：在边坡周边安装视频监控设备，实时监控边坡的表面情况。视频监控可以直观地观察边坡的变化，及时发现异常情况。

（9）声光报警系统：在边坡附近安装声光报警系统，当监测数据达到预设的预警值时，报警系统会自动发出警报，提醒相关人员及时采取防范措施。

通过以上多种监测手段的综合应用，边坡安全监测系统可以全面、实时地监控边坡的稳定性，及时发现潜在的危险，采取有效的防范措施，确保边坡的安全稳定（图3-14）。

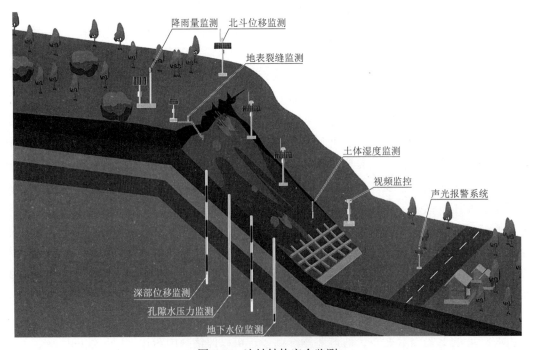

图3-14　边坡结构安全监测

3.3 工地三维地形图重建

工地一张网采集的数据中，一种常用的融合型数据就是工地三维地形图。三维地形图可以直观地给项目经理以及管理人员传递工地的宏观信息，当大家讨论施工项目的各种问题时，可以使用三维地形图高效便捷地表达各种思考，实现"指点江山""运筹帷幄"。很多施工项目都会通过各种技术生成工地的三维地形图，并且定期更新（图3-15）。

图3-15　工地三维地形图示例

三维地形图不仅可以用于项目施工现场的智能指挥调度（将在本书第7章讨论），还可以用于和BIM配合指导施工，监控项目进度，辅助项目验收等。

准确的工地地形信息对于规划、设计、施工和监管都有很高的价值。基于新一代的AIoT技术，三维地图重建已经变得更为高效和精确。一些被广泛应用的技术包括：

（1）无人机倾斜摄影技术（UAV Photogrammetry）：利用安装在无人机上的相机阵列在多个角度拍摄地面，通过AI算法将图片进行拼接，形成三维图。这些相机不仅垂直于地面拍摄（俯视图），还会从不同倾斜角度获取图片，从而捕捉到地形的立体信息。通过对这些高分辨率的照片进行处理，可以生成地形的三维模型。

倾斜摄影任务的自动化飞行计划也开始由专业人士设计逐渐变为人工智能自动规划。AI算法会考虑飞行高度、拍摄角度、重叠率以及光照条件等因素，以确保所有必需的数据能被高质量捕获。

收集到的图像通过特定的软件进行处理，该软件会执行像素级的匹配，识别不同图片之间的相同特征点，从而生成点云、纹理贴图和最终的三维模型。这个过程通常包括结构光学（SFM）、多视角立体匹配（MVS）等先进算法。

（2）光学相机阵列采集：多个相机同时对同一区域进行拍摄，以此来获得更丰富的视角和更高的数据覆盖率。这一技术不限于无人机，也可安装在车辆或静态架构上，进行地面摄影测量。相对于单一相机系统，相机阵列能够在更短的时间内收集更完整的数据集。

相机阵列的系统设计要考虑许多因素，包括相机数量、分辨率、焦距和阵列配置。为了优化数据采集，需要确保相机阵列能够全面捕获目标区域，同时减少盲区和重叠区域。

对于大型工地，需要使用高分辨率相机以捕捉足够的细节，这对于后期的地形分析和模型精度至关重要。

在拍摄过程中，所有相机需要精确同步，以确保数据的一致性。此外，相机校准是确保准确重建的一个关键步骤，包括内参数（焦距、光心等）和外参数（相机位置和方向）的校准。

（3）激光雷达（LiDAR）扫描：通过发射激光并测量其反射回来的时间来确定物体的位置和距离。激光雷达可以安装在无人机、车辆或三脚架等平台上，对工地进行快速、高精度的扫描，生成高密度的点云数据，这些数据可以被用来重建地形的三维模型。激光雷达技术的使用不仅限于数据采集的速度和精度，还包括对复杂地形和隐蔽空间的测量能力。除了生成高密度点云外，现代激光雷达还能够记录返回信号的强度，从而提供有关材料反射特性的信息。

现代激光雷达设备能够以极高的点密度捕获数据，这对于识别细小特征和复杂结构是必要的。点云数据的密度直接影响到后期处理和模型的精度。

在某些情况下，激光雷达数据会与倾斜摄影或地面摄影测量数据结合使用，以弥补单一数据源的不足。例如，激光雷达可以穿透植被捕获地形，而相机则提供了颜色和纹理信息。

（4）点云图处理：点云是由空间中大量的点组成的数据集，每个点包含位置信息（X、Y、Z坐标），通常还包括颜色或强度信息。这些点云数据需要经过处理，如去噪、分类和配准，然后才能用于生成精确的三维地形模型。

由于环境和设备因素，点云数据中可能包含噪声。使用滤波算法去除噪声是优化点云质量的关键步骤。优化后的点云数据更适合用于精确模型的构建。

在去噪和分类之后，点云数据可以转换为网格模型。这些网格模型用于创建更为复杂的CAD模型，或直接用于可视化和仿真。

（5）基于工程机械行驶轨迹和施工作业AIoT进行工地三维地形图重建：以上技术方案可以得到精度较高、细节较密的三维地形图，但是每一次绘制都需要较高的时间成本和人力物力费用。如果对于三维地形图的要求是快速更新和低成本采集，那么我们可以利用工程机械AIoT采集的物联网数据来快速生成并实时更新粗粒度的工地三维地形图。

工程机械，特别是运输类机械（例如自卸车、混凝土搅拌运输车等）持续采集GPS定位数据（包括经度、纬度、海拔高程等）以及对应的施工动作数据，就可以用AI算法构造出其施工过程中的行驶路线以及在路线上的工作面信息。这些数据形成的三维点云就部分重建了工地道路的三维地形图。通常在整个项目施工过程中，一台机械会反复走相似的路线，其经过越频繁的路段上采集得到的GPS点以及工作面数据就越密集，我们就可以计算得到密度和精度更高的点云。

除了运输机械，定点施工的机械（例如挖掘机、旋挖钻机等）还可以采集工地上更多重点施工区域的点云。将整个项目上所有机械的三维点云合并计算就可以得到整个工地的三维地形图。

注意以这种技术来重建的工地三维地形图，精度较低，覆盖不全。这是因为工程机械受物理限制以及施工方案要求，不可能覆盖工地的所有区域（例如在非水建项目中机械一般不会行驶到工地中的河流湖泊）。但是项目方通常更关心施工区域，特别是施工方案里计划的工作面，所以覆盖施工区域的不完整工地三维地形图是具有实用价值的。而且基于工程机械 AIoT 数据来进行三维重建（图 3-16、图 3-17），越是重点施工区域，其采样点云就越密集，其三维地形图更新也越及时，符合施工管理的需求。

图 3-16　基于 AIoT 的工地二维地形图重建

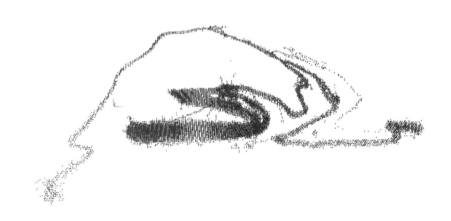

图 3-17　基于 AIoT 的工地三维地形图重建

施工方使用工地三维地形图进行智能化施工管理的场景很多，以下是几个典型的示例：

（1）施工规划与设计：利用无人机倾斜摄影和点云数据，工程师可以在施工开始前创建精确的工地地形模型。这些三维模型可以直接导入到 CAD 或 BIM 软件中，帮助设计师在实际地形基础上进行设计，从而减少设计错误并提高设计效率。

（2）土方计算：三维地图可以用来准确计算挖掘和填充的土方量。通过与原始地形模型的比较，工程师可以精确测量需要移动的土量，这对于成本估算和进度规划至关重要。

（3）施工监控：通过定期进行无人机飞行和点云数据采集，项目管理团队可以监控施工进度和质量。三维地图可以显示施工阶段的实际情况，并与规划模型进行对比，这对于及时发现问题、调整施工计划和保证工程质量非常有帮助。

（4）安全管理：现场安全是施工管理中的一个重点。三维地图可以用来识别潜在的危险区域，如不稳定的土堆、开挖区或邻近建筑。同时，通过模拟施工设备和人员在现场的移动，可以提前规划安全路径，降低事故风险。

（5）资产管理和维护：在建筑物或基础设施建成后，三维地图可以作为资产管理的工具。它们可以帮助管理团队监控建筑状态，规划维护工作，并为将来的翻新或扩建项目提供详细的参考信息。

三维地图的重建技术已经从专业测绘领域扩展到工程建筑的各个环节中。无人机倾斜摄影、相机阵列采集和点云图处理等技术的结合使用，不仅极大地提高了地形测绘的效率和精度，而且拓展了其在施工规划、监控和安全管理等方面的应用。随着技术的进一步发展和成本的降低，我们可以预见这些先进技术将变得更加普及，并为建筑工程行业带来更深远的影响。

3.4 施工过程时空线重建

工地三维地形图的实时渲染以及历史纪录，可以帮助施工管理人员以及业主方直观地把控工程进度、施工成果、施工状态。其数据是围绕施工对象，也就是工地，进行聚合的。

工地一张网采集的数据中还有围绕施工主体，也就是工程机械，进行聚合的，也就是施工过程时空线。施工过程时空线，是指项目施工过程中在不同时间点发生的所有工程机械的施工数据的聚合时间序列。我们可以播放"施工过程时空线"，就可以看到项目从开工到完工的整个施工过程，包括用到了哪些机械，各个机械分别在什么时间点进场和退场，以及在每个时间点各个机械的工作内容。

施工过程时空线可以帮助施工企业在项目完工后进行复盘，研究施工现场管理里可以改进的方面，积累同类项目经验，持续迭代施工现场管理的方法，降本增效。很多其他行业已经开始使用时空线技术来精益求精地提升生产力，比如 CBA 等职业体育俱乐部会有专业的录像分析师通过比赛录像来分析竞赛策略。建筑施工行业也开始逐步引入施工时空线重建的技术，对每个项目进行复盘。

完整的施工过程时空线包括了每个时间点的所有机械的位置、工作内容、工作状态等数据，数据量大且信息密集，无法在软件界面展示，只适合专业数据分析团队进行分析和研究。

为了方便使用，我们可以用算法对时空线进行聚合采样，生成"工程项目机械施工热力图"（图 3-18）。

这种可以播放的施工时空线热力图，以周为单位，聚合每周各个施工区域中所有工程机械的工作量，并将这些工作量以热力值的形式展示在项目地图上。对一个区域来说，工作量越大则红色越深。通过播放热力图，项目方可以直观地回顾项目的施工过程。

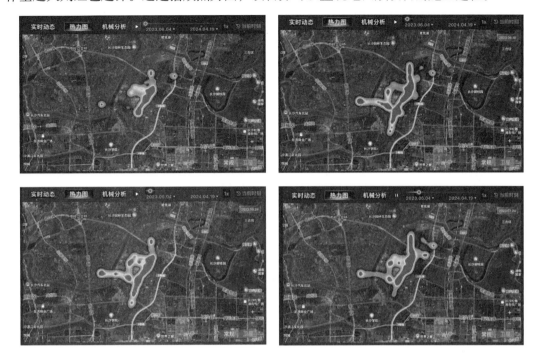

图 3-18　工程项目机械施工热力图示例

注意，在工程机械采用基于 AIoT 的智能管理之前，项目方就已经可以采集工地三维地形图，但是并没有采集施工过程的时空线。所以，使用 AIoT 进行工程机械施工的智能管理，可以一举两得地同时获取工地三维地形图和施工过程时空线，对施工企业来说比较经济。

3.5　数字孪生辅助施工

在施工过程时间线重建的基础之上，工地一张网更进一步，就走到了数字化的高级阶段：数字孪生。数字孪生在建筑施工领域的应用是一个非常宽广而深入的话题，涉及从项目规划阶段到施工、维护乃至拆除的整个生命周期管理。本节我们聚焦在工程机械施工过程的数字孪生，其可以极大地提高效率、安全性并降低成本。

3.5.1　数字孪生

数字孪生是通过创建物理实体的精确虚拟副本，来模拟、分析和预测物理实体在现实世界中的表现。在建筑施工领域，这意味着整个施工现场及其操作可以在数字世界中得到映射和模拟。这种技术利用传感器、物联网、大数据分析和云计算等高新技术，实现实时数据的反馈和处理。

（1）设计与规划阶段：在工程机械施工开始之前，设计师和工程师首先需要构建一个虚拟的施工环境。使用数字孪生，可以在不同条件和参数下模拟施工过程，预测可能出现的问题和挑战，比如天气变化对施工进度的影响，或者特定部件的故障率如何影响机械性能。

（2）施工准备阶段：在真实施工开始前，数字孪生可以用于测试不同的施工方案，选择最佳施工路径和方法。例如，可以模拟重型机械在特定地形上的操作，以确定最佳操作程序和路径规划，减少现场事故和提高机械利用率。

（3）施工执行阶段：在施工执行的过程中，各种工程机械会安装多种传感器，这些传感器实时监测机械的工作状态和周围环境。这些数据被持续传输到云端，并与数字孪生模型同步更新。通过这种方式，施工过程中的每一个环节都可以得到监控，任何偏离预定计划的情况都能及时被发现并加以调整。

（4）施工监控与调整：利用数字孪生，施工现场管理人员能够在控制中心通过虚拟模型观察到施工的实时进度和状态。若发现问题，比如机械故障或施工延误，可以立即调整指令和资源分配。同时，AI可以基于累积数据分析和学习，预测未来可能出现的问题，提前做出调整。

（5）维护与后期服务：施工完成后，数字孪生模型并未结束其作用。它可以继续用来监测结构物的健康状态，对预测未来的维护需求提供数据支持。此外，工程机械的数字孪生模型可以用于制定维护计划和提前诊断潜在故障。

（6）安全与培训：数字孪生也为施工安全提供了新的解决方案。通过模拟不同的安全事故场景，可以针对这些情况进行应急响应的培训，提高施工人员的安全意识和应急能力。此外，新工人可以在虚拟环境中进行培训，以熟悉操作程序和机械操控方法，之后再转入实际操作，这样可以减少因缺乏经验造成的事故风险（图3-19）。

图3-19 某房建项目的数字孪生工地接近完工阶段

3.5.2 AI辅助施工

施工过程的数字孪生还在逐步发展的阶段。在其落地过程中，基于数字孪生的工程机械的 AI 辅助驾驶和辅助施工可能会更快地应用（图 3-20）。

图 3-20　基于 AIoT 的自卸车数字孪生和辅助装车

基于数字孪生的 AI 辅助施工需要的技术包括：

（1）数据集成与实时分析：在工程机械中实现辅助驾驶，首先需要完成的是数据集成。通过在机械上安装多种传感器，包括北斗与 GPS 定位、惯性测量单元、摄像头、雷达、激光扫描仪等，可以实时获取机械和周边环境的数据。这些数据被整合在数字孪生模型中，使得操作员或自动控制系统能够根据准确的信息做出决策。

（2）环境感知与决策：实现 AI 辅助施工的重要前提是机械对环境的感知能力。集成的传感器系统为机械提供了 360°的感知能力，能够识别和跟踪周围的静态和动态障碍物。数字孪生模型在这里充当了数据处理和决策支持的角色，它能够根据收集到的信息预测环境变化并制定出相应的驾驶策略。

（3）控制算法与执行：基于精确的环境模型和预测算法，工程机械的 AI 辅助施工系统可以生成精确的控制命令，驱动机械执行复杂的任务。这些算法需要处理大量的传感器数据，并实时调整，以应对施工现场不断变化的条件。

（4）安全策略与风险评估：辅助驾驶系统在施工现场的应用必须将安全置于首位。数字孪生模型可以实时评估操作的风险，执行安全策略以防止事故的发生。这可能包括在检测到潜在危险时自动降速或停车，以及在紧急情况下通知人员撤离。

（5）辅助驾驶提示：基于数据分析和机器学习，可以在操作员进行控制时提供实时反馈和建议。例如，通过分析工作环境和机械操作数据，系统可以预警潜在的碰撞风险，或者在机械即将超出安全操作参数时发出警告。

（6）路径规划与优化：数字孪生技术可以用于工程机械的路径规划。通过虚拟环境中的模拟，系统能够预先规划出最优路径，并在执行过程中对路径进行实时调整。这不仅减少了对操作员的依赖，也提高了工作效率和安全性。

（7）模拟与训练：在工程机械完全实现 AI 辅助施工之前，数字孪生技术可以用于模拟和训练。通过模拟不同的施工场景和环境条件，可以验证和改进自动驾驶算法。同时，这也为操作员提供了一个安全的环境来学习如何与自动化系统合作。

工地一张网的终极形态，数字孪生，在工程机械施工过程中的应用，特别是在 AI 辅助施工方面的潜力是巨大的。通过集成先进的传感器、数据分析、模拟和控制技术，这些系统可以提供更高的操作精度和安全性，减少人为错误，并最终提高施工效率。实现这一目标的关键在于开发出更为先进的数据处理算法、更加强大可靠的通信系统，以及更为完善的安全措施。

未来，随着技术的不断进步和成熟，我们可以预见到一个更加自动化、智能化的施工现场。工程机械将能够以更高的自动化水平运作，最大限度地减少人为干预，而数字孪生将在这一转变中扮演核心的技术支撑角色。在本书第7章和第8章我们将更深入地讨论AI智能指挥以及未来的无人工地，当然这些更高级别的智能化都需要以工地一张网的数据作为基础。

第4章

基于 AIoT 的工程机械智能施工管理方案

工程机械 AIoT：
从智能管理到无人工地

在工程机械物联网建设完成并引入人工智能算法之后，我们就可以对工程机械的现场施工全流程实现实时、准确、有效的管理。通过制定合理的规章制度和奖惩机制，我们可以显著提高机械的施工效率。

伴随着工地一张网的逐步建设，工程机械的施工管理还可以更加智能化，实现远程的智慧指挥、精细化管理，最终达到当前无法达到的更高效率。

项目上，机械从进场验收，到日常点检、排班、派工，到操作指挥和运转记录，到加油、维保、维修，到台班签证单结算，到退场，整个全流程有相对较多、较复杂的管理任务。这些具体的管理工作如何实现数字化和智能化，我们根据多年来的实践经验做了一些总结，形成了可以拿来即用的具体方案，我们会在本书后续的第 5 章～第 7 章详细讨论。

本章主要从宏观的层面，介绍如何基于 AIoT 来逐步提升工程机械管理的智能化水平。

4.1 工程机械 AIoT 智能施工管理概述

工程机械的施工管理，最重要的工作是实时采集项目施工过程中工程机械的各项数据，包括其运转记录（启、停、操作等）、工作状态（工作、行驶、怠速等）、工作量（比如工时、产量、产值等）、能耗（比如耗油量、耗电量等）、行驶轨迹、违规异常、安全风险等。有了物联网数据，管理者才可以监督现场施工员和驾驶员的操作，及时发现和处理违规异常行为。在采集物联网数据基础上，人工智能 AI 可以进一步做出分析，提出管理建议，管理者可以在 AI 辅助下进行决策，比如实时下达指令，做出奖惩动作，以及对规章制度进行必要的调整优化等。

如果无法顺利采集机械施工的物联网数据，或者数据精度很低，那么智能管理就没有实现的基础。而现实项目中，我们经常会遇到机械施工数据有较大误差的情况。这是我们做智能施工管理需要着重解决的问题。基于 AIoT 的工程机械智能施工管理架构如图 4-1 所示。

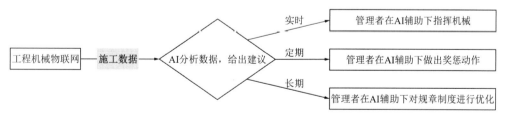

图 4-1　基于 AIoT 的工程机械智能施工管理架构

在施工项目中，人、机、料、法、环五件事是交叉影响的，不仅影响最终的项目工期和项目效益，也反映在施工过程数据里，包括机械的施工数据。我们在管理工程机械的同时，不可避免地要对人（驾驶员、操作手、施工员、统计员）、料（燃油、配件）、法（工序、操作）、环（环境、工况）进行必要的管理。

其中，人的影响因素最大，机械施工数据的误差主要来自现场人员有意或无意的不规范操作和填写。在机械没有联网的时候，有些包月租赁的机械没有足够的工作量，但是统计报表里却填上了足额的工时。在机械联网之后，人工填写的台班签证单和物联网采集的工时数据时常出现不一致的情况，比如有驾驶员会虚报工时台班，有燃油供应商会虚报加油量，有自卸车司机虚报运趟。甚至在施工企业开始使用工程机械 AIoT 做现场管理以后，还会有个别机主采用对抗作弊的手段伪造工时油耗，比如对物联网传感器进行干扰破坏等。

项目工作内容、施工方案、工地现场环境也会对机械的工作过程、产量、能耗产生显著的影响。例如，挖掘机被用于土石方剥离是常见工作，但是挖掘机也会被用于破碎山石、清除水中淤泥、轻量的起重托举、加装钳锯砍树等工作。做不同的工作会产生不同的工作量与能耗数据。例如，在路面施工项目中，双钢轮压路机产生的路面振动会干扰周边机械的传感器数据采集。又如，日照光线和扬尘密度的不同，会影响摄像头和光敏类传感器采集的机械施工画面和视频。

因为有多种影响因素的存在，工程机械施工数据的物联网采集一定存在一些误差。如果要实现工程机械的智能施工管理，就必须在项目过程中对影响数据精度的因素进行必要的管理，包括机械使用流程和操作方法的规范化、机械管理 IT 系统使用流程规范化、定期开展点检维保、对人员行为进行必要的奖惩等。

当然，新的管理工作意味着增加的管理成本。一般来说，管理越规范，机械施工数据的精度就会越高，同时管理成本越高；而机械施工数据的精度越高，可做的管理动作就越多，动作效果也越好，管理难度就越低，实际管理成本越低。这两个看似相反的经验都是正确的，可以合并得出一个重要的结论：我们可以基于 AIoT 来设计和实施合理的工程机械施工管理制度，持续获得更加精细的机械施工数据，持续达成更高的施工效率，短期增加管理成本，长期降低管理成本。

根据作者多年的实践经验，我们认为施工企业在实现工程机械的智能施工管理的过程中，通常会经过四个阶段，这四个阶段中，企业对 AIoT 的应用能力和对机械的智能管理能力由低到高，相对应的机械施工数据的精度也由低到高。我们可以借鉴人工智能在其他行业的应用等级概念，将工程机械智能施工管理的四个阶段分别称为 L1、L2、L3、L4 四个等级（表 4-1）。

工程机械智能施工管理的四个阶段　　　　　　　　表 4-1

阶段	管理着力点	日常管理动作	管理价值
数据展示 L1	人	登录系统查看数据； 安装硬件，维护软件	准确、实时、简单
现场管理 L2	机	处理现场报警，维保智能硬件； 制定规章制度； 分析数据，提升效率	从粗放到精细，从人工到系统
经营结算 L3	财	系统使用台班签证单、加油结算单等电子单据，用于财务结算	财务结算智能化，业务系统、财务系统与物联网集成
智慧指挥 L4	AI	AI 辅助制度制定，监督检查；AI 系统集成	持续提升施工效率

（1）数据展示 L1：通过给工程机械加装 AIoT 设备，让机械联网。这个过程不影响现场人员、材料、环境，项目依然按照原有的现场管理方法继续施工。施工企业基本不需要付出额外的管理成本，就可以在现场人员基本无感知的情况下获得机械施工的数据。L1 阶段已经可以实现机械施工数据的实时展示，帮助管理人员快速发现有效率问题的机械，比如闲置过久、怠速过多、能耗过高、违章违规等。虽然自动采集的数据不可避免地受到人员和环境的干扰，但是这个阶段所需要付出的管理成本很低，比较适合施工企业优先落地。

（2）现场管理 L2：制定现场管理的规章制度，达到机械操作既规范又高效，并获得更精确的机械施工数据。需要奖励正确的机械操作、加油、点检、维保等行为，惩罚不规范、不合理的机械使用。可以横向比较各机械的施工效率，树立优秀标杆。L2 阶段可能是改变传统管理方法的最重要的阶段，可以显著提升机械施工效率。L2 阶段承上启下，是在 L1 阶段落地之后的进步，也是走向 L3 阶段的基础。

（3）经营结算 L3：不仅改变机械的管理方法，也改变人机料法环各环节的管理方法，特别是业务和财务的管理方法。使用物联网采集得到的机械施工数据作为经营结算的凭据，从宏观和微观层面的管理制度确保物联网数据的高精度。进一步地，可以使用这些基于 AIoT 的施工数据来管理机械、人员、项目的绩效，核对项目的产值和进度，自动生成经营结算的业务和财务报表，以及汇报给业主部门、政府监管部门、其他参与项目管理的三方部门。对施工企业来说，达到 L3 阶段的智能管理是当前的理想状态。

（4）智慧指挥 L4：挖掘多个项目积累的机械施工大数据，发现机械施工效率优化的机会，通过大数据指导机械施工方法的改进，指导项目管理能力的提升。L4 阶段是工程机械智能施工管理的高级阶段，不仅实现了强大而细腻的管理能力，而且可以采集到非常精细准确的机械施工数据。当施工企业达到 L4 阶段之后，就可以持续使用大数据和人工智能来赋能现场施工管理，通过反复的迭代和反馈，不断提升施工效率。沿着这条路继续坚持前进，有一天我们就会达到施工效率最高的形态——无人工地。

L1~L4 阶段，越高等级的智能管理水平，就包括越多的规范、规章、制度、流程，越高的机械施工效率，以及因此而得到的越精准的数据。接下来我们介绍 L1~L4 各个阶段的机械施工管理的智能化水平。

4.2 智能管理 L1：数据展示

L1 阶段是最容易落地的机械 AIoT 管理方案。给项目上的所有工程机械加装 AIoT 传感器和终端，我们就可以实现对机械和相关人员的有效实时监控。所有机械自动采集施工数据，不再完全依赖人填手录。

L1 阶段的管理着力点是"人"，也就是通过获取客观的数据，减少人为的错误。

L1 阶段物联网采集得到的机械施工数据会有误差，与真实情况相比，误差率大约能控制在 10%以内。

4.2.1 工时管理

只需要所有机械安装 AIoT 智能硬件实现联网，不需要额外的管理动作，我们就可以做到无人且智能的工时管理。

（1）机械实时工作状态：远程监控各个机械的实时状态。例如，检查某台汽车式起重机当前是在闲置休息还是在运转；如果是在运转，那么驾驶员是在驾驶室休息还是在有效工作；如果是在有效工作，是在行驶还是在起吊；如果是在行驶，是否有超速违章等行为。不同类型的机械，其工作时的特征会有所不同，通过 AIoT 物联网将多维度传感器数据融合，经过 AI 算法计算，就可以得到机械的实时工作状态。

（2）工作量展示：持续采集机械的工作状态，会得到机械的工作状态时序数据。基于时序数据，我们可以统计机械的工作次数、工作时长、行驶里程、运输趟数等工作量。虽然由于数据采集误差，工作量准确率有限，无法用于生成结算报表，但是可以用于发现问题做出监管。

有物联网工时数据之后，达到 L1 管理智能化水平的施工项目方可以快速发现常见的施工效率问题：

（1）某些机械出勤率过低（开工天数少）或者利用率过低（每日工时少）。

（2）某些机械和人员存在出工不出力的情况，也就是很多时间处于怠速运行状态，浪费燃油，拖延工期。

（3）某些机械和人员存在违规工作的情况，比如在项目进行期间做其他无关工作。

管理人员可以对以上以及类似的问题及时做出动作。项目经理也可以对项目整体机械费用做合理的调整，减少不必要的开支。

4.2.2 燃油管理

工程机械的施工成本中，租赁费用和驾驶员人工是最主要的两部分。燃油可能是第三大成本项。轮胎等零件和黄油等配件占比相对较小。

在机械上部署 AIoT 硬件之后，我们就可以在不投入额外管理成本的情况下，实时监测机械的油量状态和加油记录。

（1）机械实时油位和油量数据：远程监控各个机械的油箱里剩余燃油的油位（高度）和油量（体积）。例如，某台摊铺机当前还剩多少油，如果油位太低或者油量太少就需要安排加油。不同机械的油箱有不同的内部容积形状，通过 AI 算法对每台机械的油箱进行建模，就可以将传感器采集的油位数据计算转化为油量数据。

（2）加油记录推送：持续采集机械油位的时序数据，我们可以统计出每一次加油记录，包括从开始加油到结束加油的时间段、油位升高的高度、加油量等信息。项目管理人员会及时收到每条加油记录，这些物联网采集的客观数据，可以用于核对现场人工填写的加油单据。

有物联网燃油数据之后，结合工时数据，施工项目方会进一步发现一些常见的机械燃油管理问题：

（1）某些加油操作不规范，机械一边工作一边加油，增加了安全隐患。

（2）某些人工填写的加油单据存在虚报，人工填写的加油升数显著高于物联网采集的加油量。

（3）某些机械工作量较小，但是油耗下降较快，加油量较大。机械的能耗异常可能是来自机械自身的老化或故障,也可能有人为动作干扰物联网监测。

管理人员应当关注以上以及类似的问题,因为燃油问题既关系到生产效率、工期、成本,也关系到生产安全。如果项目上存在未知来源、未知去向的燃油,那么就意味着火灾隐患。

4.2.3 车辆管理

很多轮式工程机械依法接受公安交通管理部门的管理,比如混凝土搅拌运输车、渣土车、随车式起重机、汽车式起重机、洒水车等机械都需要安装车辆号牌。车辆类型的工程机械通常会行驶到施工区域以外工作。

加装 AIoT 硬件以后,项目施工方就可以实时监控这些车辆的行驶数据。

(1)车辆实时行驶状态:远程监控各台车辆的行驶状态,比如某台自卸渣土车是否在行驶。如果没有行驶,机械是否在工作。

(2)车辆实时定位:远程监控各台车辆所处的地理位置,包括经度、纬度、所处海拔的高程等,在地图上的哪个国家、省份、地区、道路等。这些数据可以通过车载北斗终端或者 GPS 终端实时采集,再与地理信息系统(GIS)的地图路网数据做匹配结合。

(3)车辆实时速度:远程监控车辆行驶的方向和速度。

交通行业的数字化、智能化程度比建筑施工行业要高。很多运营车辆的行驶数据都已经联网。基于车辆行驶数据,与其工时数据相互结合,我们就可以优化对车辆的管理,合理安排车辆的排班以及日常行驶路线,减少浪费,提高效率。

4.2.4 综合管理

机械联网之后,由项目方管理人员人工填录的机械台账就可以与物理网数据相结合,让机械管理更加直观可视化:

(1)机械来源与统计:每台参与项目的机械与施工企业之间的权属关系,比如隶属于施工企业(自有)、从公司外借调(调剂)、从公司外付费租用(租赁)、隶属于分包施工企业(外包)等。项目方可以及时统计整个项目至今自有机械数量、租赁机械数量、外包机械数量,统计当前正在工作的机械的来源比例等,并利用这些数据评估项目在机械成本上的规划和分配是否可以优化改进。

(2)机械类型以及各类机械的统计:包括各台参与项目机械的类型,比如挖掘机、旋挖钻、打桩机、装载机、摊铺机、压路机、搅拌车等。项目方可以及时统计正在进场施工的机械都有哪些类型,其比例数量是否满足当前项目进度的需求。整体项目完工之后,也可以回顾评审项目筹备阶段对各类机械的预算分配是否合理,有没有哪些机械类型的预算与结算偏差较大。

(3)机械异常统计:出现工作异常、燃油异常、行驶异常的机械,其机械信息和驾驶员等相关人员信息,可以及时统计归档。项目方可以定期回顾出现异常问题的机械与人员,做出必要的管理动作,提出必要的管理要求,比如奖励异常数量少的小组、评选模范小组、惩罚异常数量多的小组等。

L1 阶段数据展示示例图如图 4-2 所示。

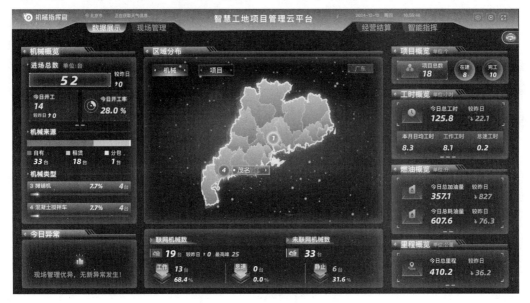

图 4-2　L1 阶段数据展示示例图

4.2.5　L1 阶段的日常管理动作

L1 阶段是快速引入 AIoT 智能硬件与软件，快速将所有工程机械联网，实现数字化智能化管理的第一步。这个阶段基本不需要施工企业付出额外的管理成本，特别是不需要现场施工人员、机械驾驶员、指挥员、安全员等工地人员改变工作习惯。

但是不在工地的项目管理人员需要学会使用 AIoT 系统对工程机械进行施工管理：

（1）项目管理人员：公司领导、项目经理/副经理、物设部长等，需要登录系统查看数据，发现现场问题。

（2）系统对接人：IT 工程师、信科管理人员等，负责智能硬件安装及维护、软件系统维护、产品使用培训等工作。

4.2.6　L1 阶段的价值

尽管 L1 阶段的物联网数据受到各种因素影响有些许误差，但是其价值也很明确：

（1）准确：基于物联网智能产品与 AI 精准算法，自动实时采集机械工作数据，客观、真实，不受人工干预。

（2）实时：通过手机、电脑、电子大屏等设备，展示项目实时状态；基于数据分析，暴露现场管理漏洞。

（3）简单：不增加管理成本、不改变现有流程，实施便捷、落地简单、见效快。

4.3　智能管理 L2：现场管理

当项目上的工程机械都安装 AIoT 智能硬件之后，项目方可以更进一步达到 L2 智能化管理的水平，对现场施工流程和动作做一些规范，确保物联网数据采集的精度（图 4-3～图 4-5）。

L2 阶段要实现基于 AIoT 的机械现场管理制度落地，并不断迭代更新，适应精细化管理的需求。除了使用机械的规范性，现场人员还需要借助机械管理 IT 软件，深度参与到机械派工、日常点检、考勤打卡等日常工作中。

L2 阶段的管理着力点是"机"，也就是管理好工程机械的使用，提高施工效率。

L2 阶段工程机械的管理流程、管理动作、施工过程、施工成果更加数字化和智能化。物联网采集得到的数据精度较高，通常误差在 5%以内。

图 4-3　L2 现场管理摄像头监控示例图

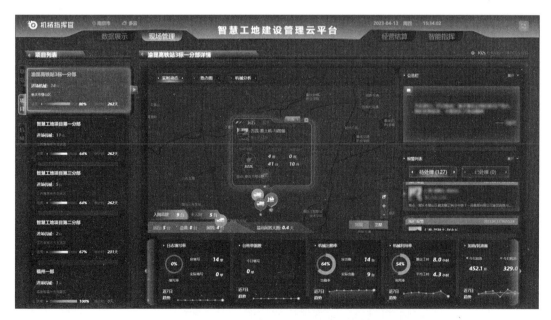

图 4-4　L2 现场管理项目机械地图示例图

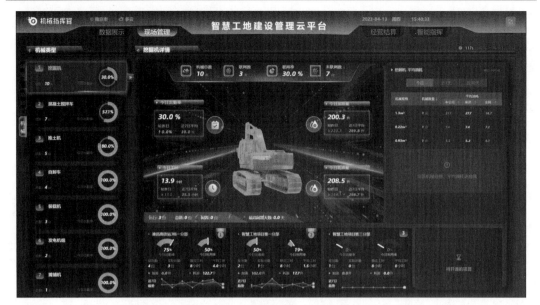

图 4-5　L2 现场管理机械类型示例图

4.3.1　L2 阶段的日常管理方法

L2 阶段的管理需要工程机械相关人员在日常工作中使用和维护 AIoT 系统：

（1）施工员/指挥员：①现场异常报警的处理和跟进，包括检查和调整机械状态、工地环境、人员情况等。②保证 AIoT 智能硬件设备正常使用，遇到问题及时反馈给 IT 人员，如果有必要需要请软硬件工程师对智能硬件进行检修。

（2）机械驾驶员/机手：①机械异常报警的处理，主要是检查和调整自身工作状态。②按制度完成上下班考勤打卡、工作日志填写、加油量数据填写、日常点检结果填写等工作，减少错填漏填。

（3）项目管理人员（项目经理、物设部长等）：①制定管理制度，并监督制度执行情况。②通过系统数据分析，发现管理漏洞，提升管理效率。

（4）系统对接人（IT 工程师，信科管理人员等）：跟踪项目过程中机械的工作场景，将这些数据记录在 AIoT 系统中。

4.3.2　工时和产量管理

L2 阶段，对机械工作量的管理可以更精细，借助 AIoT 形成的大数据，对机械的成本、产出、施工效率加以管控。

（1）细分场景的工时和产量管理：机械的施工数据可以细化到各个具体的工作场景，例如洒水车的洒水路线数据、修井机在行驶过程中的数据和定点工作的数据、起重船的吊装次数与吊装时长数据、同步封层车的工作公里数据等。

（2）工作效率分析：统计项目里各个机械的出勤率、利用率、闲置率等。统计单位工时的产量，例如混凝土搅拌运输车单位工时完成的运趟、挖掘机单位工时完成的装车数量等。对同工种、同类型的机械施工效率做横向比较，对机械的历史施工效率变化情况做纵向比较，奖励高效人员，惩罚低效人员。

(3）同品类工时定额：参考历史和同业的项目工时大数据，掌握同品类项目的工作量情况，特别是各类型机械的工作量，形成实用的工时定额。如果施工效率达不到同业水准，就需要深挖效率低下的根因。

基于以上更加精细化的物联网数据，施工企业对各类型机械现场施工的管理就可以更加到位、准确、有效，让远端高级专家赋能一线施工人员。

4.3.3 燃油管理

燃油的精细化管理是机械施工精细化管理的重要部分。当加油人员可以正确填写每次加油的加油量之后，AI 算法就可以持续对机械油箱模型做微调校准，从而确保油位和油量曲线更加精准，推送的加油量数字精度也更高。

（1）机械加油管控：AIoT 系统可以实现人工填写值与物联网采集值的自动核对。如果有偏差较大的情况，会及时反馈给现场人员。如果有填写错误，可以及时纠正；如果有违规的虚报或偷油行为，管理人员可以及时干预。对于加油管理做得好的人员，可以予以奖励；反之，可以予以惩罚。

（2）机械油耗分析：定期统计分析项目各机械的油耗与工作量的关系，包括有效油耗（单位工时油耗）、运行油耗（工作时的平均油耗）、怠速油耗（怠速时的平均油耗）等油耗指标，以及这些指标的时间变化趋势。可以奖励油耗效率高的机械操作人员，树立榜样，并鼓励大家学习其施工操作技巧。

（3）同品类油耗大数据分析：将本项目机械油耗数据指标与行业同类项目进行对比，特别是同类项目的同工种同类型的机械油耗值可以作为横向参考数据。如果项目油耗水平不佳，可以根据差距制定改进目标。

（4）油耗异常分析（图 4-6）：及时发现与项目平均水平相差过大的"油老虎"机械。及时要求现场管理人员检查相关机械与人员的情况，如有必要可以要求有油耗异常的机械退场。

图 4-6 L2 机械油耗同品类油耗大数据分析示例图

L2 阶段不仅实现本项目机械油耗的精细化分析，还可以进行跨项目的油耗比对，以及同行业的油耗比对。有了高质量的数据，就可以做出高质量的管理动作，逐步提升油耗的效率。而油耗提效，不仅可以给施工项目降本增效，还可以显著减少碳排放，对全球环境保护贡献长远的社会价值。

4.3.4 车辆管理

通过给车辆驾驶员制定合理的规范要求，可以保证车载的 AIoT 传感器稳定工作，采集更精准的车辆行驶数据。例如遵守工地所在地的交通规则、定期清理车载摄像头、定期检查车载定位终端电源线、在规范的加油站加油并填写加油量等。

（1）车辆行驶轨迹回放：对各车辆指定时间段的行驶轨迹进行回放与审计。物联网采集的车辆定位与工作状态更加精准，所以可以基于定位时序数据，使用地图道路匹配算法，计算出车辆的历史行驶轨迹，项目管理人员可以随时查看轨迹回放。对于违规违章驾驶、车辆油耗异常等事件，事件发生的时间段的车辆轨迹回放也是辅助的证据。

（2）车辆里程统计：基于车辆行驶轨迹，统计各车辆在指定时间段内的里程。车辆工作期间的行驶里程可以用作车辆保养和检修的依据，还可以用作项目施工工作量的参考参数。如果车辆的实际里程与项目筹备期的预期偏差较大，需要项目方及时调整车辆调度的预算。

（3）车辆油耗分析：车辆类工程机械的油耗分析，除了工作油耗、怠速油耗等施工管理指标外，还会有百公里行驶油耗、单程油耗等车辆管理指标。

（4）同类型车辆油耗大数据分析：与相似路况环境的相似项目做油耗分析对比，特别是同吨位同类型的车辆之间的横向对比。通过行业对比，及时发现油耗异常车辆，对车辆和相关人员进行管理。

（5）车辆行驶安全监控：及时发现和处理各种驾驶违章事件，包括超速行驶、疲劳驾驶、渣土车未按照交管部门规定的道路行驶、重型卡车右转前没有停车等。

基于 AIoT 采集的精准的车辆行驶轨迹，管理人员除了可以优化车辆调度效率，缩短工期，降低成本，还可以及时制止安全隐患，让施工企业更好地承担起社会责任。

4.3.5　日常管理

L2 阶段，除了客观的物联网数据采集，规章制度的落地还会带来 IT 系统里人工填写数据质量的提升。

（1）考勤打卡：通过生物特征识别，配合工程机械的 AIoT 智能终端，机手上机打卡更加方便快捷。机械管理和劳务管理的 IT 系统相结合，可以让打卡制度更规范地执行，减少人为的机械误操作、无证驾驶、不合规的代班等问题。

（2）工作日志：AIoT 系统自动推送的机械运转记录，包括工时、油耗、运趟等核心施工数据，自动填充到 IT 系统的工作日志中，方便机手、施工员、指挥员、项目经理能快速、准确地填写工作日志。工作日志除了可以用于项目结算与审计，还可用于更精细化的项目施工方案优化，特别是劳务方案的优化。

（3）维修与保养：物联网采集到的工程机械累计工作时长、工作效率、油耗指标、温湿度、噪声、姿态特征、运动特征等数据，可以用于构建机械维保的 AI 模型。AIoT 系统及时提醒管理人员需要尽快维保的机械，并根据历史维保记录推荐维保方案。在机械完成维保重新投产之后，相关人员及时将维保记录填写到 IT 系统中，为未来的维保提供历史数据，形成正向循环。

（4）日常点检：规定现场施工人员每日定期对工程机械进行点检，并将点检记录填录到 IT 系统中。AIoT 采集的机械实时状态数据可以自动填充到点检记录的指定字段。点检是良好的工作习惯，预防故障和问题，既提高生产效率，又提高生产安全。

施工企业可以制定和执行以上几种以及类似的日常管理制度，改变传统管理方式下很多工程机械劳损过快、违规代班、责任不清、效率走低等常见问题。

4.3.6 报警管理

L2 阶段管理工作变化最大的部分就是对于工程机械物联网报警的处理。

（1）油位异常报警（图 4-7）：当 AIoT 系统监测到油位异常下降就会实时推送电话报警（现场也会鸣响警笛）。现场可能发生了偷油或者漏油等事故，项目管理人员需要及时派遣人员去机械处查看。如果怀疑有犯罪嫌疑人潜入工地作案，需要及时报警处理。

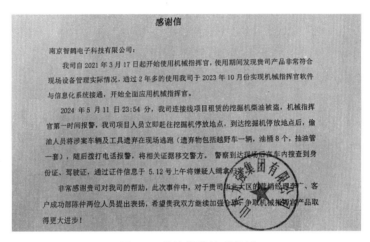

图 4-7 偷油报警处理案例

（2）机械怠速报警：当系统检测到某台机械持续怠速时间过长，可以实时推送报警给管理人员和机械驾驶员。如果驾驶员有疲劳驾驶的风险，需要及时派人替换。如果有偷懒怠惰的行为，例如去吃饭不关机、坐在驾驶室里做其他无关工作、消极怠工等，管理人员应当介入，驾驶员和机械相关人员需要做出反省和改变。

（3）机械闲置报警：如果某台机械闲置时间太久，也可以推送报警，提醒项目管理人员及时退租机械或者调整派工计划。

（4）车辆超速报警：车辆超速行为及时通知到项目管理人员和车辆驾驶员。车辆行驶超速不仅有违章驾驶嫌疑而且给安全生产带来隐患，需要及时处理。

（5）机械出围栏以及车辆偏离路线的报警：项目管理人员可以在电子地图上绘制电子围栏和电子路线，如果机械离开围栏范围或者车辆偏离路线，可以及时收到报警。这样就通过 AIoT 实现了对可移动设备的无人跟踪。如果发现有违反合同、运输途中偷料换料等行为，可以及时制止和让警方介入。

4.3.7 L2 阶段的价值

物联网采集的机械施工数据更加精准，使 L2 阶段的管理能力显著提升。

（1）管理从粗放到精细：将对物联数据的应用，融入管理流程制度中，帮助施工企业从粗放式走向精细化管理。

（2）监管从人工到系统：实时监管跑冒滴漏、违章违规，解决弄虚作假、监守自盗、懈工怠工等问题。

4.4　智能管理 L3：经营结算

项目的经营结算，特别是财务相关结算，需要精度更高的机械施工数据，需要更加规范的管理方法。L3 阶段工程机械的 AIoT 管理会结合企业的业务财务一起运转，施工企业的整体管理都会有 AIoT 的参与。

L3 阶段物理网采集的机械施工数据的精度可以达到运转记录报表的填写要求。报表中填写的数字和真实发生的施工基本匹配，误差率通常在 1% 以内，远远超过了人填手录的准确率。

L3 阶段的管理是个较大的工程。施工企业可以分两步实现 L3：

（1）结算报表定期自动化导出：依托机械物联网数据生成结算凭据，并最终自动生成用于与相关供应商结算的数据报表。

（2）财务系统集成：机械数字化管理系统与施工企业业务和财务系统进行 IT 集成，将机械物联网数据自动推送至财务系统，作为结算依据。

L3 阶段的管理着力点是"财"，也就是将物联网数据用作财务结算凭据，从而提升财务管理的水平。

4.4.1　工时管理

有了和财务挂钩的机械工时数据，项目方就可以进一步基于 AIoT 来指挥机群工作，形成规范的"管理—执行—检查"的闭环。在这个闭环之中，一个重要的管理载体就是可以财务入账的机械台班签证单据。施工企业的业务和财务系统需要根据物联网采集得到的原始的机械工时数据生成标准化的台班签证单据。

（1）机械派工：实时找到可以承接工作的机械，将工作位面和工作内容推送给机械驾驶员与机主。通过物联网全程监测机械完成工作的过程，系统自动填写派工计时。机械完成工作之后，系统可以自动将派工数据填入台班签证单，用于结算。

（2）机械调度：如果需要把远方的机械调到工作位面，或者需要跨项目借调机械，可以在地图上实时找到需要调度的机械，并将调度指令下发给机械驾驶员与机主。调度所产生的相关机械费用核算工作由系统自动完成。

（3）台班签证单：机械工作结算所使用的主要单据，记录了各机械在台班时间段内完成的工作量。日常工作中，台班签证单由现场施工人员发起填写，AIoT 自动采集工时数据与考勤打卡数据，结合人工填写的机械台账与工作内容，就生成了电子版台班签证单。AI 算法可以自动预审批单据，发现填写内容的疑点，及时提醒机械相关人员进行纠错。物联网数据的客观性和实时性，可以提高台班签证单的填写效率，减少审批与结算过程中的纠纷，是智能化经营结算的重要工具。

（4）台班结算报表：机械管理的 IT 系统和施工企业业务和财务的 IT 系统结合，可以定期自动化生成业务管理部门以及财务管理部门所需要的规范化台班结算报表。基于 AIoT 的机械施工数据为报表提供数据支撑，大幅提高财务人员的工作质量和工作效率。

根据作者的实践经验，施工企业全面实施基于 AIoT 的电子台班签证单制度，是管理水平迈入 L3 智能化阶段的重要标志。

4.4.2 运输趟数等管理

除了标准化的工时台班，不同类型机械的工作结算可能采用不同的数据指标。运输车辆类机械，例如渣土车、矿用自卸车、重型卡车、混凝土搅拌运输车、水泥罐车等，通常使用运趟来做财务结算。施工企业可以基于 AIoT 实现运趟结算的数字化和智能化。

（1）运趟统计表：运输车辆工作结算的主要凭证，记录了各车辆在工作时间段内的运输趟次。AIoT 自动采集并填入每趟的装料时间、装料地点、物料、卸料时间、卸料地点、行驶轨迹等数据，结合人工填写的驾驶员信息、物料用途、班次等，就可以生成用于经营结算的运趟统计表。很多项目里车辆数量多，车辆每天的运趟多，人填手录效率低下，基于 AIoT 智能生成运趟统计表，可以大幅提升现场施工人员以及后台业务财务人员的效率。

（2）运趟结算报表：基于运趟统计表，系统自动生成业务管理部门以及财务管理部门所需要的规范化运趟结算报表。这些报表与台班结算报表一起为财务结算工作赋能，减少纠纷，减少跑冒滴漏，提高供应商满意度。

如果施工项目里的拉运工作量较多，基于 AIoT 的运输趟数管理，是施工企业可以采用的 L3 等级管理方法。

4.4.3 燃油管理

L3 阶段的燃油管理升级，主要体现在智能生成的加油单据上。施工企业的业务和财务系统需要将物联网采集的原始的机械油位时序数据和计算得到的加油记录，根据业务和财务准则，转换为可以入账的加油结算单据。

（1）加油结算单：机械工作结算使用的辅助单据，内容包含各机械在施工期间各次加油的方法（加油站、加油车、油罐等）、加油的地址、加油量、加油原因等。AIoT 计算得到的加油相关数据可以自动填入加油结算单中，并且与人工填录值进行比较，如果发现偏差异常会提醒机械驾驶员和管理人员及时纠错。物理网数据不仅提高了加油结算单的填写和审批效率，也有助于预防偷油等违法违规行为。

（2）加油结算报表：机械管理的 IT 系统和施工企业业务和财务的 IT 系统结合，可以定期自动化生成业务管理部门以及财务管理部门所需要的规范化加油结算报表。基于 AIoT 的机械加油数据为报表提供数据支撑，大幅提高财务人员的工作质量和工作效率。

（3）出油记录报表：很多施工项目使用油罐或其他储油设备给机械加油。基于 AIoT 对这些储油设备进行物联网监测，系统可以自动生成出油记录。项目方可以对出油记录报表和加油结算进行核对，预防储油设备的燃油丢失。

除了燃油以外，机械的其他配件配料也都可以采用基于 AIoT 的数字化智能化管理。因为燃油的费用占比显著高于其他项目，所以施工企业可以优先实施基于 AIoT 的加油结算。

4.4.4 成本核算

施工项目规模大、周期长、资金周转复杂，导致成本核算的工作难度大，给业务团队和财务团队的工作带来了很多额外的挑战。基于AIoT机械施工数据自动生成结算报表，施工方可以进行智能化的成本核算，让机械相关的账目都清晰、准确、及时。

（1）考勤结算表：L2阶段基于AIoT的考勤打卡记录，在L3阶段可以定期汇总统计为考勤结算表，在考勤明细之外，计算得到机械总工时、打卡天数、日均机械工时等考勤指标，用于支持劳务结算，以及业务领导对施工生产环节的管理指导。

（2）单机成本核算：AIoT采集的工时和租赁合同挂钩，油耗和时令油价结合，就可以计算出单个机械的主要成本。除此以外，L3阶段的规章制度可以要求机械相关人员准确录入维修费、保养费、进出场转运费、进场费、出场费、保险金、测试费用、其他扣款等成本项。系统自动统计得到各机械的日成本、月成本、项目总成本。

（3）项目成本核算：各机械之间的单机成本可以比对分析，各机械成本总和可以用于项目整体成本核算。

4.4.5 经营趋势

除了自动生成财务标准报表，L3阶段的高精度机械数据也可以用于自定义的业务趋势分析，例如项目开工率、项目完工率、项目周期、项目规模、项目地理分布、机械类型分布等业务情况以及其发展趋势。

机械施工效率提升所带来的收益，比如项目通过智能化管理所节省的燃油量、节能减排量、机械施工效率增长率等指标，在L3阶段也可以准确地追踪和展现（图4-8）。

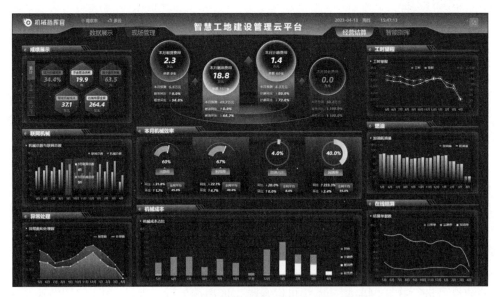

图4-8　L3项目经营结算中机械财务指标示例图

施工企业在L2阶段就已经可以获得智能化管理的效益，当进阶到L3阶段之后就可以进一步对效益进行量化，辅助施工企业的领导层为企业经营掌舵。

4.4.6 L3阶段的管理工作

L3阶段对物联网数据的精度要求高，所以在给机械安装AIoT智能硬件联网之后，需要对物联网传感器进行标定。例如，油位传感器的标定，需要使用高精度的加油枪（加油车）对机械油箱进行抽油加油，然后用油量数据来校正传感器读数；载重传感器的标定，需要让机械车辆在电子地磅过磅几次，然后用重量数据来校正传感器读数。

在得到较为满意的机械施工数据之后，施工企业就可以在日常工作中逐步施行机械的数字化和智能化管理，数据直通企业的财务和业务系统。

（1）施工员/指挥员：现场机械使用的派工与调度，合理安排机械工作。登记台班签证单，并发起确认和审批流；审批加油、计趟等结算凭据。

（2）机械驾驶员/机手：确认台班、加油、计趟等结算凭据。供应商确认财务结算单。

（3）加油员：登记加油单，并发起确认和审批流。

（4）财务人员：根据结算凭据，形成财务结算单。

4.4.7　L3 阶段的价值

虽然建筑行业的数字化和智能化水平对比其他行业还比较低，但是建筑施工企业的业务财务 IT 系统通常已经建设得比较完善，只是缺乏工地施工生产环节的数据。基于 AIoT 采集得到的高精度的机械施工数据，企业可以显著提高生产环节的数字化和智能化水平，并且融入企业的财务和业务管理的生态之中。

（1）结算凭据智能化：自动或辅助生成台班、加油、运趟等结算凭据，结算有据可凭。

（2）财务报表智能化：自动生成财务结算报表，大幅降低人工及管理成本。

（3）工程机械管理系统对接业务和财务系统：与财务系统无缝集成，实现业务财务一体化。

4.5　智能管理 L4：智慧指挥

不再依赖人工管理，而是由人工智能来支持管理各项目工程机械的机群合作施工，可以说是智能化管理的终极目标。但是从 L3 晋级到 L4，达到智慧指挥，是一个很有挑战的过程。实际上，由于 AI 技术还不够成熟，还没有施工企业真正能达到 L4 智能化阶段。智慧指挥需要管理办公室与各个项目的工地现场有强数据双向实时性，所以也需要进一步增强工地移动通信网络，包括增强 5G 和未来的 6G 信号覆盖。

在逐步向 L4 阶段迈进的过程中，施工企业可以与 AIoT 创新型供应商（如南京智鹤等）共建 AI 智慧指挥的能力。

L4 阶段的管理着力点是"AI"，也就是引入更多人工智能技术，辅助完成工程机械的智能施工管理，简化施工整体流程配套设施。

4.5.1　AI 辅助的施工效率管理

虽然智慧指挥的实现还需要持续探索，但是基于现有的 AI 算法能力以及新兴的人工智能大语言模型技术，我们已经可以开发出智能化管理的 AI 助手，帮助施工管理者从宏观以及微观的角度分析管理工作，形成管理建议，评估管理效果。

（1）机械施工管理健康度分析：通过 AIoT 系统内的数据，多维度评估机械施工管理的水平，包括机械数据完善度（机械信息完善度、机械入网率、终端在线率、油位在线率、其他传感器在线率、油箱标定率、标定准确率等）、机械效率（利用率、出勤率、怠速率、闲置率等）、燃油管理（加油量填写率、加油差异率等）、现场管理（考勤打卡率、日志填写率、台班登记率、保养及时率、点检及时率、报警处理率等）、系统管理（管理人员的 IT 系统登录率、现场人员的 IT 系统使用率等）。机械施工管理的健康水平，可以作为施工企业优化管理制度的参考。

（2）定额优化：L3 阶段获得的同类项目机械工时定额，可以用于 L4 阶段的定额优化。AI 助手分析机械施工的明细数据，以降低工时定额为目标，执行优化算法。定额优化的目标是发现机械施工管理中可以优化的点，提出优化建议，并配合管理者完成优化的试验，得到优化结果的反馈，并形成不断优化、不断试验的螺旋上升循环。

（3）项目决策建议：AI 助手已经可以对 L3 阶段的量化报表做进一步分析，找到机械管理的问题，提出决策建议。例如，如果包月租用的机械的月均工时呈现逐渐减少的趋势，可以将机械租赁合同由包月结算改为依据工时台班结算；如果挖掘机经常被用作托举和装车，可以将挖掘机替换为装载机；如果每次的加油量较少，可以降低加油频率；如果自卸车的平均排队时间过久，可以改造工地里的临时道路规划等（图 4-9～图 4-11）。

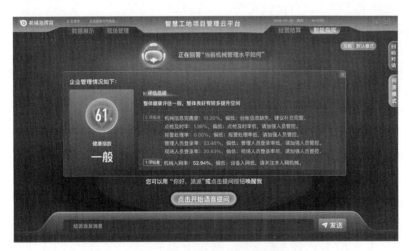

图 4-9　L4 企业管理建议示意图

图 4-10　L4 项目管理问题稽查示例

图 4-11　L4 工程机械管理示例

随着施工企业在 L3 阶段对管理智能化的使用加深，AI 助手会参与越来越多的管理工作，将智能化水平逐步推进到 L4 阶段。

4.5.2　AI 辅助的机械现场管理

人工智能辅助工地现场人员，更准确更高效地完成日常管理工作。有一些智能化的管理功能已经被落地使用，例如：

（1）机械进退场的自动识别：不再需要人工发起机械进场和退场的 IT 流程，由 AI 自动发起，并且尽可能自动完成台账的录入、进场验收、退场结算等工作。

（2）机械类型的自动识别：基于 AIoT 采集的机械施工物联网数据特征，自动推测机械的工种和类型，找出疑似填错的机械类型，提醒管理人员核查。降低人工填写的错误率，降低业务和财务报表的各项统计误差。

（3）油箱形状 3D 重建：基于 AIoT 采集的油位时序数据，AI 算法可以对油箱内部容积的形状进行 3D 重建。这可以用于机械的数字孪生。

（4）排班优化：AI 算法可以根据项目施工方案，项目上各个机械的历史施工数据，以及驾驶人员的历史施工数据，包括单机施工数据以及多机配合施工数据，优化排班，提升施工效率。例如，对于有 10 台挖机、60 台自卸车的土石方工程项目，哪些车和哪些挖机配合施工，可以做到"车不等铲，铲不等车"？这是 AI 排班优化解决的问题。

（5）动态智能派工：AI 助手可以根据各机械的实时进展情况，考虑到驾驶员需要休息避免疲劳，自动执行派工工作，让机械在合理的休息之后及时进入下一道工序。AI 模型持续迭代之后，可以比管理人员的派工更加科学。

（6）维保自动提醒：智能汽车行业已经做得较好的维保自动提醒功能，工地施工的工程机械也需要。机械维保的 AI 管家，可以分析机械的施工效率数据，预测机械故障的风险，及时提醒机主需要对机械进行维保。

4.5.3　AI 辅助的财务结算

人工智能也可以辅助施工企业后端的业务团队和财务团队，比如自动生成台班签证单和加油记录单等。

AI 还可以根据不同企业的个性化需求，智能地生成自定义的报表（图 4-12）。

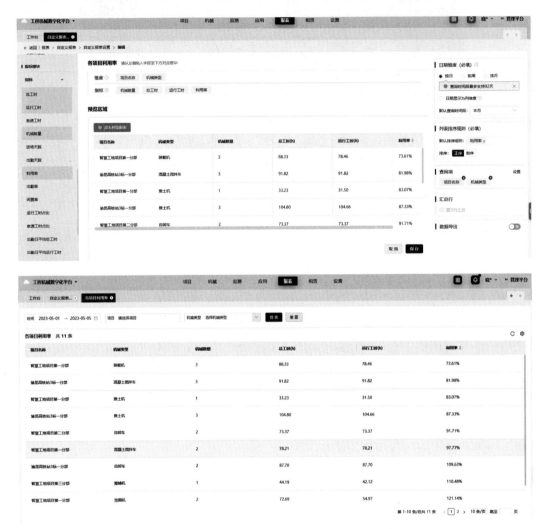

图 4-12　根据财务需求自动生成自定义报表

因为财务系统的数字化智能化水平本身已经较高，结合工程机械 AIoT，AI 辅助的财务结算是可以快速落地的实用场景。

4.5.4　AI 辅助的机群指挥

L4 阶段最大的进步在于 AI 参与对大量机械共同施工的协调管理，也就是机群指挥。目前，AI 机群指挥的技术还处于早期阶段，但是也已经有一些相关技术被应用于施工管理之中。

（1）工地三维地形图重建：基于 AIoT 采集的机械地理与空间位置信息（包括定点工作机械和运输车辆机械），AI 算法可以及时地重建工地的三维地图，而且随着施工的推进可以持续追踪地图的变化，既可以帮助管理人员直观把控项目进度，也可以用于项目施工的数字孪生。在本书第 3 章中我们详细介绍过工地三维地形图重建。而三维地形图也是实现智能机群指挥的重要基础。

（2）运输车辆路线识别：工地上的临时道路以及在建道路通常都还没有实现数字化，这些道路没有保存在主流的数字地图或者 GIS 系统中。AI 算法可以比对拟合项目中大量运输车辆的行驶轨迹，发现新道路。AI 算法也可以根据采集得到的运输趟数，识别出关键装料点、关键卸料点、从装料点到卸料点的路线，其路线中既包括已有地图道路也包括新发现的工地道路（图 4-13）。

（3）工作面优化：分析 AIoT 采集得到的机械施工数据，可以发现工作面以及路线设计的不合理之处。AI 算法可以对施工方案特别是工作面的选址安排提出优化建议。

（4）智能调度：根据项目的施工方案，根据派工的内容，人工智能可以辅助项目指挥员合理地调度各工种各类型的机械与车辆，实现最高效率的机群配合施工。

我们会在本书第 7 章展开讨论 AI 辅助的机群指挥，特别是智能调度，供读者参考。

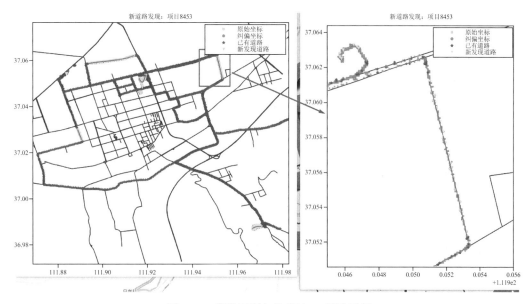

图 4-13　路线识别与发现的 AI 算法示例

4.5.5　L4 阶段的管理理念

在 L4 阶段，使用基于 AIoT 的机械施工数据是日常管理工作中的默认选项。项目管理人员首先需要做好对 L3 阶段的执行情况的监督：

（1）IT 部门/第三方供应商：负责与 AI 供应商系统对接，实现施工管理需求。

（2）管理人员（项目经理、物设部长、财务主管等）：制定财务结算制度，并监督执行情况。日常确认台班、加油、计趟等结算凭据。

在这些基础之上，我们还需要进一步积极地探索机械智慧指挥的各种可能性和落地路径。

4.5.6　L4 阶段的价值

AI 辅助机械施工，提升施工效率，保证质量，缩短工期。AI 辅助管理决策，减少管理动作，高效便捷，保障安全。

从长远来看，L4 阶段的智慧指挥，可为未来无人工地的建设打下坚实的技术基础。我们将会在第 8 章和读者一起讨论无人工地的建设道路，从中我们更能看到 L4 阶段的价值所在。我们相信，率先走入 L4 阶段的施工企业也必将为建筑行业做出卓越的贡献。

第5章

工程机械 AIoT 智能施工管理：工作结算

工程机械 AIoT：
从智能管理到无人工地

工程机械的工作结算是其施工管理过程中需要优先做好的管理项，可能也是最重要的管理项，对整个施工管理过程起到关键作用，不容有错。

施工企业管理自有机械时，其工作量（工时台班等）是劳务绩效的主要凭据，也为机群调度的优化提供数据参考；管理租赁机械、借调机械时，工时是财务结算的主要凭据，也是机械租赁管理的重要数据输入。

基于 AIoT，我们可以实现工程机械工时管理的数字化、自动化、智能化，显著降低人工管理成本，显著提高工时数据的精度和准确性。

例如，智鹤科技机械指挥官的智能硬件能够实时采集工程机械的多维度数据，并通过人工智能算法计算出工程机械的工作状态、行驶里程、工时、运趟等。这些自动化采集和计算的工程机械工作数据，可以用于租赁机械的结算和自有机械的考核。物联网数据与 IT 软件（例如机械指挥官项目管理系统）集成，设置符合施工企业规章制度的审批流程，比如电子台班签证单的创建、审批、归档流程，就可以实现工程机械工作结算的智能化管理。

如第 4 章所述，工作结算管理的智能化水平，从最基础的 L1 阶段的工时数据采集与展示，到 L2 阶段的细分工作场景的产量统计，再到 L3 阶段的财务结算和劳务结算，数据的准确性逐渐提高，对施工效率的提升也是逐渐增强。要从 L1 逐步升级到 L3，需要施工企业和项目部逐步调整现场人员的工作和管理习惯，并制定合理的规章制度，确保物理网智能硬件的正确安装和使用，确保 IT 系统融入日常工作流程中。

对一台工程机械实施智能化的工作结算管理，需要以下几个步骤：

（1）IT 系统部署与配置（以机械指挥官软件系统为例）：确保软件系统能够正常运行和运维，并且让机械管理系统能够与其他人、料、法、环等系统进行无缝集成。

（2）设置项目管理信息：由管理人员录入项目管理的主要信息，或者将机械指挥官与项目管理系统集成，从项目管理软件系统中获取项目的相关数据。

（3）设置台班审批流程：正确设置机械工作结算的审批流程，将机械指挥官操作融入施工管理的日常工作流程中，确保工时结算的准确性，避免因为审批流程不畅导致工时结算出现偏差。

（4）配置机械工作场景：确保 AIoT 系统根据项目的实际情况进行工作结算的管理，即根据管理规范需求进行定制化设置。

（5）安装 AIoT 硬件：为每台工程机械安装机械指挥官智能终端与一系列配套传感器，这样就可以使用人工智能物联网技术采集和计算出工程机械的实时工作数据，从而对机械的工时和产量进行精确管理。

（6）机械进场验收：机械工作的日常管理的第一步，就是基于 AIoT 完成进场验收，开始项目完整的数字化施工管理。

（7）核对工时数据：在机械进场工作的第一天，人工核对物联网数据的准确性，避免因为软件设置错误、工作场景参数配置错误、硬件安装异常、硬件故障等问题导致工时结算出现偏差。

如果工时数据有偏差，需要及时检查，例如请机械指挥官客服人员进行诊断和纠错。

（8）检验台班结算流程：在项目开工的第一天，完成由多人配合操作的台班签证单自动生成、人工核对填写、管理人员审批、录入系统作为结算凭证的整个流程，确保台班结算流程的准确性，避免因为台班结算流程不畅导致工时结算出现偏差。

（9）日常工作结算管理：项目进入日常施工阶段，就需要定期检查确保工程机械的工作结算在正确运转，及时跟进解决各种异常报警，对机械与驾驶员的日常行为进行必要的奖惩。

（10）向领导汇报施工效率：基于AIoT采集的较为完整的施工过程数据，可以聚合分析得到项目的机械施工效率。及时向领导汇报，便于决策层及时调整施工方案。

（11）机械退场结算：机械在完成项目工作之后需要退场，工作结算也在这一步骤收尾闭环。

（12）IT系统集成：随着多个项目都开始系统性地使用基于AIoT的机械工作结算管理，施工企业就可以制定规章制度将成功落地的方案全面推广。最后的实施步骤就是将机械指挥官系统与施工企业的业务和财务系统进行集成。这样可以达到最高的自动化和智能化管理效率。

接下来，我们就以机械指挥官系统的实践为例，对以上流程的关键步骤进行详细介绍。

5.1 项目管理

机械指挥官软件系统采用"软件即服务"（SaaS）的简单部署方案。实际的部署工作，只需要由IT人员开通企业账号和用户账号即可开始使用。

通过企业账号登录机械指挥官系统，项目管理人员就可以开始设置项目管理信息。

5.1.1 新增项目

首先，在系统中创建新项目，录入项目名称、项目经理个人信息、地点、日期等台账。操作过程如下：点击【应用】模块，找到【台账】类别，点击【项目列表】，点击右下角新增，按照真实情况填写项目信息（带*为必填项）（图5-1）。

图5-1 项目基本信息

5.1.2 项目成员

项目管理信息还包括项目成员的人员信息。机械指挥官添加项目成员的方式包括邀请成员和增加企业通讯录。

1）邀请成员

项目管理人员进入【机械指挥官项目管理】小程序，在【我的】模块点击【邀请成员】将链接通过微信发给项目同事。同事接收到链接后点击进入小程序填写个人信息，完成注册。被邀请人操作完成后，邀请人在【消息】模块进行审批，并可以为新加入的成员分配角色：管理员、项目经理、施工队长、普通员工（图 5-2、图 5-3）。

图 5-2 通过微信邀请成员

图 5-3 审批和分配角色

2）增加企业通讯录

除了微信邀请成员外，还可以在【企业通讯录】模块直接添加员工信息。点击【应用】模块里的【通讯录】【新增】，填写员工个人信息（带*为必填项），根据实际情况选择内外部员工和是否为驾驶员（图5-4）。

图5-4 通过企业通讯录添加新成员

项目成员信息录入企业通讯录之后，在机械指挥官项目管理系统里【项目列表】的【详情】页面，可以【新增】【项目成员】（图5-5）。

图5-5 新增和查看项目成员

除了项目基本信息和项目成员信息，还有一些与工作结算管理相关的设置项，在后续介绍。

5.2 进场验收

项目上每台进场工作的工程机械都应该进行数字化管理。而对一台机械的管理的生命周期通常是从进场开始到退场结束。对于管理人员的工作来说,在这台机械的整个施工过程中,其工作量统计绝大多数时间都可以由 AIoT 系统自动完成,而基于统计数据的结算管理主要由工程机械的驾驶员和负责指挥的施工员来完成。对项目管理人员来说,机械施工管理最主要的工作集中在进场验收和退场结算。

5.2.1 安装智能终端

首先,在工程机械进场的时候,需要安装上机械指挥官智能终端和配套的一系列监测传感器,并通过手机端小程序完成进场机械的台账录入和 AIoT 绑定。智能终端有 Z03(无线终端)、ZE(有线终端)、ZP(智能油箱盖,终端油位一体机)等型号,监测传感器有 SP(油位监测仪)、SA(姿态监测仪)、SL(载重监测仪)、SD(工时监测仪)等型号。

不同类型、不同品牌、不同规格型号的机械,适合安装不同型号的智能硬件。大多数常用工程机械都可以安装 Z03.1 和 SP1.2,混凝土搅拌运输车和汽车式起重机通常会加装 SA1.0,自卸车通常会加装 SL1.0 和 SA1.0。具体的安装方案,可以请 IT 实施人员来完成。

对大多数类型的机械,Z03 智能终端(图 5-6)基于自带的多模态传感器采集物联网数据并经过 AI 模型进行计算,就可以自动监测机械的实时工作状态,可以统计机械的有效工时、急速工时、闲置时长等管理数据,数据精度可以达到 L1 阶段对应的级别。所以对大多数机械来说,工作结算的智能化管理可以先从单独安装 Z03 智能终端开始。

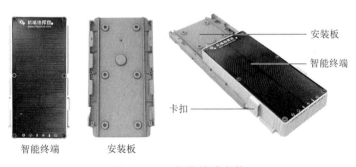

图 5-6　Z03 智能终端安装

当然,通过加装 SP、SA、SL、SD 等监测传感器,AIoT 系统可以采集更多工程机械的施工数据,Z03 智能终端可以通过蓝牙自组织网络将多个传感器的数据融合计算,可以显著提升工作结算数据的精度,以及统计出更丰富的工作量数据,使智能化管理达到 L2 阶段对应的级别,详见本书第 5.5 节。

本节我们就以单独安装 Z03 智能终端作为示例,和读者一起完成机械进场验收的流程。

Z03 智能终端的安装较为简单。注意安装位置需要露天无遮挡,可接受太阳能充电,建议优先选择机械驾驶室的顶部。注意安装区域如果有积水、石灰、油污等杂质,需要清理干净。

安装步骤如图 5-7 所示,一推、一撕、一粘,即可完成。机械将 Z03 安装在驾驶室车顶之后的状态如图 5-8 所示。

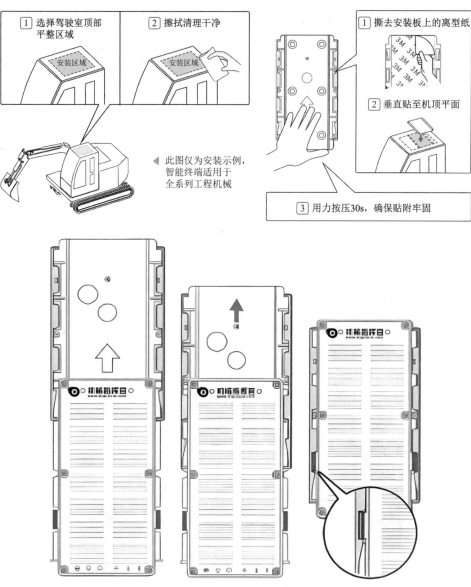

图 5-7　Z03 智能终端安装步骤

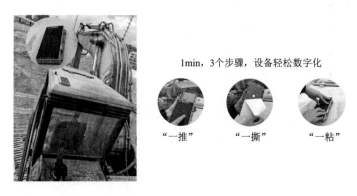

图 5-8　挖掘机安装 Z03 智能终端的照片

5.2.2 录入机械台账

在手机小程序【机械】模块，点击右下角【进场】，然后选择进场方式。对于从来没有进场的机械需要选择【新增机械】，就可以开始录入机械台账（图 5-9）。（对于曾经进场工作过的机械，可以直接扫描机械二维码或者从列表中选择）

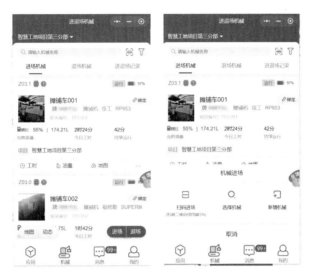

图 5-9　机械进场，新增机械

新建机械的台账信息中最重要的三项是机械名称、机械类型、品牌型号。如果要达到 L2、L3 阶段对应的级别的工时数据精度，管理人员务必确保其录入的准确性。机械名称是日常管理中时时刻刻使用的机械称呼，不容有错。机械的工作状态和工作量都是由 AIoT 系统自动采集计算完成的，而系统的人工智能 AI 模型会使用机械类型和品牌型号作为重要的输入参数。只有机械类型和品牌型号准确，AI 模型的计算才能将误差降低至最小。

（1）机械名称建议采用施工企业统一制定的命名规范来命名，如果没有规范，可以在整个项目里采用统一的命名规则，通常需要在名称里说明机械类型和编号，例如"挖掘机005"。附录 2 是某大型建工集团指定的机械标准化命名规范，供读者参考。

（2）机械类型必须根据机械的实际情况从列表中正确选择。如果填错了机械类型，AI 算法有可能会对物联网采集到的数据误判，发出错误的报警或者计算出错误的工时。例如，如果汽车式起重机的机械类型错填成"压路机"，那么汽车式起重机在道路上高速行驶时，AI 可能会误以为机械被拖挂车托运走了，给管理人员发出误导的报警。

虽然 AI 也具备根据物联网采集的数据自动识别机械类型的能力，但是正确填写机械类型会显著提升管理效率，避免不必要的管理返工。

（3）品牌型号也需要根据机械的实际情况从列表中正确选择。除了帮助 AI 提升模型训练的质量，还可以帮助施工企业积累工程机械大数据，掌握各种不同规格型号的机械在不同类型项目上的工作效率。这些大数据会为未来施工企业提升到 L4 阶段实现智能指挥打下重要的基础。

机械铭牌编号也建议填写，用于大数据积累。对于有车牌号的运输机械，例如混凝土搅拌运输车、水泥罐车、渣土车、汽车式起重机、压裂车等，建议填写上机动车牌号，方便管理。驾驶员信息也建议填写，可以从企业通讯录中选取。

机械管理编号，通常是和其他系统对接时必须要用的字段，包括机械租赁管理平台、资产管理平台、采购系统、财务系统等。建议按照施工企业的 IT 系统规范来准确填写（图 5-10）。

在填写好基本信息之后，需要给机械拍照并上传图片。如果要达到 L2 阶段对应的级别以上的智能化管理效果，施工企业和项目部应该要求机械验收人员上传真实清晰的机械照片，确保进场验收时对机械信息真实性做了检查。

如果有机械相关的证件，根据项目部的要求，也需要在进场验收环节完成拍照上传。特别是机械铭牌建议拍照上传。机械铭牌对于机械油耗的智能化管理很有帮助，可以使油耗数据达到 L2 阶段对应的级别以上精度，详见本书第 6 章。

机械台账录入完毕之后，就会进入机械绑定智能硬件的环节（图 5-11）。

图 5-10　录入机械台账

图 5-11　进场验收完成，准备绑定智能硬件

5.2.3 手机扫码绑定

机械进场之后,需要和智能硬件绑定。如果机械上安装的物联网硬件发生故障或者需要升级,就需要解绑旧硬件再绑定新硬件。绑定的操作较为简单,只需要在手机端的【绑定】页面扫描硬件的条形码即可(图 5-12)。

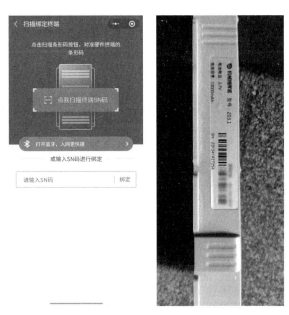

图 5-12　扫描智能终端 Z03 的条形码完成绑定

5.2.4 机械入网

机械绑定终端之后,系统会通过自组织网络技术自动完成机械入网,需要等待几分钟的时间。现场管理人员可以检查机械指挥官小程序里机械的入网状态(表 5-1)。

机械入网状态　　　　　　　　　　　　　　　　　　　　　　　　　表 5-1

机械入网状态图例	表示的入网状态	建议的管理动作
未入网	刚刚绑定还没有入网	等待入网,或者使用硬件助手加速入网
Z03.0	正在入网	等待入网,长时间不入网可以联系 IT 客服
Z03.0	已入网,正常	进场验收完成
Z03.1 诊断	已入网,异常	点击【诊断】,排查故障,尝试重新入网。无法解决则联系 IT 客服

如果入网速度较慢,可以在手机端机械指挥官小程序的绑定页面里打开【入网跟踪】(图 5-13),通过蓝牙连接智能终端,手动帮助终端加速入网。如果遇到异常始终无法入网,需要联系 IT 客服解决。

机械入网正常之后,进场验收工作就完成了。这台新进场的机械就进入日常管理阶段,大部分的统计工作由 AIoT 系统自动完成。

图 5-13 机械入网跟踪，手动辅助加速入网

5.2.5 机械二维码

一个额外的管理建议是在工程机械机身醒目位置张贴机械二维码或者其他可视的视觉标识。这样现场人员可以随时使用机械指挥官小程序扫描机械二维码来打开机械详情页面。醒目的二维码还可以帮助 AIoT 系统的视觉辅助管理模块自动识别机械。

机械二维码张贴到机身之后，需要绑定到机械指挥官系统里的机械上，如图 5-14 所示。机械二维码可以和施工企业的机械编码规范结合生成，这样扫描二维码不仅可以打开机械指挥官系统，还可以和企业的其他 IT 系统打通。

图 5-14 机械二维码绑定

5.3 工时自动统计

机械进场之后,其工作内容可以使用现有的排班方法派工,也可以使用人工智能来辅助智能调度(见第 7 章)。

机械完成工作之后,项目部通常需要按照工作量来进行绩效考核,并与驾驶员进行劳务结算。如果机械是租赁的,还需要按照工作量来和机械租赁方进行租金结算。机械的工作量最常用的统计指标是工时台班。在工程机械安装 AIoT 之后,无论项目管理人员和施工指挥员使用什么方法给机械派工,机械的工时都可以由 AIoT 系统完成自动统计。

5.3.1 AIoT 技术方案

基于 AIoT 的工时自动统计的技术原理概述如下:

1)实时工作状态识别

AI 模型将物联网传感器采集的多维度时序数据进行融合,根据机械类型和工况环境识别出工程机械实时的工作状态。AI 模型算法通过使用专家系统结合机器学习,实现分类识别。机械工作状态一般分为以下几类:

(1)静止:机械熄火停机。

(2)怠速:机械发动机在运转,但是没有有效工作。怠速是项目管理者需要注意的,机械长时间怠速是工作效率低下的表现,会拖延工期、浪费工时、浪费燃油,需要进行干预和必要的惩戒。

(3)工作:机械进行正常的工作。机械处于工作状态,就会产生有效工时。

(4)行驶:运输机械(车辆)和轮式机械在正常地行驶移动。大多数情况下,机械处于行驶状态,也会产生有效工时。

(5)脱离监测:因为物联网数据采集不全或者数据异常,无法判断机械的状态。脱离监测的机械大概率处于异常状态,例如智能终端 Z03 被撞坏了。

2)工时统计

AI 算法将历史各个时间点的机械工作状态拼接在一起,结合项目管理人员对工时的配置,经过过滤计算,得到机械的工时日报和工时统计值。工时日报将机械每天划分为工作片段、怠速片段、静止片段等,工时统计值包括机械的有效工时、怠速工时、出勤率、利用率等管理指标。

机械指挥官的 AIoT 工时自动统计技术方案,只需要安装智能终端 Z03 这一个硬件就可以实现 L1 级别的数据精度。当然也可以加装其他传感器提高工时精度,还可以加装摄像头进行录像取证。表 5-2 对比了基于智能终端多模态传感器的工时自动统计和基于摄像头视频监控的工时自动统计,可以发现前者更加可靠和易用。

智能终端 vs 摄像头 工时自动统计技术对比　　　　表 5-2

	智能终端	摄像头
技术原理	使用多模态传感器时序数据 AI 建模,对机械各时间点的工作状态进行分类识别	根据录像判定机械各时间点的工作状态。根据专家经验,建立图像分类 CV 模型

续表

	机械指挥官智能终端	车载摄像头
主要优势	1. 实际数据精度高； 2. 管理维护的人工成本低； 3. 极简安装，普遍适用	1. 数据报表有对应现场证据； 2. 可人工监控，可 AI 监控
主要劣势	数据报表缺少现场证据	1. 实际数据缺失多； 2. 安装、管理、维护成本高； 3. 对驾驶员不友好
工时数据误差	通常 < 2%	通常 > 20%
误差原因分析	1. IT 软件使用不规范（机械工作场景配错，机械类型填错等）：约 > 1%； 2. 环境干扰（已配置工作场景，但是又有意外干扰）：约占 0.5%； 3. 硬件故障：约占 0.3%； 4. AI 识别错误：约占 0.2%	1. 供电不稳定（电源线没接好，缺少外电等）：约 > 10%； 2. IT 软件使用不规范（功能点错、参数配错等）：约占 3%； 3. 硬件故障（黑屏、死机、重启、拍摄异常等）：约占 3%； 4. AI 识别错误：约占 2%； 5. 通信信号差（隧道、井下等）：约占 1%； 6. 环境干扰（黑暗、阳光或强光直射等）：约占 1%

5.3.2 核对工时数据

如果要达到 L2、L3 级别的智能化管理水平，在机械进场工作之后，需要对自动统计的工时数据再进行一轮检查，以确定数据精度是否达到要求。

建议在开工几天之后，筛选几台不同类型的机械（比如 2 台挖掘机、1 台双钢轮压路机、1 台汽车式起重机），在【机械列表】里找到抽查机械，点击【机械详情】，先检查机械的实时工作状态，检查是否和现场实际情况一致（图 5-15）。

图 5-15 机械实时工作状态

再检查机械的【工时统计】数据报表，与现场施工员人工统计的工时记录进行对比。图 5-16 是一个工时统计报表的例子，报表将一天 24h 划分为不同的工时、急速、静止片段。可以点击【导出表格】获得工时报表的数据，将其与手工记录进行核对。

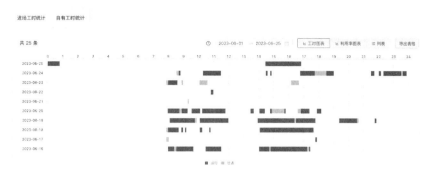

图 5-16 机械的工时统计报表

如果数据合理,与现场统计基本吻合,相差 2%以内,则验证通过。如果数据不合理,验证不通过,则需要向 IT 客服(机械指挥官客服)说明疑似数据异常的情况,包括机械详情和项目详情,由 IT 工程师做技术诊断。

如果是特殊机械类型或者特殊项目类型,机械指挥官工程师会对工时计算的 AI 算法参数做定制化调整,比如"怠速灵敏度""数据采集频率"等参数。经过参数微调,AI 算法自动统计的工时会更加准确。

如果是其他原因导致工时数据采集异常,需要做进一步诊断。如果是机械的工作场景特殊或者工地环境干扰大,有可能需要给机械加装油位监测仪 SP、工时监测仪 SD、姿态监测仪 SA 等硬件。

5.3.3 管理配置

如前文所述,AI 算法在计算机械工时的时候需要使用项目管理人员输入的参数,包括额定工时、工程部位、班次和时区、怠速报警时长等。

(1)额定工时:不同类型的机械额定工时不一样。在机械指挥官电脑端系统中,可以在【设置】中选择机械类型设置额定工时,如图 5-17 所示。

(2)工程部位:可以在【工程部位设置】里点击【新增】,选择项目名称,分别新增分类及工程部位,如图 5-18 所示。

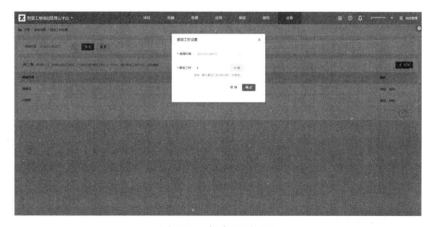

图 5-17 额定工时设置

图 5-18 新增分类及工程部位

如果使用机械指挥官系统给指定的工程机械派工，可以选择工程部位。对于在特殊工作部位完成的工时，项目方可以特殊结算，比如给工时绩效乘上系数。

（3）班次：班次工时统计可按每日、每月、自定义的方式查看项目进场机械的班次工时统计详情，可按照机械类型、机械来源、机械名称、所在项目进行搜索查询，可按图标或列表的方式展现，如图 5-19 所示。有多少班次可以自定义，以及每个班次的开始时间和结束时间都可以根据项目的管理要求进行定制化配置。

图 5-19 是一个三班倒项目的例子，设置了白班、中班、晚班三个班次。工时的统计报表中会将各个班次的工时片段区隔开。

图 5-19 班次配置（上）和分班次的工时报表（下）

（4）时区：对于在海外施工的项目，系统里可以配置项目的时区，系统会按照当地时间来自动统计工时日报。

（5）怠速报警时长：持续怠速很长时间（例如 30min 以上）很可能是异常情况（例如机手忘记熄火离开了、机手睡着了），需要人工干预。项目管理人员可以开启【持续怠速报警】（在【消息设置】的【报警设置】里找到【工作异常】），并在报警触发条件下设置持续怠速的时长，如图 5-20 所示。

通常的怠速报警配置方案为 30min。如果管理要求更加严格，可以设置为 15min。如果一台机械持续怠速超过这个阈值，就会触发报警，项目管理员的手机会接收到报警通知，从而进行必要的干预。

图 5-20　怠速报警时长配置

5.4　台班管理

工程机械的工时可以自动统计之后，机械的工作结算就可以基于工时台班（即工作量）来进行。管理方法很简单，只需要机械的驾驶员和施工员在每日工作完成之后共同确认工时台班，系统就可以自动生成机械的结算凭据。管理的载体就是基于 AIoT 的电子台班签证单。

5.4.1　电子台班签证单

电子台班签证单是对纸质单据的替代。以机械指挥官的台班签证功能为例，其是以物联网采集 AI 统计的工时数据为主，人工修正为辅的工时审批功能。

台班签证单通常由机械机手或者负责给机械派工的施工员创建，在手机端【应用】模块点击【台班签证单】，点击【新增】，选择日期，选择机械，添加工作记录（也可以添加加油记录和机械费用），完成提交（图 5-21）。

注意工作记录里工作时长是由 AIoT 物联网自动统计。如果需要调整工时，需要点击【增加工时】或者【减少工时】，并给出【调整理由】，作为未来的审计凭据。

图 5-21 台班签证单创建流程

工作记录里可以选填工程部位、工作内容、工作量等人工记录的管理信息。

台班签证单提交之后，需要经过完整的审批流审批通过才能被保留为机械工作结算的有效凭据。通常机手不需要手动添加审批人，而是由系统审批流自动发送给审批人。

注意，如果一台机械每天经过多个班次，每个班次由不同的机手操作，那么通常每个机手都会单独创建一个台班签证单，这台机械一天的工时会被自动分配在多个单据中。

5.4.2 审批流配置

台班签证单的审批流程通常是由项目上的现场管理人员（如设备管理员）和机械的机手共同创建、确认、提交，再由项目经理或者生产经理完成项目部的审批，最后再由公司成本部进行最后的审批。

审批流在系统中是可以配置的。通常，在开工之后，机械进场并且开始产生稳定的自动统计工时之后，项目管理人员就可以设置台班审批流了。在机械指挥官电脑端系统的【基础设置】里找到【审批流设置】，编辑【通用审批流程】，将项目经理作为第一审批人，再根据施工企业制定的流程，依次添加后续审批人。整个审批流即可以自动完成自上而下的一级一级的审批，如图 5-22 所示。

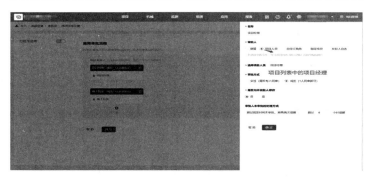

图 5-22 台班签证单审批流配置

图 5-22　台班签证单审批流配置（续）

除了通用审批流程以外，还可以编辑"条件审批流程"，对特殊的台班签证单做额外的审批。举例来说，工时超过 12h 的台班签证单，机手有超负荷工作的嫌疑，需要项目上管理劳务和安全的负责人做额外审批；对于人工进行了工时增减的台班签证单，可以增加现场监督人员作为额外的审批人，对单据上填写的情况进行核实。

图 5-23 展示了条件审批流程的配置过程：输入条件审批名称，点击【添加条件】，可以针对机械用途、台班结算方式、增加工时、实做小时等增加判断条件并设置条件触发的额外审批流程，允许包含多个审批人。每天新创建的台班签证单里，只要有触发了额外审批条件的，就会在通用审批流程之外，额外走一遍条件审批流程（图 5-23）。

图 5-23　条件审批流配置

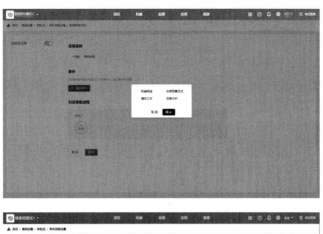

图 5-23 条件审批流配置（续）

当然，施工员和机手在创建台班签证单的时候，也可以额外添加审批人，帮助审批流顺利完成。

5.4.3 台班审批

审批流配置完成之后，每个新提交的台班签证单都会走一遍审批流程。

项目经理、生产经理、安全经理、公司财务等审批人员，可以在机械指挥官小程序里接收到台班签证单的审批申请，在【消息】模块的【审批】里进行管理。

对于每条台班签证单，需要核对内容，填写审批意见。如果同意，则签证单流转到审批流里更高一级的审批人。当所有审批人都同意之后，签证单就已通过审批，保留为财务结算的依据。如果签证单不能通过审批，审批人也可以撤销并填写撤销原因。

图 5-24 是一个台班签证单的审批过程。对于新项目，如果审批流是第一次配置，建议管理人员创建几个用于测试的台班签证单，走几遍审批流程，如果发现有不合理的步骤，可以及时修改审批流配置。

在台班签证单审批流可以满足日常的机械结算管理之后，施工企业就可以将基于 AIoT 的工程机械工作结算制度化，达到 L3 级别的智能化管理水平，实现经营结算的智能化。

图 5-24　台班签证单的审批流程

5.5 产量自动统计

工程机械的工作量管理指标除了工时台班以外,还有产量。对于施工技术难度不高但是需要考核机械与机手工作效率的工作,项目方可以把机械的产量作为管理指标。例如,简单的土石方工程中,项目方可以对挖掘机完成的土石方量进行考核,一天之内挖掘机挖出的土石方量越高,激励越高。

基于 AIoT 技术,施工现场只需要配置机械的工作场景,系统就可以自动统计各机械的产量和产能,为施工管理提供实时、准确、完整的数据,并达到 L2 级别以上的数据精度。

5.5.1 工程机械的产量

对于不同类型的项目、不同类型的机械,项目管理人员需要采用不同的产量统计指标和统计方法。例如:

(1)露天矿山采剥项目,矿卡的产量通常包括其完成的拉运趟数、重车里程、累积运达的矿石吨数等,图 5-25 展示了露天矿山挖掘、拉运的生产流程,图 5-26 是一个人工管理产量统计的纸质单据例子。

(2)铁路修建项目,汽车式起重机的产量通常是其完成吊装的次数和吨数。

(3)路面施工项目,摊铺机和压路机的产量通常是其完成的道路公里数和覆盖面积。

(4)房建项目,渣土车的产量通常是其拉运渣土的趟数和累积运出方量。

(5)市政施工项目,洒水车的产量通常是其洒水道路公里数以及有效喷洒的水量。

对 AIoT 系统来说,这些不同的工作内容和统计方法被称为机械的"工作场景"。系统为不同场景预训练了对应的 AI 模型,可以将物联网采集的数据计算为该场景需要考核的产量数据。

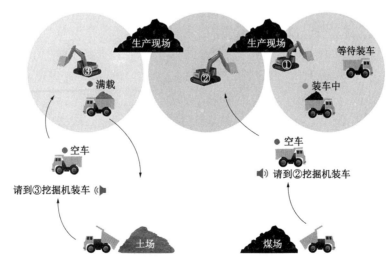

图 5-25 露天矿山生产流程图

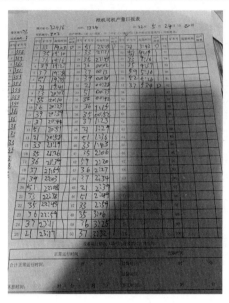

图 5-26 露天矿山的人工产量统计（示例）

5.5.2 机械工作场景配置

因为不同的施工类型需要不同的产量统计，对应着不同的机械工作场景，所以工地上的管理人员需要在每个新工作面开工的时候，给工程机械加装适配场景的辅助智能硬件（主要是测量产量相关的传感器），并在派工时在机械指挥官 IT 系统里配置好工作场景。机械指挥官 AIoT 系统会为指定的工作场景计算出对应的产量数据。

以常见的土石方施工场景为例，需要统计搬运的方量。传统的统计方法通常是对自卸车运输趟数进行计数，然后将趟数和自卸车额定方量相乘计算得到方量。运趟计数一般是由现场施工员在道路出入口给自卸车司机发放纸质单据（小票），然后再由统计员收集各司机的单据，汇总计算。人工手动统计成本高、易出错、效率低、缺少审计凭据。如果升级为使用 AIoT 技术来实现自动统计自卸车的运趟和方量，就可以显著提高管理效率，也可以减轻现场司机、施工员、项目部统计员的工作量。

基于 AIoT 系统，项目管理人员需要给每辆自卸车安装上通用的机械指挥官智能终端 Z03，再适配自卸车自动计趟场景，给每辆自卸车的车斗加装姿态监测仪 SA，给车底板簧加装载重监测仪 SL。SA 主要用于监测车斗的运动，SL 主要用于监测车身因为载重变化而产生的形变。AIoT 系统会将 SA 和 SL 多模态传感数据、智能终端 Z03 采集的运动传感数据、北斗定位数据等融合输入到 AI 模型，从而计算出自卸车的每一次运趟，包括装料、卸料、行驶轨迹等（图 5-27）。

图 5-27 自卸车自动计趟场景：至少需要安装 Z03、SA、SL 三款智能硬件

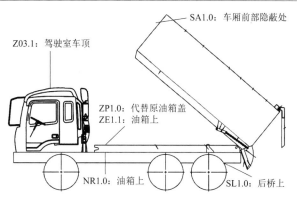

图 5-27　自卸车自动计趟场景：至少需要安装 Z03、SA、SL 三款智能硬件（续）

硬件安装完成之后，需要请机械指挥官 IT 客服检查自动计趟场景的配置。确认配置无误后，日常进行土石方施工时就不再需要人工计趟。现场的机手和施工员、项目部的统计员和项目经理，只需要每天检查系统自动生成的报表（图 5-28～图 5-30），进行查漏补缺即可。

在自动计趟基础之上，管理人员还可以配置自卸车的额定方量，系统会自动结合物联网采集数据与额定方量计算出每台自卸车和每台挖掘机的每日总方量，以及项目每日的整体产量。如图 5-31 所示，在【机械详情】的品牌型号和规格里填写即可。

图 5-28　自动生成的运趟报表案例

图 5-29　运趟明细案例：装料点、卸料点、轨迹点、重车里程、行驶轨迹等

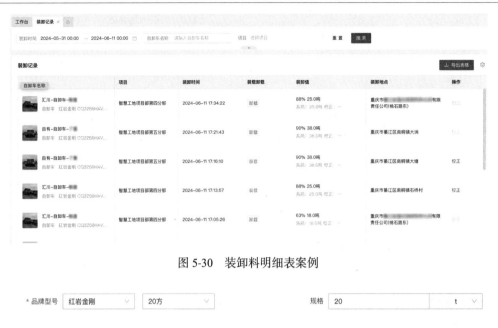

图 5-30　装卸料明细表案例

图 5-31　配置自卸车额定方量

需要补充说明的是，基于 AIoT 的方量自动统计，也可以使用基于计算机视觉的自动统计方案，例如使用无人机巡检或者固定摄像头矩阵采样，生成三维点云，再由点云推算方量，但是受到光线等环境因素影响，容易产生较大误差。另一种技术方案是使用电子地磅测量货物重量，再由重量来推算方量，但是地磅成本较高，无法大批量建设，就会造成工地现场很多自卸车在地磅前排队的问题，影响施工效率。所以本节推荐了机械指挥官的自动计趟技术方案。

除了土石方场景的搬运方量自动统计，已经较为成熟且高效的工作场景还有：市政洒水场景的洒水量和洒水路径的自动统计，露天矿山场景的挖掘量自动统计，油罐场景的加油与出油记录的自动统计等。每个场景所需要加装的智能硬件和对应的工作场景如表 5-3 所示，供读者参考。如果遇到特殊的项目类型需要特别的机械工作场景配置，可以咨询机械指挥官 IT 客服。

工作场景配置　　　　　　　　　　　　　　　表 5-3

项目类型	机械加装智能硬件	机械工作场景配置
土石方搬运	SL、SA	自卸车自动计趟
市政洒水	SP	洒水车管理
露天矿山采剥	SA、SL、蓝牙信标	车挖匹配 + 自卸车自动计趟
油田开采	SP	油罐管理
……	……	……

5.6　日常管理

在全面应用 AIoT 系统之后，工程机械施工的管理可以做到很大程度的自动化和智能化，至少达到 L1 级别的机械施工数据的自动采集和展示。如果能进一步做到机械详情录入准确，机械工作场景配置正确，台班签证单等管理流程规范，就可以达到 L2、L3 级别的数据精度。

不过要实现 L2 级别即现场管理的智能化和 L3 级别即经营结算的自动化，还需要在日常管理中制定合理的规章制度，包括定期执行人员考勤、机械点检、机械维保、资产盘点等。特别是对机械和机手的行为制定合理的奖惩制度，定期对机械施工过程中的各种异常问题进行惩罚和复盘，对机械施工过程中的优秀表现予以奖励，可以达到很好的管理效果。

5.6.1 异常报警管理

AIoT 系统可以全程自动监控机械施工的各种异常问题，项目管理人员可以灵活地配置异常检测规则和报警规则，抓住不良行为，及时通知到对应的施工管理负责人。

机械工作异常报警的类型包括但不限于：

1）持续怠速

基于本书第 5.3 节中介绍的持续怠速报警配置，AIoT 系统可以将持续处于怠速工作状态的机械通知给管理人员。当通过微信接收到报警时，应当与现场机械人员及时沟通，并在小程序报警通知里及时反馈报警处理结果。

2）闲置机械过多

当工程机械处于静止状态过久时，被视为闲置。如果项目上闲置机械过多，将会触发闲置报警。当接收到闲置报警时，应当与项目相关人员核对现场情况。对于闲置过久的自有机械，应当汇报给企业总部，由总部优化调度；对于闲置过久的租赁机械，可结合现场情况采取管理措施，例如退租部分机械。

3）驶出电子围栏

项目管理员可以通过在地图上画出虚拟的电子围栏来监控工程机械的工作地点。如图 5-32 所示，电子围栏可以是任意形状的地理范围，也可以是地图上的若干道路组合。

对于驶出电子围栏的机械，管理员接收到报警后应当与现场核实情况，对于不明原因离开项目的机械需要进行惩罚。

基于电子围栏，施工企业还可以实现机械的自动进退场。例如，一个城区内同时开工多个房建项目，一支渣土车队可能同时在多个项目里工作。在机械指挥官系统里可以给每个项目画好电子围栏，车辆进入哪个项目的围栏就自动在该项目进场。

4）违规卸料

基于电子围栏，AIoT 系统还可以对特定的运输类机械的货物安全进行监管。例如，混凝土搅拌运输车和运送货物的自卸车，如果在道路围栏之外进行卸料，就会触发违规卸料报警。管理员接收到报警之后，应当立即联系驾驶员和现场施工员，及时干预。

5）违章行驶

基于 AIoT 实时采集的车辆行驶数据，管理人员可以接收到车辆的各种违章报警，包括超速行驶、超载运输、渣土车右转不停车等。对于此类报警，应当立即联系驾驶员，做出必要的整改。

图 5-32　画电子围栏

6）脱离监测（离线）

如果工程机械接入物联网的状态异常，可能会造成机械离线，也就是脱离监测。IT 系统管理员可以打开相关的报警，当机械发生离线时，及时响应。

机械离线的可能原因和处理方案有：

（1）机械移动到了网络信号差的区域（盲区）：无须干预，等待机械移动到其他区域工作，盲区数据就会自动补传到系统中。或者有其他运输类机械路过盲区时，工程机械自组织网络会将盲区机械的数据通过运输机械传到系统中。

（2）物联网智能硬件低电量：如果智能终端 Z03 被尘土完全掩埋了几个月（图 5-33），那么智能终端就会因为电量不足而长期休眠，造成机械离线。这种情况，需要通过充电线给设备进行充电，充好电之后再重新安装使用。

图 5-33　被尘土掩埋的智能终端 Z03

日常管理应当加强机械的点检和维保，清理尘土。

（3）物联网智能硬件安装异常：例如智能终端 Z03 从底壳中脱落了，需要现场人员把终端重新插拔安装；油位监测仪 SP 的上传感器掉落到油箱中了，需要现场人员拉拽传感器的绳线将传感器捞出来重新安装等。

（4）物联网智能硬件故障：如果智能终端或者监测仪出现故障，那么机械指挥官小程序会将硬件的图标"变红"，项目管理人员可以求助 IT 客服对硬件进行诊断和维修。

（5）IT 系统配置错误：例如填错了机械类型、配错了机械的工作场景等，导致 AI 模型无法正确识别机械的工作状态，需要现场管理人员检查机械指挥官系统里的配置信息，及时纠错。

7）智能硬件被拆除

还有一种极端情况，就是有人将 Z03 智能终端从机械拆除并丢弃。AIoT 系统会监测到拆除动作并发送报警通知。如果发现此种情况，需要项目管理员通过硬件的定位数据来找回丢失的设备。

注意，如果管理员怀疑智能硬件的故障、安装异常、被拆除可能是人为破坏，就应当和现场机手、施工员、安全员等一起调查取证，想办法找出硬件问题的真实原因。如果发现了违规破坏者，应当立即予以严格的惩罚。如果是项目内部人员或者外包施工人员有意对抗项目部的管理，那么可以根据管理制度进行罚款或解约。

有些紧急的异常报警需要及时干预，例如机械违规卸料或违章行驶的行为。特别是油位异常报警（疑似发生了偷油或漏油），需要及时响应，我们会在本书第 6 章详细介绍。大多数异常报警，可以在机械指挥官系统的【报警信息统计】界面（图 5-34、图 5-35）进行管理，定期检查复盘。

施工企业和项目部可以根据工程机械的日常管理制度来合理配置各类异常报警，对于紧急的报警可以增加电话报警，对于不紧急的报警可以只接收站内信和微信推送，如图 5-34 所示。

对于长期（比如 3 个月）没有报警或者报警次数很少的机械，应当对相关人员进行表彰和奖励。对于报警过于频繁的机械，应当对相关人员进行惩罚。如果异常报警过多，应当要求其退场。

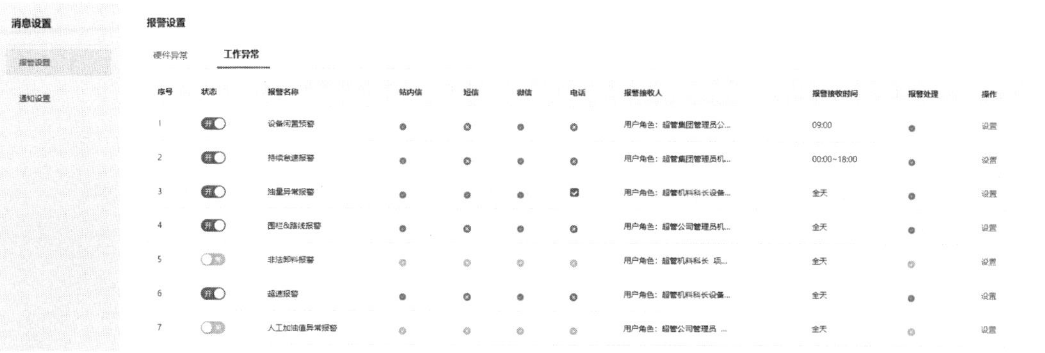

图 5-34　机械工作异常报警设置

图 5-35　报警信息统计

5.6.2　考勤和出勤管理

工程机械的日常管理工作里，还包括机械机手（驾驶员）的考勤和机械出勤率的考核。对于考勤不达标的人员，应当做出必要的惩罚；对于出勤率过低的机械，项目部需要考虑对管理方法和结算方式进行优化，还可以进一步对施工工序以及派工调度做改进。

为了防止考勤作弊，机手在使用机械指挥官手机小程序上班打卡时，手机蓝牙会自动与机械上安装的智能终端 Z03 进行连接，如果连接失败，则不能完成打卡。机手在打卡时也需要对机械拍照并上传到打卡记录中（图 5-36）。

图 5-36　人员考勤打卡

管理员可以在机械指挥官 IT 系统的【考勤统计】里检查各个机械及驾驶员的日常打卡记

录,并且与 AIoT 自动采集的工时进行核对。对于不符合考勤规范的机械驾驶员,例如忘记打卡、打卡时间过于随意、打卡上班时间段与物联网数据偏差过大等,应当给予必要的警告;如果发现确有过多的缺勤,或者有过多的错误行为,应当对机手做出罚款等惩罚措施(图 5-37)。

打卡人	项目名称	机械名称	打卡日期	打卡时间	终端记录时间
A	2019年沥青养护	沥青-洒布车-002/粤BGV544(09418)	2023-02-03	上班: 07:26:00 下班: -	开始: 11:32:44 结束: -
B	坑梓仓库	沥青-摊铺机-001/ABG423(10245)	2023-02-03	上班: 07:26:00 下班: 09:13:00	开始: - 结束: -
C	2019年沥青养护	市政-拖头车-001/粤BCG398(02641)	2023-02-03	上班: 07:26:00 下班: -	开始: 14:32:35 结束: -
D	2019年沥青养护	市政-压路机-015/HD10CVV(05987)	2023-02-03	上班: 07:26:00 下班: -	开始: - 结束: -
E	2019年沥青养护	市政-摊铺机-008/P8820C(10292)	2023-02-03	上班: 07:26:00 下班: -	开始: - 结束: -
F	2019年沥青养护	市政-压路机-017/HD10CVV(05926)	2023-02-03	上班: 07:26:00 下班: -	开始: - 结束: -
G	2019年沥青养护	市政-铣刨机-003/W2000(00480)	2023-02-03	上班: 07:25:00 下班: 16:22:00	开始: 07:29:01 结束: 10:43:24

图 5-37 考勤统计

机械出勤率是由 AIoT 系统自动统计。项目管理人员可以对比各个机械的出勤率,找到出勤率不合理的机械。关于出勤率分析和根据出勤率做优化管理的方法在本书第 5.8.4 节"机械工作效率分析"介绍。

5.6.3 机械点检和盘点

让机手和施工员养成对工程机械进行日常点检的习惯非常重要,可以降低安全隐患,降低维保成本,提高机械工作效率和使用寿命,最终提升整体项目的施工效率(图 5-38)。

在机械指挥官系统可以进行【日常点检设置】,对不同的机械类型设置不同的点检项。

图 5-38 日常点检设置

图 5-38　日常点检设置（续）

机手和施工员可以根据项目规定，定期在手机小程序里打开【日常点检】，对自己操作的机械进行逐项点检，填报点检报告，特别是点检中发现的异常问题一定要填报（图 5-39）。

图 5-39　日常点检

项目管理人员可以定期进行点检统计，检查点检报表中有异常机械的详情，及时对有异常的机械进行维保，及时调整排班，更换其他机械来完成工作（图 5-40）。

通过点检，可以随时发现机械故障问题，及时对机械进行维修。AIoT 系统根据物联网采集的机械施工数据，还可以在不需要消耗人力的条件下发现机械疑似故障或者需要维保的情况，节省机械管理的人力，提高机械维保的效率。我们在本书第 7 章中会介绍机械的智能维保方案。

除了日常点检、按需维保，项目管理人员还应该定期对自有机械（以及租赁机械）进行资产盘点，确认机械的管理状态正常，并且支持财务审计。

如图 5-41 所示，管理人员在手机小程序可以完成各机械的盘点，对没有问题的机械只需要检查机械台账点击确定即可，对于有问题的机械则需要填写机械异常信息。在机械指挥官系统的报表里，施工企业和项目部领导可以随时检查工程机械类资产的盘点记录和盘点结果。

第 5 章　工程机械 AIoT 智能施工管理：工作结算

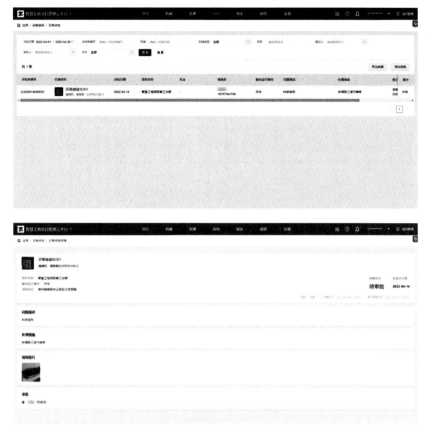

图 5-40　日常点检报表（上）和点检详情（下）

图 5-41　资产盘点

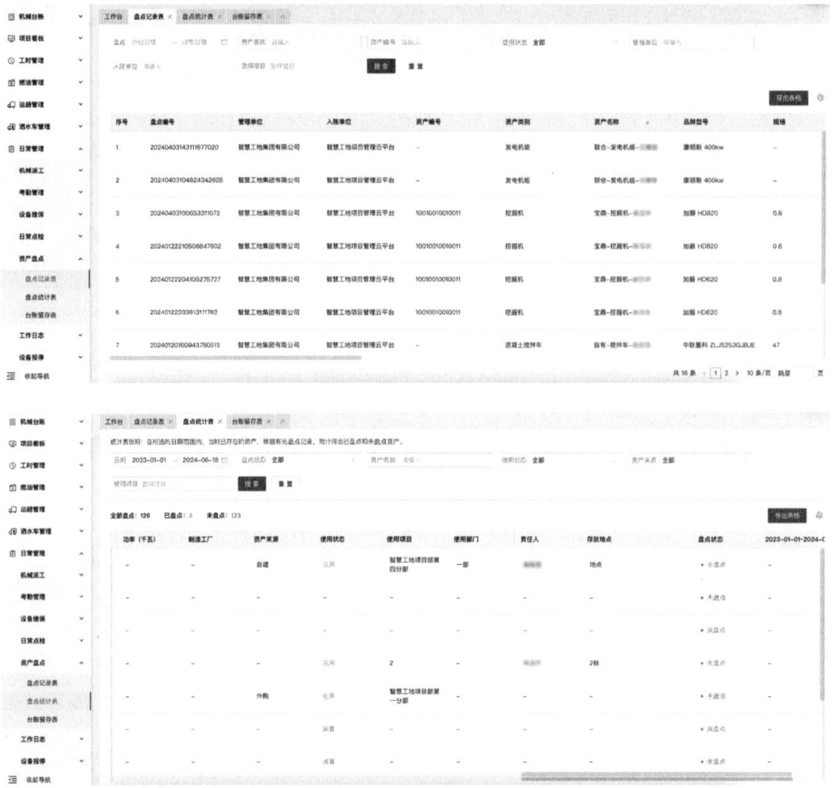

图 5-41 资产盘点（续）

盘点的频次低于维保和点检，但是重要程度高，在日常管理中不可忽视。

5.7 退场结算

5.7.1 结算单

当项目和施工企业已经成熟应用 AIoT 系统来管理机械工时之后，就达到了 L3 阶段，可以几乎无人化和智能化地完成工程机械的财务结算和劳务结算。

工程机械完成工作之后，只需要在机械指挥官软件系统里的【结算管理】模块找到【结算单】，即可导出结算凭据，如图 5-42 所示。

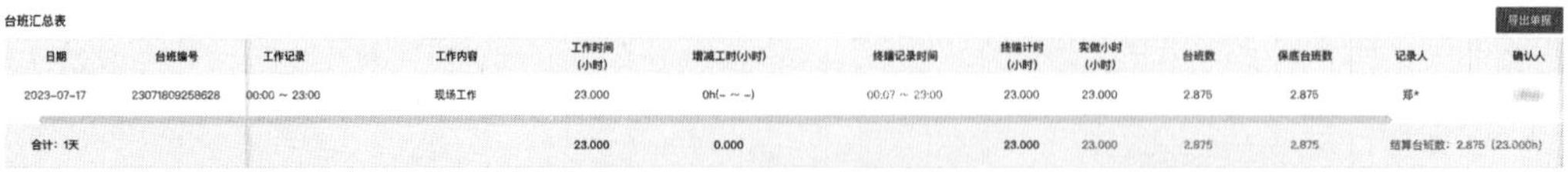

图 5-42 机械台班结算单案例

项目部或者施工企业的财务人员可以将结算单导入财务系统作为凭据，完成后续财务结算流程。

结算动作可以定期操作，也可以在机械退场的时候一次性操作。

如果在结算过程中产生纠纷，例如机主或者机手主张 AIoT 自动统计的工时台班有缺失，可以请 IT 客服到现场做数据验证实验，通过实测验证，让工地现场人员都认可采用物联网数据为管理指标的 L3 智能化管理。

5.7.2 退场

机械退场的流程较为简单，现场管理人员打开机械指挥官手机端小程序，扫描机械车身上的机械二维码，或者在【机械】模块找到要退场的机械，点击【机械退场】。根据实际情况填写好退场油量等信息，建议对机械外观进行拍照上传，作为审计凭据。点击【确认退场】，即完成了关于工程机械的项目施工的全生命周期管理。

对于租赁和借调的机械，退场时可以将物联网智能硬件拆下保留在项目设备库房，未来可以安装在新进场的其他机械上。拆除硬件的同时，需要在机械指挥官小程序里完成【解绑】操作，如图 5-43 所示。

图 5-43　机械退场，硬件解绑

如果是自有机械，或者机械要进场公司的其他项目，则不必拆除物联网硬件。机械退场之后的行驶、工作、能耗等都不会计算在本项目的经营报表里，机械在本项目中的结算单据也就被视为固定不变了。

5.8　机群管理

以上各节讨论的主要是对单个工程机械及其机手的管理。项目部和上级施工企业还需要对项目所有机械以及跨项目的所有机械进行统计性的数据汇总和分析，从中发现有问题的项目、机械、调度、流程等，进行管理优化。

基于 AIoT 实时采集的各机械的施工数据，经过大数据聚合和算法分析，就可以成为决策层进行机群管理的数据依据。

以机械指挥官的项目管理 IT 系统为例，施工企业管理者可以总览机械台账列表，也可以点击查看机械详情，以及机械运转情况汇总、工时台班统计、工作效率分析、自定义报表等机群施工大数据。

5.8.1 项目机械审计

如图 5-44 所示，在【项目看板】界面，可以检查进场机械的数量、入网情况、机械类型分布等。如果发现机械入网特别少，可以安排现场人员检查机械的物联网终端安装维护情况，如果有漏装的机械需要补装。如果机械类型分布异常，可以和施工员核对项目进度和施工方案。

还可以检查机械开工率、出勤率、利用率，如果这几个数字有不合理的低下，需要项目经理关注机械施工管理。

另外，机械报警的汇总分析一目了然，高层管理者可以及时处理。

最后，油耗趋势也是可以关注的，详见本书第 6 章。

图 5-44　项目看板

如图 5-45 所示，管理人员可以在【机械列表】里检查项目所有机械的信息和实时状态，包括当前正在工作的机械，以及之前曾经入场工作过现在已经退场的机械。对于无效的假机械、信息填写错漏的机械、重复填写的机械、实时状态异常的机械，管理者都可以及时发现并要求纠正。

图 5-45　机械列表

5.8.2 地图监测

在机械指挥官系统里的【地图监测】界面，可以直观地在地图上以"鸟瞰图"形式纵览整个项目上所有机械的实时工作地点，观察运输车辆的行驶动态，帮助项目经理和施工员更好地做现场指挥。管理人员还可以对机械进行筛选和定位，迅速找到有异常状况的机械以及需要立即管理的机械，然后就可以派出人员借助地图导航到达机械所在处（图 5-46）。

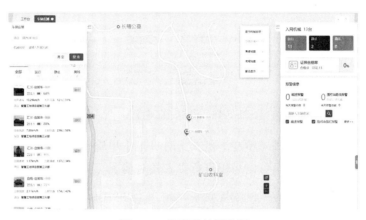

图 5-46　机群的地图监测

在基于 AIoT 实现地图监测的基础之上，施工企业和项目部还可以更进一步探索 L4 级别的车辆智能调度，实现实时的施工效率提升，我们会在本书第 7 章展开介绍。

5.8.3 机械工作审计

除了对机械基本信息做检查，还可以对 AIoT 系统采集、大数据聚合的机械工作量汇总报表做日常审计。

例如，在【机械日报】界面，检查各台机械的工时是否正常。如果是运输类机械，检查里程是否符合预期（图 5-47）。如果有安装油位传感器，检查加油量、耗油量、平均油耗的数值是否正常（详见本书第 6 章）。

图 5-47　机群的机械日报

在【工时统计】，可以可视化地检查和对比每台机械的工作内容时间线。机械每日的工时片段、怠速片段、静止片段，可以一目了然。如果有明显不符合预期的情况，比如某台机械的蓝色工时太多疑似超负荷，或者某台机械的黄色怠速太多疑似耽误进度，可以及时与施工员和驾驶员核对。

工时统计除了机群日报以外，还可以按照周、月进行汇总统计分析（图5-48）。

图5-48　机群的工时日报

如果设置了班次，可以进一步在【班次工时日报】里检查参与各班次工作的机群的工时分布。对于有异常的班次，可以与领班负责人核对情况（图5-49）。

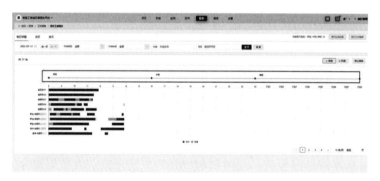

图5-49　机群的班次工时日报

与工时统计类似，【机械台班统计】汇总了项目机群的每日的工时台班。如果发现某机械某天台班数量不正常，可以及时联系机械驾驶员和台班审批人进行核查（图5-50）。

图5-50　机群的机械台班统计汇总

5.8.4　机械工作效率分析

机群管理的高级阶段是针对工作效率问题进行管理优化。在【工作效率分析】界面中，可以对项目和机械类型做效率分析。对于闲置率高的项目，可以研讨是否需要退租一些利用率低的机械。对于出勤率低的常规机械类型，可以研究施工方案的机械工序是否合理；如果租赁市场上此类机械供应充足，可以考虑退租一些机械，等到需要密集使用此类机械时再重新租赁进场（图 5-51）。

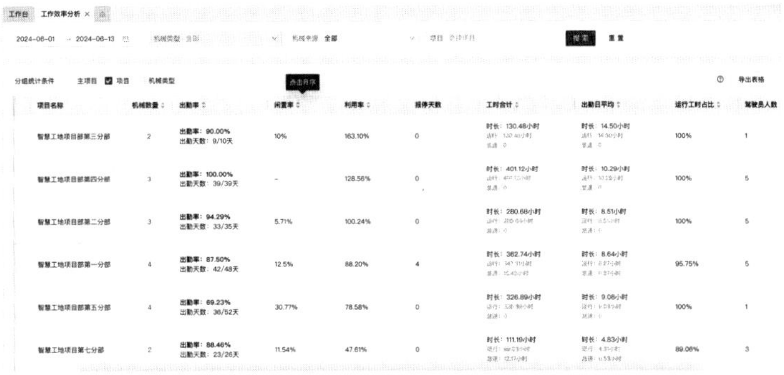

图 5-51　工作效率分析

项目部也可以使用【自定义报表】功能，将物联网采集的机群工作数据按照需要考核的维度进行聚合分析。这需要管理人员合理地设计效率分析的指标，再通过【自定义报表设置】功能设置报表的维度、指标、排序规则、查询项（可以搜索）、汇总行等（图 5-52）。

图 5-52　自定义报表设置

自定义报表设置成功之后，就可以按照自己的效率分析需求得到分析数据，用于支持机群施工效率的分析和管理（图 5-53）。

图 5-53　自定义报表案例

注意，本节所提到的功能只是机械施工效率分析和优化的初级阶段。更高级的机械工作效率分析和管理优化就要深入到对工程机械调度指挥的细节管理之中，也就是要达到 L4 阶段的智能化管理。目前绝大多数项目都还处于 L4 的探索阶段，本书第 7 章我们会对其中一些实践成果做展开讨论。

5.9 制度化应用基于 AIoT 的机械工作结算

随着 AIoT 系统在工程机械结算管理中的深入应用，施工企业可以逐步将以上的实施流程和管理方法形成规章制度，将试点项目的成功经验复制到所有企业全球各地的项目之中。制度化的应用基于 AIoT 的机械工作结算，就说明机械施工的智能管理已经达到 L3 级别，是当前施工企业能达到的最高水平了。

本书附录 3 是一家采用了 AIoT 智能化管理的施工企业根据自身经验制定的工程机械信息化管理规章制度文件，供读者参考。

5.9.1 管理水平分析

施工企业可以定期使用【分析报告】功能生成机械施工管理数字化分析报告，由大数据和人工智能（AI）帮助企业分析机械施工管理的数字化水平和效果，并提出改进建议。

如图 5-54 所示，只需要新建分析报告并选择好数据时间段和数据源，即可生成一份图文并茂的分析报告，附录 4 是一个报告案例。

图 5-54　创建分析报告

除了文档式的分析报告，决策层还可以获得直观的机械施工管理健康指数，从机械信息完善度、机械工作效率、燃油管理质量、现场管理方法、系统管理规范性等维度量化地评估施工企业和具体项目应用 AIoT 管理机械工作的水平。

如图 5-55 所示，这个项目在报警处理和 IT 系统登录率方面做得较差。管理层可以和项目经理进行沟通，加强日常工作中使用 IT 系统的规范性。

第 5 章　工程机械 AIoT 智能施工管理：工作结算

图 5-55　施工管理健康指数（示例）

5.9.2 管理优化

随着智能化管理水平逐渐接近 L4 级别,施工企业就可以对管理方法进行系统性的优化。

案例一:对于租赁机械,基于 AIoT 进行工作管理之后,可以先对日租和月租的机械进行监管,获取机械每日每月的有效工作时长。经过初期数据采集(1~3 个月)之后,再对比台班结算和包月(包日)结算的投入产出比。如果按照工时台班结算更经济,则可以将包日、包月的租赁方式改为按照工时台班来结算。改变租赁方式之后,通常可以使项目的机械租赁成本显著下降。

案例二:对于自有机械,基于 AIoT 进行进退场管理和绩效考核之后,首先可以解放管理人力,不再人填手录。之后在更多项目中采用 AIoT 管理自有机械的工时,施工企业可以进一步统计分析各种不同类型的项目对不同类型的机械的额定需求,例如路面施工项目在项目后期需要压路机但是前期和中期不需要。依据这些数据,施工企业可以优化工程机械在各项目之间的流转效率。

当然,基于 AIoT 积累的大量数据,项目施工管理中可以优化的内容还有很多,本书无法一一列举,也无法进行充分的实践验证,只能举两个被很多施工企业成功应用的优化策略(上述案例一和案例二),希望能给读者以启发。更多的优化动作和效益成果,有待读者以及施工企业管理者们在实践中共同探索和获取。

5.9.3 业财 IT 系统集成

如前文所述,工程机械的工作结算流程中,财务人员通常需要将机械的结算单据从机械指挥官系统中导出,再导入财务(支付管理)、业务(项目管理)、劳务(人事管理和薪酬管理)等 IT 系统,然后来完成后续的租赁结算、绩效结算、劳务结算等工作。

这种人工在不同软件系统中导数据的工作,效率较低,容易出错,在当前数字化和智能化的浪潮中,是即将被淘汰的工作方法。各种 IT 系统互相打通,融为一体,打破数据孤岛,形成企业智能化管理的数字大脑,是时代的趋势。

机械指挥官软件系统提供了遵循 OpenAPI 3.0 协议的开放数据接口,可以将 AIoT 系统采集的机械施工数据和项目管理以及财务等 IT 系统进行无缝集成。业务和财务系统可以定期读取所有机械的工时报表、台班报表、考勤报表、异常报警报表等,用于自动化地支撑项目管理和财务结算的各项工作。

机械指挥官标准接口文档可扫码获取(图 5-56)。

图 5-56 机械指挥官标准接口文档

第6章

工程机械 AIoT 智能施工管理：油耗监管

工程机械 AIoT：
从智能管理到无人工地

与工作结算相似,能耗监管,特别是油耗监管,是工程机械施工管理的另一项重要工作。

工程机械使用的燃油,通常包含各型号柴油,在日常工作中会持续大量地被消耗,负载越重的工作燃油消耗越大。燃油成本通常占到机械施工成本的 20%~50%。而工地现场燃油的跑冒滴漏问题较多:除了怠速工作会造成燃油浪费以外,加油量填错也会造成油耗成本虚增,还会出现有人偷油的犯罪行为产生油耗损失。

基于工程机械 AIoT 技术,我们可以使用 IT 系统(如机械指挥官项目管理系统)来实时监控项目中各机械的油位油量,实现智能化油耗监管。机械指挥官的油耗监管系统通过物联网将机械油箱的传感器监测数据发送到智能终端,再由智能终端汇总其他传感器数据,通过边缘计算和云计算的 AI 算法模块,实时计算得出机械的实时油位,进而统计出精准的耗油量。同时,AI 算法会自动监控机械油耗,及时发现油位异常下降、机械油耗效率低下等问题,并通知机械指挥官系统给机械管理人员发送报警。

基于 AIoT 准确计算工程机械的油量曲线、加油记录、百公里油耗等数据之后,项目管理人员就可以使用实时监控、日常巡检、统计报表等功能来监管项目油耗,可以建立规章制度来约束机主、驾驶员、燃油供应商、其他项目人员对于燃油的使用,提高工程项目的油耗效率。

一个完整的工程机械油耗监管流程,包括指挥官软件部署、项目管理软件系统设置、指挥官智能硬件安装、油耗监管配置、机械进场管理、初次油位标定、油位和油量数据检查、前 3 次加油登记、油耗数据准确性优化、日常油耗监管、向领导汇报机械油耗数据、机械退场管理以及财务系统集成等环节。

(1)需要进行机械指挥官 IT 系统的软件部署,确保软件能够正常运行。随后,进行系统设置,确保企业和人员信息正确。

(2)将指挥官智能硬件安装到工程机械上,实现对机械的实时监控。

(3)在硬件安装完成后,需要进行油耗监管配置,以确保监管系统能够准确地获取机械的油耗数据。

(4)进行机械进场管理,录入机械台账,并进行初次油位标定。如果有条件,可以对油位和油量数据进行检查。

(5)进行前 3 次加油登记,以便对油耗数据进行准确性优化。

(6)在优化完成后,进行日常油耗监管,对机械的油耗情况进行实时监控,并及时发现问题。

(7)需要向领导汇报机械油耗数据,以便领导及时了解机械的使用情况。

(8)在机械使用结束后,需要进行机械退场管理,并将机械的使用情况及油耗数据进行整理和归档。

(9)将油耗数据与财务系统集成,实现对机械使用成本的精确计算。

以上就是一个完整的工程机械油耗监管流程,通过这个流程可以实现对机械的全面监管和精确计算,为企业的节能减排和成本控制提供有力的支持。

如本书第 4 章所述，油耗监管的智能化水平 L1 级别是指低成本地加装智能硬件，就可以立即采集与展示各油箱的油位数据，让管理人员能直观看到燃油的情况；L2 级别则需要投入一些管理人力，通过规范加油动作，制定奖惩制度，抓住跑冒滴漏，提升现场管理的智能化水平；L3 级别对油箱标定的质量要求较高，可能需要使用加油标定车等专业技术手段来提升油耗数据的精度，进而支持财务结算和燃油管理优化。读者在参考使用本章的油耗监管方案时，可以根据实际情况，从 L1～L3 逐步提升管理力度，最终达到机械施工油耗效率的最大化。

6.1 IT 系统配置

在完成本书第 5 章关于项目管理的基础之上，项目 IT 人员几乎没有额外的管理成本，就可以即刻开始给机械加装油位监测仪传感器正式进入基于 AIoT 的全自动油耗监管流程了。

当然，IT 人员还可以额外做一些配置来加强机械的油耗监管。一个常用的配置是【标准油耗设置】，如图 6-1 所示。

图 6-1 标准油耗设置

基于历史项目经验，管理人员可以对特别关注的机械设置预期的标准每小时油耗以及标准百公里油耗。这样，当该机械的油耗与预期标准值偏差过大时，AIoT 系统可以自动抓取到证据，便于后续的管理动作。

施工企业和项目部通常是在进入 L2 级智能管理阶段之后，才开始采用标准油耗来加强管理各机械的油耗。在项目刚开始油耗智能化监管的初始阶段，可以不必做此项配置。

另一个比较常用的配置是加油手工登记审批流，适用于 L3 级别的智能管理，也就是智能化的经营结算，如图 6-2 所示。

图 6-2　加油手工登记审批流

审批流配置方法和台班签证单审批流配置方法类似。如果管理员打开了加油手工登记审批流，那么在日常加油管理时，现场人员手工登记的加油量只有在审批人审批通过之后，才可以作为财务结算的凭据，详见本书第 6.4 节。

6.2　进场机械加装硬件

要实现机械油耗的智能监管，主要的工作就是给机械的各个油箱加装油位监测的 AIoT 智能硬件。可以在进场验收阶段和智能终端一起安装，也可以在机械完成进场之后随时补装。

6.2.1　安装油位监测仪

在完成本书第 5 章关于进场验收工作的基础之上，油位监控还需要额外的辅助传感器和智能终端 Z03 的自组织网络来共同完成。其中，必须要安装的传感器是油位监测仪 SP，如图 6-3 所示。

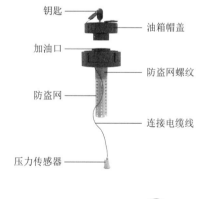

对大多数类型和型号的工程机械来说，安装 SP 的过程是较为简单的。

首先，打开原车油箱盖并取下，若有自装防盗网也一同取下，如图 6-4 所示。

观察油箱口的尺寸，选择合适的三齿卡扣来做垫装。一般油箱口适配小卡，对于大油箱口需要将小卡换成大卡，如图 6-5 所示。

将油位监测仪的探头，也就是压力传感器部件，从油箱口垂直地慢慢放入油箱。大多数油箱的材质都是含铁金属，所以探头的磁吸能力会确保探头固定在油箱的底部，如图 6-6 所示。

图 6-3　油位监测仪 SP 及安装配件

注意要避免下放过程中探头移动到油箱的侧边，或者被隔板卡住导致不能沉底。如果探头不在油箱底部，是无法准确测量油位和油量的。

图 6-4 取下原油箱盖

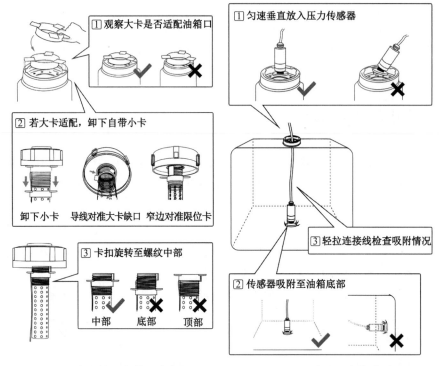

图 6-5 在油箱口安装三齿卡扣　　图 6-6 放入压力传感器

对于特殊油箱材质,比如铝制油箱,需要在油箱外侧的底面加装额外的磁铁配件,通过磁铁将探头固定到油箱底部,如图 6-7 所示。如果没有磁铁辅助固定,传感器会在施工过程中随着振动而产生较大的位移,这样 SP 测量出的油位就会有很大的波动,即使 AI 算法对波动有补偿也无法消除这种波动带来的测量误差,会使机械管理人员误以为油箱出现异常。

在确定探头已经安装好之后,就可以安装油位监测仪的加油口部件。将加油口垂直慢慢放入油箱口,再使用套筒扳手拧紧,就可以长期牢固地安装在油箱上,时刻监控工程机械的油位和油量。安装步骤如图 6-8 所示。

注意 SP 的加油口部分是带有防盗滤网结构的,可以防止人员从加油口偷油。

第 6 章 工程机械 AIoT 智能施工管理：油耗监管

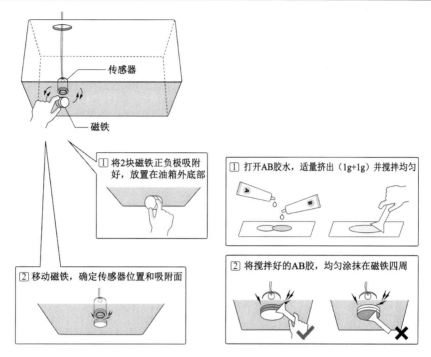

图 6-7 使用磁铁配件将压力传感器固定在油箱底部

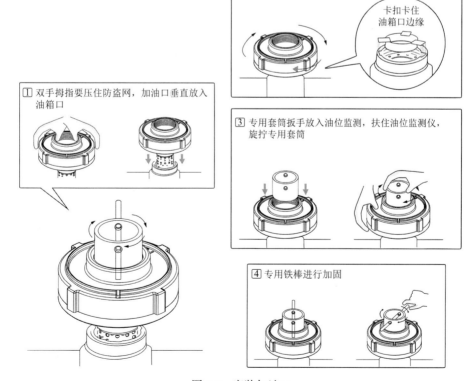

图 6-8 安装加油口

确认加油口已经安装好之后，就可以盖上防盗油箱盖，顺时针拧紧，用钥匙锁起来，就完成了油位监测仪 SP 的安装，如图 6-9 所示。

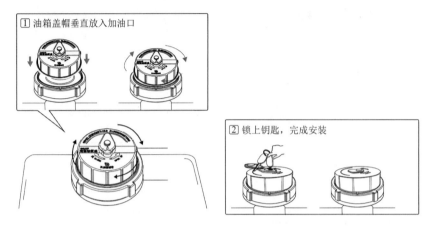

图 6-9　盖上并锁上油箱盖

油位监测仪 SP 有多种不同的型号，以适配各种不同的工程机械。本节是以最常用的智能油箱盖 SP1 作为案例，还有微型油位监测仪 SP2（图 6-10），可以安装在油箱口很小的机械、油罐、发电机等设备上；以及船舶油位监测仪 VSP1，可以安装在工程船等船舶的大型燃油日用柜和储油舱中。

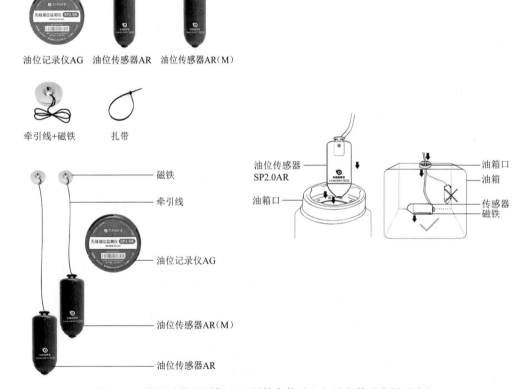

图 6-10　微型油位监测仪 SP2 硬件套件（左）及安装示意图（右）

注意，如果这台工程机械有多个油箱部件需要同时监测，则需要给每个油箱加装一套油位监测仪。例如一台工程船内有 2 个日用柜和 1 个储油舱，那么至少需要安装 3 套 VSP 或 SP。

6.2.2 机械绑定智能硬件

如本书第 5 章所述，机械进场验收的管理工作较多，需要在 IT 系统中创建机械，录入台账，再通过扫描智能终端 Z03 的二维码，将机械与智能终端绑定。

对于加装了油位监测仪，需要油耗监管的机械，还需要给机械额外绑定油位监测仪。绑定 SP 的操作方法和绑定 Z03、SA、SL 类似，只需要扫描油位监测仪 SP 上的二维码即可，如图 6-11 所示。

图 6-11 扫码绑定油位监测仪

如果这台机械有多个油箱部件需要同时监测，那么就需要在机械指挥官小程序里为机械创建多个油箱部件，例如主油箱、副油箱 1、副油箱 2，然后给每个油箱部件单独做扫码绑定。为了操作简便，机械指挥官小程序也允许先扫码再填写油箱部件信息，也就是在绑定页面连续给多套 SP 扫码，每扫描一套 SP，就提示现场管理人员给机械添加一个油箱。

如果该机械的多个油箱部件之间有通过管道连通，那么需要在副油箱的连通性上选择"直接连通"或者"带阀门连通"，根据实际情况填写即可。

第 5 章中提到过机械铭牌信息，以及机械类型、品牌型号的正确录入对于 AIoT 系统的大数据积累很重要。这是因为 AIoT 系统会为每个油箱构建一个油箱 AI 模型，这个 AI 模型根据多模态物联网传感器采集的各项数据来计算油箱内的实时油位和油量值。因为机械指挥官大数据系统已经积累了大量机械的油箱 AI 模型，所以对于多数新进场的机械来说，可以直接使用与其有着相同类型、品牌、型号、年份的其他机械的油箱模型，而不用额外做油箱标定。如果机械铭牌信息填写错误，可能会"张冠李戴"让 AIoT 采集数据跑偏，或者至少对 AI 模型产生误导，带来不必要的油位数据误差以及错误的油位异常报警。

机械指挥官小程序集成了可以自动读取机械铭牌的图像识别 AI 算法，现场管理员只需要正对机械铭牌拍摄一张高清照片，将照片上传即可。系统自动读取机械铭牌并将铭牌信息填写到机械台账之中。图 6-12 是机械进场验收时直接对铭牌拍照，小程序自动填写的示例。AI 自动识别出机械类型为装载机，品牌为卡特彼勒，型号为 950GC，还会记录其生产年月为 2017 年 3 月等信息。

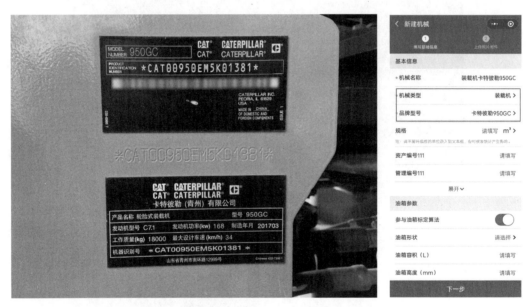

图 6-12　上传机械铭牌照片，系统自动识别机械信息

完成硬件绑定和信息补全之后，这台机械的油位数据就可以被全自动监管了。但是要实现油量监管，以及油位油量数据精度提高，还需要做"油箱标定"，我们在下一节详细介绍。

注意此时在机械信息的机械入网图标里，可以看到该机械绑定的智能终端 Z03 的图标，也可以看到其绑定的油位监测仪 SP 的图标（图 6-13）。

如果油位监测仪图标变成橙色则说明其有故障，需要安排人员到机械处检查，如果故障难以排除则需要联系 IT 客服进行检修。

如果该机械有多个油箱部件，且有几个油箱是连通的，那么可以使用"合并油箱"高级功能，让 AI 算法将这几个连通的油箱结合起来构建模型。因为对项目管理人员来说，这几个油箱各自的加油、耗油、互相补油的数据并不特别重要，只需要统一的加油数据和耗油数据就可以满足管理需求。使用"合并油箱"可以更方便地管理机械的加油，更直观地统计油耗（图 6-14）。

第 6 章　工程机械 AIoT 智能施工管理：油耗监管

图 6-13　机械入网状态，包括终端状态和油位监测仪状态

图 6-14　机械的连通多油箱可以"合并油箱"

注意"合并油箱"最好在完成油箱标定工作之后再使用，这样多个油箱之间的传感器数据就不会互相干扰。

6.2.3 检查油量曲线

给机械的油箱加装硬件并完成绑定之后,可以检查油箱的实时油位是否可以正常展示。在小程序找到该进场机械的【油量曲线】功能,可以看到"当前油量"。在未做油箱标定的情况下,这个油量会以百分比形式展示,如图 6-15 所示,测试装载机的当前油位大约在整体油箱的 83%高度位。

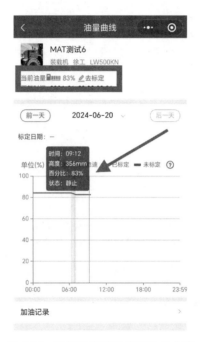

图 6-15 油箱的实时油位和油量曲线

等待一段时间之后,系统会根据持续采集的油位时序数据画出油量曲线。现场管理员和项目部机械管理人员都可以检查油量曲线,查看其下降(油耗)与上升(加油)是否符合机械的实际工作过程。

如果油量曲线合理,下降时间段内机械确实在运转工作,上升时间段内机械确实在加油,那么初步验证通过。如果油量曲线不合理,无法和现场匹配,则验证不通过,需要向 IT 客服(机械指挥官客服)说明疑似数据异常的情况,包括机械详情和项目详情,由 IT 工程师做技术诊断。

6.3 油箱标定

在机械进场并绑定油位监测仪之后,还需要经历一个"油箱标定"的过程,也就是通过几次规范化的加油,帮助 AIoT 系统为机械的油箱构建一个立体几何模型。基于这个模型,AI 算法就可以根据油箱里油位高度值计算出油箱内的实时油量,包括以升(L)为单位的体积以及以吨(t)为单位的重量,进而可以累计计算出机械工作的耗油量。

6.3.1 填写油箱参数

影响油箱标定质量的因素，除了标定过程本身的规范性之外，还有机械管理员人工填写的【油箱参数】，如图 6-16 所示。

图 6-16 填写油箱参数：油箱形状为长方体（左）和油箱形状为不规则（右）

填写油箱参数的方法主要靠对油箱的测量。在条件有限希望快速完成参数填写的情况下，可以参考以下的建议方案：

如果油箱暴露在机械的外部，则可以通过肉眼观察：

（1）油箱自底向顶都是等横截面，例如图 6-17 左边这样的棱柱形状，视为规则油箱。

（2）油箱自底向顶的横截面不完全相等，如图 6-17 右边所示，这样的有弧面的结构体，则视为不规则油箱。

图 6-17 油箱规则性：规则油箱（左，黄色）与不规则油箱（右，黑色）

对于规则油箱，如果有条件，还可以参考机械的说明书，或者通过卷尺进行测量，来得出油箱的容积和高度。

接下来就可以在油箱参数下填写油箱的形状信息。如果确定测量的油箱形状和尺寸数据精准，可以直接勾选"参与油箱标定算法"，直接使用参数标定方法完成油箱标定工作。如果对于测量数据的精度有疑虑，可以不勾选，那么系统的 AI 模型只会把油箱参数作为建模的辅助参数而不会直接用于建模。

如果是规则油箱，则在油箱形状中选择"规则"；如果是非规则油箱，则在油箱形状中选择"不规则"。规则形状的油箱还可以进一步选择"长方体""圆柱体""未知"。如果选择了长方体或圆柱体，还可以进一步填写测量得到的油箱容积和高度。

如果油箱被固定在机械内部，肉眼无法观察，最好的方法是联系 IT 客服，由机械指挥官技术支持团队通过远程测控来检测油箱的形状。

6.3.2 参数标定

如果油箱参数，包括其形状、容积、高度都测量得比较精准，是可以直接用来构建油箱模型的。操作方法也比较简单，在机械指挥官小程序里找到机械的【油位标定】，可以看到初次标定的解释说明，如图 6-18 所示。

如果选择"参数标定"，只需要选择好需要标定的油箱，并且为这些油箱填入精准测量的油箱形状、油箱容积、油箱高度即可。注意此处的油箱参数都是必填项，和机械详情里不一样。

当然，也可以填入标准油耗和允许偏差值范围，用于加强油耗监管（图 6-19）。

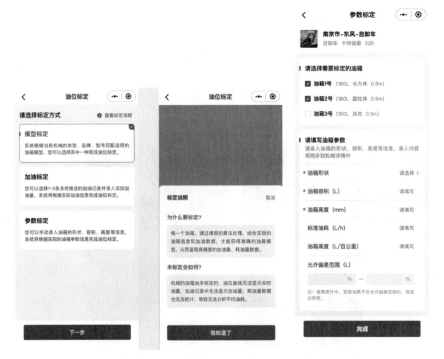

图 6-18 油位标定的三种方法（左）和　　图 6-19 填写油箱参数，
　　　　初次标定的解释（右）　　　　　　　　　　完成标定

参数标定完成之后，AIoT 系统会在第一次加油之后的一天时间内对采集得到的油量曲线数据进行分析，结合油箱参数，生成该油箱的模型。所以，第一天加油的加油量是无法自动计算的，需要等到加油后的第二天，油量和油耗数据才能被自动监管。

6.3.3 模型标定

如果准确填写了工程机械的类型、品牌、型号，管理人员也可以选择使用【模型标定】功能对油箱进行快速建模（图 6-20）。

模型建模的操作很简单，系统根据机械的铭牌信息，从机械指挥官油箱模型大数据库中找到可能匹配的机械型号的油箱模型。现场管理员只需要核对模型的信息，正确选择匹配的油箱模型即可完成标定。

使用模型标定的机械，其油箱里的实时油位和油量，以及累计的油耗，都可以立即监测计算出来。这种标定方法是比较方便高效的。但是如果机械的型号很新颖或者特别稀有，油箱模型库里可能没有可以匹配的模型。这种情况下，只能采用参数标定或者加油标定的方式。如果机械进场验收时没有准确的铭牌，也没有办法使用模型标定。

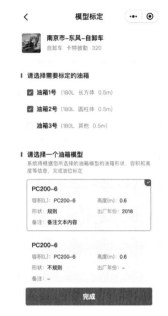

图 6-20　选择已有机械的油箱模型，快速建模

6.3.4 一次加油标定

如果不能使用模型标定和参数标定，就需要通过人工加油并录入加油值的方式来完成标定。只要加油过程很规范，AI 算法就可以根据油位监测仪在几分钟到几十分钟的加油过程中采集得到的油位压力时序数据，通过拟合计算得到油箱的立体几何模型。

规范的加油标定过程如下：

第一步：用计量桶核验油枪的准确性；第二步：等待机器将油用完；第三步：用核验过的油枪匀速不间断加油至油箱，加到跳枪为止，不要补枪；第四步：将油枪显示值填写至系统对应机械的加油记录；第五步：同样的方法标定三次，第二次和第三次的加油值填写到油箱校正值。

（1）油箱置空：给机械正常派工，让机械工作并耗油。但是不要给机械加油，等待机械油箱里的油基本用完，使油量曲线达到"0"。如果想要更快地完成标定，也可以使用泵和油管将油箱里剩余的油抽空，注意抽油过程中可能会触发油位异常报警（偷油报警），智能终端 Z03 会联动发出警笛声。忽略警笛声，但是要等待 15min 左右的时间，避免抽油之后立即加油让 AI 算法误以为发生了油箱故障。

（2）准备加油：在给油箱加油之前，先确定加油机和加油枪是否校准。例如，准备一个空的 50L 计量桶，用加油枪给计量桶加油加到 25L 刻度，和加油枪读数对比，如果读数在 24.75～25.25L 之内（误差 1%以内），则可以认为加油枪已经校准。如果加油枪读数不准，无法进行标定，需要换枪。

（3）平稳加油：将机械在平地停稳，使用钥匙打开油箱口 SP 的油箱盖。然后使用加油枪通过油箱口进行一次匀速不间断加油的操作。

（4）一次加满：注意一次加油的油料要准备充足，将油箱从空加到满。加油速度尽可能保持匀速，中间尽量不要有停顿。确认加满的方法是加到跳枪即可，不要补枪。

（5）完成加油：加油完成之后，关上 SP 的油箱盖，可以用钥匙锁好。让机械保持在平地停留 2 分钟。

（6）等待加油记录：等待 AIoT 系统自动采集油量曲线并计算出加油记录。在机械指挥官小程序中收到加油记录之后，可以点击油量曲线看到完整的加油过程，如图 6-22 左所示，曲线从平稳到上升，再从上升到平稳。

（7）填写加油值：如图 6-21 所示，在机械卡片上点击"去标定"，找到最新的加油记录，点击"油箱标定"。再如图 6-22 右所示，将第 6 步读取的准确加油量（单位为 L）填写到加油记录的标定值里。注意填写好加油时间和加油方式。如果施工企业和项目部的智能化管理水平达到了 L3 以上级别，可以要求现场加油人员正对加油机读数拍照，将照片上传，作为未来的审计凭据。

图 6-21　点击"去标定"（左），点击"油箱标定"（右）

这个规范的加油标定流程有多个操作注意事项。这些注意点都是为了让加油过程匀速且稳定，减少波动，这样 AI 算法就可以根据整个加油过程中采集到的无干扰的油量曲线来计算油箱的容积形状。

注意，如果机械刚刚完成油位监测仪的安装和绑定，需要等待至少 15min 再做第一次加油标定，否则系统容易出现数据错误。

完成标定之后，即可在 AIoT 系统里看到机械的实时油量数据（单位为 L），在油量曲线里也可以读取油量值，如图 6-23 所示。

完成标定过几天之后，可以进行一轮油量数据采集值的核验检查，以确定数据精度是否达到要求。如果油耗监管要达到 L2 级别以上的智能化水平，就需要 95%以上精度的油量数据。可以筛选几台不同类型的机械，比如 2 台挖掘机、1 台双钢轮压路机、1 台汽车式起重机，分别查看它们的实时油量数据和油量曲线。将 AIoT 采集计算的油位百分比和油量升数，与机械自身油量读表数据进行对比，检查是否接近。如果差距在 5%以内，则核对通过，可以跳过"两次加油校正"的工作。如果差距超过了 5%，则需要进行"加油校正"来让 AI 算法进一步优化油箱模型。

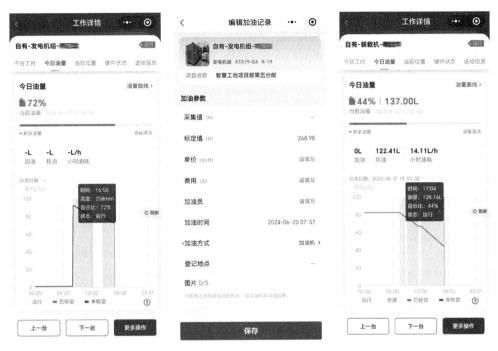

图 6-22　油量曲线里的加油过程（左），将加油量填写到加油记录的标定值（右）

图 6-23　标定后的当前油量与油量曲线

6.3.5　两次加油校正

参数标定和模型标定无须准备校准的加油枪，也无须做抽油、加油的工作，最节省管理人力，但是对机械的状态条件要求较为苛刻，很多时候无法使用。另外，由于机械在之前的项目中有工作劳损，油箱可能也发生过形变，所以有时候这两种快速标定的方法会造成油箱模型与真实油箱有一些误差。

最佳的油箱标定方式，就是将油箱先置空再一次性加满，以便油位监测仪采集的样本数据更精准（油量值误差 < 5%）。使用这种标定方法，只需一次加油即可。

但是，如果第一次加油标定时无法做到将油箱置空，或者第一次标定之后发现 AIoT 采集的加油量值与现场读数相差较大，则需要额外再做两次加油校正。

标定之后的加油记录里可以看到系统加油量（单位为 L），如图 6-24 左所示。现场管理人员可以对比前几次加油的人工读数与 AIoT 系统采集值。

特别要注意的是，采集值与人工读数的偏差，不等于 AIoT 油箱模型的误差。这是因为人工读数与真实加油量之间也有误差，而且其误差可能会大于使用 AI 建模的物联网采集值。所以，只有在相当确信 AI 建模有误差的情况下，才值得现场人员投入成本找到校准的加油枪来做加油校准。

当现场管理员确认 AIoT 系统采集值与现场可信的加油读数偏差较大（> 5%），可以使用加油校正。加油校正的方法是选取一次较为规范且加油量大的加油，尽量选取加油开始时油量比较少（<20%）、加油量尽量多（>50%）、加油结束时油量比较满（接近100%）的加油记录用于校正。点击该加油记录的"油箱校正"，将经过核验校准的加油枪读数（单位为L）填入加油记录的校正值中，如图6-24右所示，即可完成一次校正。

如果填写的校正值与系统所建立的油箱AI模型非常不匹配，系统会提示"异常标定"，如图6-25所示。这种异常情况通常是因为填错了数值，可能是笔误，也可能是读错了加油机的加油读数，需要重新填写。如果管理员确信没有填错校正值，就需要联系IT客服进行诊断解决。

图6-24　加油记录（左），油箱校正（右）　　图6-25　校正值异常

加油校正随时可以进行。不过，必须在完成油箱标定之后做至少两次加油校正，每次加油量尽量多，且至少有一次完全加满，才可以比较有效地修正油箱的立体几何模型。

总体来说，做一次加油标定之后再做两次加油校正，就是三次加油完成油箱标定。对大多数工程机械来说，在加装油位监测仪之后的一个工作周之内，即可完成。

6.4　日常加油管理

基于AIoT的智能化油耗监管，在完成油箱标定的工作之后，可以实现非常高度的数字化、自动化、智能化、无人化。项目管理人员可以随时查看项目上各个机械的各个油箱里的实时油位和油量，机械工作过程的油量曲线和累计油耗也是由系统自动统计的，与本书第5章的工时自动统计类似。从L1到L3级别的油耗监管，都可以实现极低管理成本、高管理效率。

一般施工项目对机械的工作结算管理，主要以台班签证单（对自有机械，通常被称为机械运转记录）为单据载体，而对油耗的管理则是依赖加油票据（或者加油记录）。

一般情况下，加油记录也可以通过 AIoT 系统全自动地生成，无需额外的人工（图 6-26）。但是，如果施工企业和项目部想要达到 L2 级别以上的油耗智能化管理水平，就需要制定规章制度，要求现场管理员和加油员尽可能在每次加油时在加油记录中登记上加油量。管理人员需要定期复审加油记录，以管控机械加油和用油的跑冒滴漏。

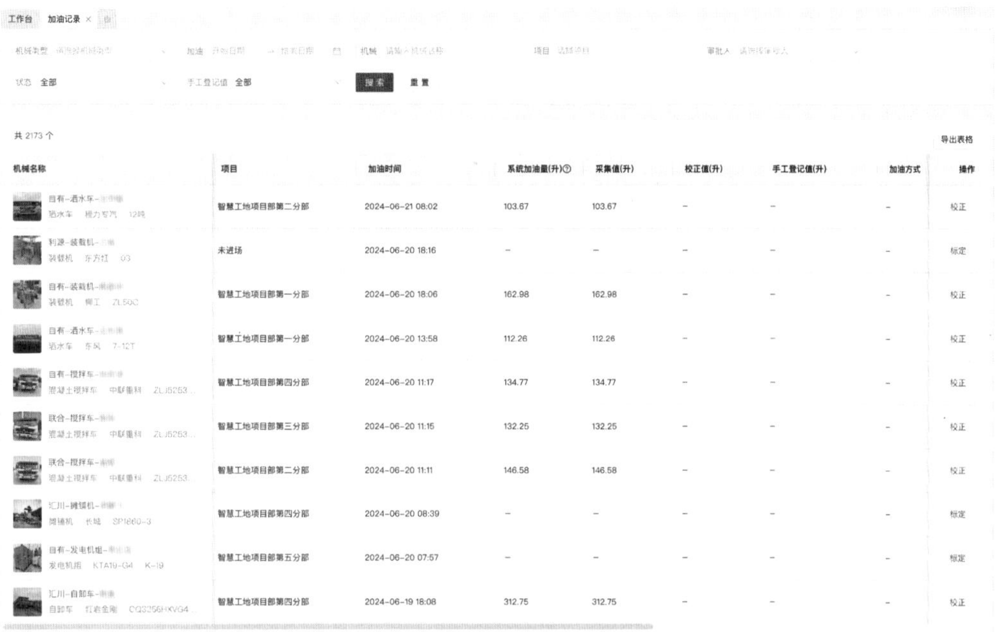

图 6-26 AIoT 系统自动生成加油记录

6.4.1 AIoT 技术方案

基于 AIoT 的油量曲线和加油记录的技术原理概述如下：

1）油位变化状态识别

AI 模型将物联网传感器采集的多维度时序数据进行融合，并根据机械的工作场景配置，识别出油箱内的油位变化状态：

（1）不变：油箱内部油位没有变化。即使此时油位传感器采集到的油位压力采样值在变化，也只是因为油箱颠簸或倾斜，没有耗油和加油发生。

（2）正常耗油：油箱内部油位在下降，机械处于工作或怠速状态，正在消耗该油箱内的燃油。

（3）正常出油：油箱内部油位下降，油被取出或通过连通管道输送到其他油箱。例如，该油箱可能是备用油罐、船舶内的储油舱、大型修井机的副油箱等，为机械里的其他发动机油箱提供燃油补充。

(4）正常加油：油箱内部油位上升，正在加油。

(5）正常补油：油箱内部油位上升，是通过连通管道获取其他油箱的补充燃油。

(6）油位异常下降：油箱内部油位异常下降，可能因为油箱破损漏油、有人从油箱内抽油、有人从油箱内偷油等原因。如果油箱发生了油位异常下降，大概率是紧急情况，机械指挥官系统会通过电话报警来通知项目经理和其他管理人员，需要人员及时到机械现场进行干预。

(7）油位异常波动：因为油位监测仪安装松动、出现故障、受到其他环境干扰等原因，AI模型检测到油位出现异常波动，例如曲线大起大落、曲线消失、曲线超出仪表范围等。如果出现这种情况，需要IT人员到机械处对油位监测仪进行检修。

2）油量曲线滤波

AI模型将各个时间点的油位变化状态连接成曲线，并通过多种滤波算法对抗油箱的振动、颠簸、摇晃，机械的上下坡和各向运动，外界环境的干扰，温湿度造成的传感器读数漂移等噪声。经过算法加工之后，油量曲线会变得平滑而简单。

3）加油记录生成

AI算法识别出机械施工过程中油量曲线之中的加油片段，再结合油箱模型，计算出加油结束时比加油起始时增加的油量升数。

如果机械有多个连通的油箱部件，管理员使用了"合并油箱"功能，那么AI算法会将这几个油箱上的 SP 分别采集得到的油量曲线聚合起来，并且根据合并的加油曲线来计算加油记录。加油量升数也是根据合并油箱模型计算得出。

加油时间段、加油量（单位为L）、加油时间段内的地理定位作为加油地点，这几个多模态的物联网数据合并起来，就可以生成一条完整的加油记录。

4）油耗统计

AIoT系统将机械各个油箱的历史油量曲线拼接在一起，结合油箱模型计算出最新时间点与起始时间点之间的油量（单位为L）差，再扣除掉所有加油记录的加油量，排除掉所有油位异常波动和油位异常下降的波动量，就可以计算出机械的油耗量（单位为L）。

6.4.2 加油规范与手工登记

如果施工企业和项目部希望达到L2、L3级别的智能化管理水平，则需要更加规范地完成日常加油操作，以提高系统自动采集的每条加油记录中的加油量采集值精度。

日常给每个油箱加油的时候，需要注意以下事项：

(1）在日常加油的时候，先将机械熄火停机，等待停平稳2min之后，再开始加油。

(2）一次性完成加油，尽可能匀速，不要时快时慢，也不要太快，最好不要中途中断。

(3）如果要把油箱加满，那么加油加到跳枪就不要再加了，不要加油太满造成溢出。

(4）在加油完成之后，将油箱盖盖好，等待1min之后再启动机械。

加油完成之后，机械指挥官系统会在几分钟时间内自动推送加油记录，如图6-27左所示。

第 6 章 工程机械 AIoT 智能施工管理：油耗监管

图 6-27 点击加油记录的"手工登记"（左），填写"手工登记"（右）

如果施工企业和项目部要达到 L2 级别的现场智能管理，就需要机手和加油员日常工作中留意 AIoT 系统推送的加油记录。如果加油之后一直没有收到加油记录推送，那么可能是加油操作不规范或者环境干扰过大，导致 AI 算法误认为油位的变化是机械工况造成的油位波动，漏推了加油记录。另一种常见的问题是没有加油但是收到了错误的加油记录推送，那么可能是机械工况影响了油箱油位的稳定，导致 AI 算法误推了加油记录。一般情况下，AI 算法可以克服绝大多数的现场不规范和干扰，降低误推和漏推，但是如果偶然发生了加油记录错误，就需要现场人员联系 IT 客服，对加油记录进行纠正。

如果要进一步达到 L3 级别的经营结算智能管理，项目部就应当要求现场加油员和驾驶员对加油量进行手工登记，留下审计数据，以支持后续的管理动作。

只要本次加油的加油量较大，超过油箱容积的 30%，且加油方法可以获得较为准确的加油量，例如使用校准过的加油枪进行加油，就应当进行手工登记。在机械的加油记录里找到最新的本次加油记录，点击"手工登记"，然后将加油量读数填写到加油记录中保存即可。注意不要手误填错数值，如果填错系统会提示异常。

注意手工登记的加油值不会用于 AI 模型的修正，只会用于管理。如果点击的是"油箱校正"，则校正值会触发 AI 算法对油箱几何模型进行修正，详见本书第 6.3 节。

如果加油读数不准，例如用油桶和漏斗加油，或者加油车没有读数，则不必手工登记。

如果加油量较少，例如临时补充 20L 油，也无须登记。因为加油量越少，测量误差率越大，无论是手工登记还是 AIoT 系统采集，其数据对管理的参考意义都很低。

6.4.3　手工登记审批与核验

如前文所述，当施工企业和项目部达到了 L3 级别的油耗监管智能化水平，就会要求对加油单据进行审批，也就是开启手工登记审批流。

每次现场人员进行了加油手工登记之后，当次加油记录就会进入审批流。审批人通常是项目部的机械管理员、统计员、财务人员。

审批操作较为简单，如图 6-28 所示，在小程序收到审批请求后，点开加油记录，即可填写意见并完成审批。对于有问题的加油记录，例如手工登记值明显大于系统采集值，不予通过。

在加油记录报表中可以看到项目里各机械的每条加油记录，包括其审批状态。只有审批通过的手工登记值才会用于油耗统计等财务报表，否则系统就以 AIoT 物联网采集的加油值为准，进行油耗统计。

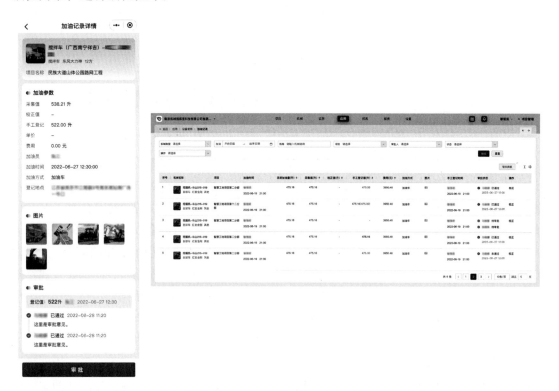

图 6-28　加油记录手工登记值审批（左）和加油记录报表（右）

在开始使用机械指挥官智能化油耗监管 1 个月左右的时间之后，可以对累积的加油记录进行一番核验。如果发现系统采集的油位和油量数据与手工登记值始终相差较大（＞5%），则需要对现场加油情况进行检查，找到数据不一致的原因，并根据原因执行有效的管理动作：

（1）工地现场的主要加油方式存在读表误差，或者有人持续登记笔误。例如加油枪长期没有校准会产生较大的单向漂移，使用机械计数的加油机可能因为劳损而产生单向误差。特别是某些供应商开着加油车到工地进行加油，其加油量读数有被夸大的嫌疑。对于这些常见情况，应当要求以 AIoT 物联网采集的加油量为准，并要求燃油供应商对加油设备进行读数校准。

（2）油箱标定或者油箱校正不规范，是常见的油箱模型误差来源。如果油箱建模出现误差，那么系统采集的加油值和手工登记的加油值通常会保持"等比例"的误差，也就是每次加油这两个值虽然不同但是比例基本一致。出现这种情况，需要重置油箱模型，重新做标定，如图 6-29 所示。

如果是通过参数标定的，只需要简单地等比例调整油箱参数即可，假设手工登记加油值的和为x，系统采集加油值的和为x'，油箱高度填写无误，那么可以将油箱容积v改为$(v \cdot x)/x'$。

（3）机械信息和油箱信息填写错误，导致油箱建模误差。例如把油箱参数的高度和容积填反了，或者把机械类型选错了。特别是有些机械的铭牌被人为更换，例如 30t 起重机换上了 50t 型号的铭牌，错误的铭牌信息误导了 AI 模型。如果怀疑机械信息或油箱信息有误，应当让现场管理人员更正错误信息。如果现场也无法核实信息真实性，那么管理员可以删除机械的类型、铭牌、品牌、型号等信息，再重置油箱，重新标定。

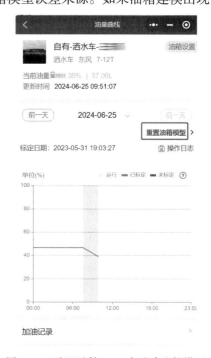

图 6-29 重置油箱，AI 会重建油箱模型

（4）机械使用的油品和油密度发生了变化。例如，机械夏天入场做油箱标定时使用的是 0 号柴油，入冬以后为了适应低温改用−50 号，燃油密度与标定时有明显变化。通常油密度变化带来的误差在 1%左右，但是如果现场实际误差更大，机械管理员可以对油箱进行重新标定，如果知道新油的密度，只需要填写油密度即可。

（5）油位监测仪安装位置、安装姿态、表面清洁可能不正常。如果机械的工况很恶劣，振动特别大，油箱内杂物多，或者在加装 SP 时安装得不牢靠，有可能出现 SP 翻滚、移位、被杂物压迫干扰、被金属物遮挡通信信号、油箱口被完全堵死不透气等问题，导致油位压力传感器采集值异常或者数据传输中断。这种情况需要委派 IT 客服人员到机械油箱处进行检查，对油箱和 SP 进行清理和维保，并重新安装 SP。

（6）油位监测仪传感器故障。与安装异常的现象类似，如果 SP 硬件出现故障，也会导致油位压力采集值错误或者数据无法上报。这种情况同样需要委派 IT 客服人员对机械油箱和 SP 硬件进行检修。如果现场无法修复，就需要将有问题的 SP 寄回厂家返修，更换一个新的 SP。

实际工作中，如果发现系统采集值与人工登记值相比波动过大，那么就需要动用人力，对油位监测仪硬件进行检查，判断是否出现了硬件安装异常或者硬件故障。如果是这两种情况，就需要对硬件进行维保、检修、更换、返修。

要达到 L3 级别的油耗智能监管，就需要日常的手工登记审批，定期的数据核验，对错误数据进行纠正，对硬件异常进行修复。这些管理工作虽然消耗了一定人力，但是得到的高精度的加油记录和油耗数据，会显著提升业务和财务的管理质量和管理效率，最终实现整体成本的下降。

6.5 日常油量监管

除了加油规范与手工登记审批流，L2 级别以上的油耗智能化监管还需要机械管理人员在日常工作中不定期地监控各个机械的油量，对异常情况进行处理。

还有一个重要的管理工作是应急响应，当出现油量异常下降，疑似发生偷油漏油时，需要及时妥善地应对。

6.5.1 实时油量检查

管理人员可以在机械指挥官【地图监测】等可视化监测页面对各个机械进行巡检，点击地图上的一台机械，可以看到该机械的实时油位和油量数据。例如图 6-30 中的洒水车的油位高度是 55%，油量是 83L。

图 6-30　实时油量

如果机械的油位或油量过低时，管理人员可以联系驾驶员和燃油供应商准备加油事宜，以防出现机械意外熄火趴窝的情况，耽误施工进度。

部分施工企业已经开始探索 L4 级别的智能加油调度，尝试由 AI 来根据项目上各机械的实时油量以及实时位置来规划加油车的路线与工作安排，这样可以进一步提高加油车的效率，实现精细化管理与降本增效。

6.5.2 油量曲线检查

机械的油量曲线与机械的工作状态（详见本书第 5 章）通常具有紧密的对应关系。

以图 6-31 的一台单油箱装载机的油量曲线为例。曲线里保持平稳的时间片段，机械一般处于熄火静止的状态，静止片段背景无色。曲线里持续上升的时间片段，机械一般处于熄火加油的状态，加油片段背景也无色。曲线里持续下降的时间片段，机械一般处于工作或者怠速的运转状态，工作片段的背景色是青色（图 6-31 中的阴影区域），怠速片段的背景色是橙色（图 6-31 中未体现）。

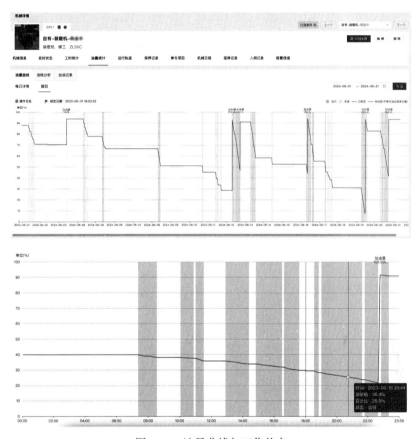

图 6-31　油量曲线与工作状态

正常的油量曲线和上图类似，会有正常的工作下降和正常的加油上升，呈现一种"周期性"。

机械管理人员日常检查各个机械的油量曲线，如果发现曲线缺少周期性、某些工作片段的下降太少或者太多、某些加油片段上升太少，就需要联系机手和施工员，让现场人员说清楚情况。

6.5.3　油量异常应急响应

本书第 5 章介绍过机械指挥官基于 AIoT 的异常报警功能，以及日常管理方法，对于实现 L2 级现场监管的智能化非常重要。对于加装油位监测仪进行油耗监管的，需要重点使用好"油量异常报警"和"人工加油值异常报警"这两个功能。

在机械指挥官软件系统里，管理员可以在【消息设置】里开启【油量异常报警】以及其他相关报警（图 6-32）。油量异常是一种紧急事件，AIoT 系统一旦侦测到疑似偷油或者漏油的情况，除了通过机械指挥官小程序推送报警通知以外，还可以给项目管理人员打报警电话、发送报警短信、推送微信通知。项目方可以在系统里设置好接收报警电话和短信的人员，通常包括安保人员、物资管理员、项目经理、不在现场的公司管理人员等。

图 6-32　设置油量异常报警

AIoT 系统对油量异常的实时检测，是通过 AI 模型算法融合多模态物联网时序传感数据进行计算生成的，可以捕捉到油量异常下降以及油位监测仪被拆除等紧急异常事件，同时避免因为施工过程中的倾斜、振动、干扰而发生误报警。

对于管理人员来说，油量异常报警的应急响应非常重要。报警一旦发生，就需要立即联系现场或者亲自赶赴现场，对机械油箱进行检查。实际现场可能发生的情况包括油箱被抽油、燃油失窃、油箱破损漏油、油位监测仪被拎起或者破坏。

如果发生了违法人员的偷油行为或者破坏油箱行为，现场项目人员需要注意自身的安全保护，及时拨打 110 报警，请求公安出警。同时，对机械和油箱进行拍照取证。

如果发现偷油的违法人员是项目内部人员，除了要将其送交公安机关，还应对其进行罚款、辞退等必要的惩罚措施。

如果是因为机械油箱在施工时受损造成的漏油，需要及时清理现场，联系机械维修厂商及时到工地来对机械进行检修。

6.5.4 油量管理相关报警

如果项目方和施工企业已经开始进行 L3 级别的智能管理，那么可以开启【人工加油值异常报警】。每次机手或加油员登记的加油值与 AIoT 系统采集值相差很大时，系统会推送报警。项目管理员如果收到报警，应当及时联系该报警的机械驾驶员和施工员，查清情况，把填错的加油量修改正确。

对于多数项目来说，可以在引入 AIoT 智能施工管理的初期（例如前 3 个月）开启人工加油值异常报警，对手工登记乱填乱报的现象进行干预。随着项目上的机械施工人员逐渐适应管理要求之后，项目方可以关闭此报警。如本书第 6.4 节所述，如果手工登记值有问题，机械指挥官小程序不会允许登记。

除了油位异常报警和人工加油值异常报警以外，还有一些 AIoT 系统监测的事件，也可以配置报警通知，包括但不限于：

（1）油位监测仪破坏报警：如果 AI 算法检测到油位监测仪硬件疑似被破坏，会触发这个报警。发生这种情况时，管理员需要联系现场驾驶员、施工员、安全员及时检查机械油箱。如果发现是不法分子所为，应当立即报警。

（2）油位监测仪开启超时报警：如果 SP1 油位监测仪的盖子被打开之后长时间没有关上，会触发这个报警。对于这种加油操作不规范造成安全隐患的情况，可以及时联系驾驶员检查油箱盖，如果没有故障则将油箱盖盖好。

（3）油箱盖开盖报警：如果 SP1 油位监测仪的盖子被打开，会触发这个报警。管理员可以点开报警信息进行检查。如果机械在正常的加油地点发出这个报警，可以忽略。如果机械（特别是运输车辆）在可疑的地点发出这个报警，例如离开主干道在荒郊野外的时候发生了油箱开盖，那么管理员应当及时联系驾驶员关注油箱状态。如果是驾驶员自己使用钥匙打开油箱盖，需要问明原因，严查监守自盗。

（4）油位监测仪旋动报警：如果 SP1 油位监测仪的盖子被旋动，会触发这个报警。如果机械处于可疑地点发出这个报警，管理员应当及时联系驾驶员检查现场。如果是有不法分子试图偷开油箱，现场可以立即报警。

这些事件的实时管控对于更加细致的 L2 智能化现场管理是有帮助的，但是也会增加燃油管理人员的工作负担。不同的项目可以根据实际情况合理地挑选一些报警功能用于加强管理力度。

6.6 油耗统计与结算

油耗监管达到 L2、L3 级别的智能化管理时，油量曲线的数据精度已经明显高于传统管油手段（真实误差 5%）。此时，施工企业和项目部就应当让业务财务管理人员来使用基于 AIoT 物联网采集的油量数据来统计各个机械的油耗，决策层就可以进行油耗大数据分析，对机械施工管理进行优化，提升能耗效率、节碳减排、降本增效。

6.6.1 机械油耗统计

单台机械的油耗统计数据是根据 AIoT 系统采集的油量数据、工时数据、行驶里程数据融合计算得到。

对管理人员来说，单机械的常用油耗统计指标有：

（1）综合每小时油耗 = 总耗油/总工时。

这个指标适用于管理所有的机械，特别是在固定工作位工作的机械，如挖掘机、打桩机、压路机等。

（2）综合百公里油耗 = (总耗油/总里程) × 100。

这个指标通常适用于管理运输车辆，如自卸车、混凝土搅拌运输车、水泥罐车等，以及辅助管理轮式机械，如汽车式起重机、同步封层车、泵车等。

（3）运行每小时油耗 = 运行耗油/运行工时。

运行包括工作、行驶等"有效"时间片段。

（4）怠速每小时油耗 = 怠速耗油/怠速工时。

（5）有效每小时油耗 = 总耗油/运行工时。

（6）工作油耗 = 工作耗油/工作工时。

（7）行驶油耗 = (行驶耗油/总里程) × 100。

项目的机械管理员可以在日常巡检时，在【机械日报】里检查加油量、耗油量以及以上各油耗统计指标（图 6-33）。

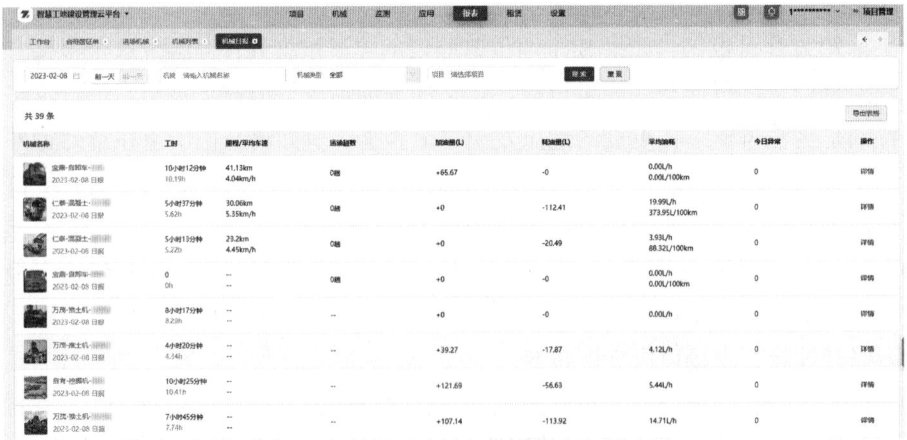

图 6-33 机械日报里可以检查耗油量和油耗统计指标

对报表里油耗指标明显偏高的机械，还需要进行更细致的分析。例如图 6-34 中的挖掘机的平均油耗 9.71L/h 明显高于公司同类平均油耗 6.09L/h。通过检查其每日油耗，我们会发现其在最近 1d 的耗油量异常高，疑似发生了操作问题，应当联系驾驶员和施工员，查清楚问题原因。

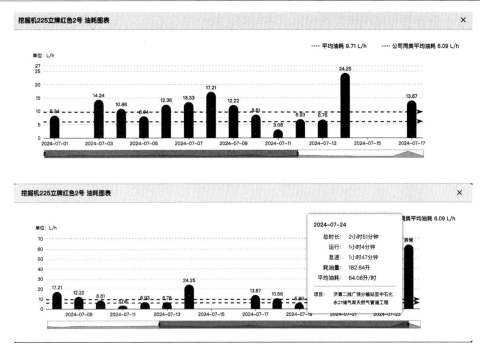

图 6-34　对单台高油耗机械的检查

在实际工作中，有些项目人员会违规操作，在机械工作时抽油甚至偷油，这样不仅造成燃油损失，还会带来巨大的安全生产隐患。

管理人员定期对油耗异常的机械进行干预，可以让工地现场人员不再抱有侥幸心理，让机械操作更加规范合理。

6.6.2　项目机群油耗统计

对于项目上的机群，除了在机械日报里可以看到各台机械的油耗统计，还可以使用【机械油耗分析】功能，对所有机械或者筛选出的一组机械按日、按周、按月统计各种油耗指标。

图 6-35 里的案例，是按周统计机群里各机械的有效每小时油耗。各机械油耗的整体情况和变化趋势，以及不同机械的油耗对比，都可以进行直观的分析。

图 6-35　机械油耗分析

施工企业和项目部决策层还可以对机群油耗数据进行汇总分析。例如对不同机械类型的油耗水平做宏观统计（图 6-36）。

机械类型	机械数量	平均油耗分析					辅助信息						
		运行每小时油耗	怠速每小时油耗	有效每小时油耗	综合每小时油耗	综合百公里油耗	运行耗油量	怠速耗油量	总耗油量	运行工时	怠速工时	总工时	总里程
挖掘机	123	16.36 L/h	8.36 L/h	18.79 L/h	14.56 L/h	0.00 L/100km	220792.29 L	32704.07 L	253605.00 L	13494.58 h	3913.74 h	17408.32 h	–
装载机	28	9.12 L/h	5.80 L/h	10.10 L/h	8.68 L/h	0.00 L/100km	25773.71 L	2678.63 L	28545.90 L	2825.89 h	462.14 h	3288.03 h	–
平地机	8	12.68 L/h	6.65 L/h	15.40 L/h	11.70 L/h	0.00 L/100km	5605.51 L	929.53 L	6811.00 L	442.21 h	139.85 h	582.06 h	–
推土机	10	22.13 L/h	13.32 L/h	23.46 L/h	21.34 L/h	0.00 L/100km	15274.86 L	910.46 L	16187.53 L	690.09 h	68.34 h	758.43 h	–
自卸车	28	6.83 L/h	0.00 L/h	6.83 L/h	6.83 L/h	86.42 L/100km	21701.66 L	0.00 L	21701.66 L	3179.14 h	0.00 h	3179.14 h	24545.05 km
单钢轮压路机	12	20.13 L/h	9.45 L/h	21.76 L/h	18.57 L/h	0.00 L/100km	21795.97 L	1757.12 L	23569.79 L	1082.81 h	186.04 h	1268.84 h	–

图 6-36　不同机械类型的油耗统计

还可以对比分析不同品牌的工程机械的油耗水平（图 6-37）。

分组统计：品牌 | 规格　　导出表格

机械类型	品牌 · 规格	机械数量	平均油耗分析					辅助信息						
			运行每小时油耗	怠速每小时油耗	有效每小时油耗	综合每小时油耗	综合百公里油耗	运行耗油量	怠速耗油量	总耗油量	运行工时	怠速工时	总工时	总里程
汽车吊	中联重科 25 t	10	4.62 L/h	0.00 L/h	4.62 L/h	4.62 L/h	1332.08 L/100km	5306.87 L	0.00 L	5310.06 L	1149.89 h	0.00 h	1149.89 h	398.63
汽车吊	中联重科 70 t	1	2.57 L/h	0.00 L/h	2.57 L/h	2.57 L/h	787.44 L/100km	288.99 L	0.00 L	288.99 L	112.43 h	0.00 h	112.43 h	36.70
汽车吊	柳工 –	5	2.09 L/h	0.00 L/h	2.09 L/h	2.09 L/h	950.42 L/100km	1792.59 L	0.00 L	1792.59 L	856.56 h	0.00 h	856.58 h	186.61
汽车吊	三一 –	7	2.95 L/h	0.00 L/h	2.95 L/h	2.95 L/h	492.72 L/100km	2733.04 L	0.00 L	2733.04 L	927.04 h	0.00 h	927.04 h	554.66
汽车吊	徐工 –	4	5.76 L/h	0.00 L/h	5.76 L/h	5.76 L/h	342.76 L/100km	1878.17 L	0.00 L	1878.17 L	326.34 h	0.00 h	326.34 h	547.96
汽车吊	徐工	11	4.04 L/h	0.00 L/h	4.04 L/h	4.04 L/h	291.00 L/100km	5134.85 L	0.00 L	5134.85 L	1272.05 h	0.00 h	1272.05 h	1764.55

图 6-37　不同品牌机械的油耗统计

机群油耗的汇总分析可以帮助决策层定期优化机械选型的政策，以及制定更加合理的燃油管理目标。

6.6.3　管理优化

根据作者的项目经验，施工企业和项目部在实施本书第 5 章的基于 AIoT 的机械工作结算之后，可以显著降低机械怠速等无效功耗，从而降低燃油成本。而施工企业进一步使用基于 AIoT 的机械油耗监管之后，还可以减少现场燃油的跑冒滴漏，更加显著地降低燃油成本。

在此基础之上，基于 AIoT 实时、准确、完整的机群油耗统计分析，施工企业和项目部可以进一步对机械施工的管理方法进行系统性的优化。

首先，在使用机械指挥官进行油耗监管一段时间（例如 3 个月）之后，就应当设立必要的日常油耗监管规章制度，要求机主和驾驶员遵守执行。

举例来说，一套可行的奖惩制度可以包括：

（1）加油规范奖惩：要求所有机械在每次加油时规范操作，并在机械指挥官项目管理小程序中填写加油量。

对于多次不填写加油量的机械，应当对驾驶员、燃油供应商等相关施工人员进行必要的惩罚。

对于出现"油位监测仪开启超时报警"超过 10 次的机械，疑似油箱盖没盖好，或者加油操作不规范，应当对驾驶员等相关执行人员进行必要的惩罚。

对于长期规范加油的机械，应当对机主、驾驶员予以奖励。例如，对于 1 个月内没有报警的机械机主和驾驶员，给予单月奖金；如果连续 3 个月没有报警，再追加季度奖金。

（2）偷油漏油惩罚：对于"油位异常报警"出现多次的机械，疑似机械多次被偷油，应当对安保人员等相关责任人进行必要的惩罚。

如果是项目内部施工人员偷油，应当予以严惩，或考虑辞退。

（3）节油奖惩：对于有效油耗和百公里油耗明显低于行业平均水平的机械，应当对机主和驾驶员予以奖励。

对于油耗明显高于行业平均水平的机械，可以对机主和驾驶员进行惩罚，或考虑请机械退场，更换其他机械。

其次，项目上的燃油管理人员应当定期回顾检查各次加油手工登记值。如果手工登记值持续高于 AIoT 系统采集值，应当与燃油供应商进行核对，检查油品，检查加油枪与加油机的读数。有一些不法商人，对加油机做了手脚，在核对时可以控制其读数精准，在日常使用时让读数偏高。如果怀疑加油机有问题，应当对供应商进行惩罚和解约。

再次，项目部决策层根据机群油耗统计分析，对机械的燃油管理做优化。对于油耗占比高的机械类型，应当重点关注其油耗水平是否达到或低于行业平均水平。如果明显高于行业水平，就需要分析施工工艺、机械选型、驾驶员培训，逐一优化。在同类型机械中，找到油耗低的品牌型号，可以作为机械选型优化的参考。

举例来说，油田油井施工项目里，压裂车的油耗占比较高。如果压裂车的有效每小时油耗高于行业水平，就需要检查压裂方案是否合理，是否应该降低档位。如果有多款压裂车一起施工，可以对比不同品牌的压裂车的有效每小时油耗，在后续采购/租赁时选择油耗更低的品牌。

施工企业的决策层可以从更高层级对比同类项目里不同项目的油耗数据，将油耗低效率高的项目树立为榜样，号召其他项目经理学习。对于油耗表现差的项目，应当对项目经理进行必要的惩罚。

最后，在 L3 级别的智能化管理的基础之上，探索更高的 L4 级别，借助 AI 的力量更加精细化地用好每一滴燃油。例如加油车和加油机的精细化智能调度，优化特种机械的作业方案来提高单位燃油产出率，智能优化维保方案从而提高机械燃油利用率等。我们在本书第 7 章会做一些延展讨论。

6.7 制度化应用基于 AIoT 的机械油耗监管

在本书第 5 章中，我们介绍了 L3 级别智能施工管理的企业已经可以制度化应用基于 AIoT 的机械工作结算，这些企业也已经具备了制度化应用基于 AIoT 的机械油耗监管的能力。

附录 3 里作为案例的工程机械信息化管理规章制度文件，就已经覆盖了油耗监管的部分，读者可以参考。

施工企业在落地基于 AIoT 的机械油耗监管一段时间（例如半年）之后，如果加油量和耗油量的数据精度可以满足结算要求，就可以将机械指挥官的油量数据与业财系统通过 OpenAPI 接口进行对接，实现基于物联网数据的业务管理和财务结算。

举例来说，如果项目选择的燃油供应商提供了物联网智能加油机，项目方可以将机械管理系统与加油机管理系统进行 IT 系统集成，进行统一的燃油智能化管理。

图 6-38 是一个智能加油机与工程机械联网的一体化燃油管理方案示意图。

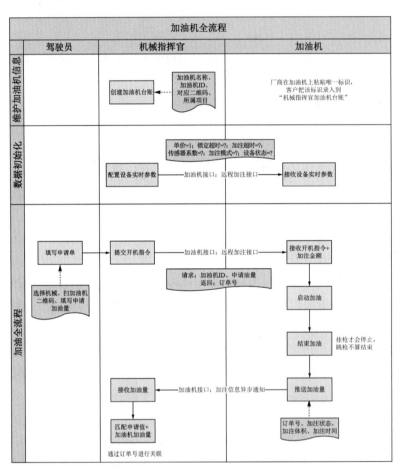

图 6-38　智能加油机与工程机械联网的一体化燃油管理方案示意图

项目方与燃油供应商之间的结算，油品的选择和加油的下单，燃油成本填入财务报表等管理工作，都可以通过系统集成实现自动化和智能化。

第7章

工程机械 AIoT 智能施工管理：智能调度

工程机械 AIoT：
从智能管理到无人工地

本书第 5 章、第 6 章介绍了可以拿来即用的机械施工智能化管理方法，包括工作结算和油耗监管。在落地以上管理方法之后，基于 AIoT，我们可以进一步提升工程机械的智能化管理水平，在 L3 基础之上探索 L4 阶段的智能调度。

在物联网采集的机械施工数据中，我们会注意到项目施工过程中的各种大大小小的机械调度问题。对机械不合理的调度，会降低施工效率，增加项目成本，浪费机械和人力资源。

这些调度问题的解决，通常需要项目方派出对机械施工管理最专业的领导，带领相关专家进行攻克。这需要大量的高级人才的研究和试验工作，很多情况下调度优化的效果一般，整个努力的结果是高成本低产出。

在充分引入人工智能技术之后，AI 算法可以辅助领导来解决这些问题，通过建模寻找调度优化的机会，再通过低成本试错和物联网快速反馈，在尽可能短的时间内找到尽可能高的机械调度效率。这样的正向循环就可以持续提升机械施工效率。

7.1 智能机械选型

基于 AIoT 采集积累的大量项目的机械施工数据，我们可以通过 AI 建模为同类项目计算出机械定额。也就是给定工程项目的类型、规模、工况、环境，由 AI 算法对机械进行选型，建议使用哪些类型的机械进行施工，并量化预测各类机械所需要的数量和工时。

机械选型问题在机械施工管理过程中可能是第一步关键工作。AI 不仅需要准确地理解项目需求细节，还要智能地分析历史数据以推导出最优的机械配置。智能机械选型的技术实现包括以下几部分：

（1）大数据聚合和预处理：AI 系统收集并整合来自不同项目的大量机械施工数据。这包括但不限于机械工时、施工环境、能耗、故障率和维护周期等。通过预处理这些数据，包括数据清洗、缺失值处理和异常值检测，确保特征工程的数据质量。

（2）特征工程：运用特征工程技巧提取关键信息是至关重要的。因为项目早期可以准确获取的项目相关数据有限，AI 模型需要高质量的输入。举例来说，项目所需的机械台班数量，影响因素可能包括设计参数、地形条件、土质类型、天气状况、施工工艺要求以及工程进度要求等。这些因素对应一批可采集可量化的参数，单个参数或者多个参数的组合就生成了候选的 AI 模型可用特征。利用机器学习技术，我们可以识别那些对机械选型影响最大的特征，并据此构建更加精确的预测模型。

（3）AI 建模和训练：利用机器学习算法，如随机森林、支持向量机或神经网络，构建 AI 模型。该模型将通过监督学习方式训练，使其能够根据给定的项目参数预测最佳的机械配置。为了提高模型的准确性和泛化能力，将使用交叉验证、超参数调优等策略。

（4）优化算法：除了基本的 AI 模型外，我们还可以采用优化算法，如遗传算法、粒子群优化或蚁群算法，以找到成本效益最优的机械组合。这些算法可以模拟自然选择过程，识别出在给定条件下最适合的机械类型和数量。

（5）可解释性和验证：为了确保 AI 系统的决策可靠且具有可解释性，我们会使用模型解释工具如 SHAP（Shapley Additive exPlanations）或 LIME（Local Interpretable Model-agnostic Explanations）等技术来解释模型预测。此外，通过与专家的经验和现场测试相结合来验证模型的预测，确保 AI 的建议与实际施工需求相吻合。

（6）持续学习和适应性：建立一个持续学习的机制，使 AI 系统能够根据新的施工数据实时更新和调整其模型。这样，随着时间的推移，系统将变得越来越智能，能够适应不断变化的建筑施工市场和技术进步。

总结来说，机械选型问题的技术解决方案需要一种多学科的方法，结合大数据预处理、机器学习、优化算法和人工智能的可解释性，以确保既高效又经济地满足施工项目的机械需求。通过不断学习和适应，这一智能系统将成为推动建筑行业进步的关键技术工具。

使用智能机械选型，施工方可以对新项目的工程机械需求做出预测，以支持整个项目的筹备工作。

举例来说，如果需要完成一段 1km 长的二级公路路段的重建工程，假设路宽 7～12m，沥青深度 10cm，智能机械选型 AI 会建议将施工过程分为 5 个阶段，每个阶段需要进场的机械和工时都有详细的建议参考值。表 7-1 是一个智能机械选型生成的机械定额案例。

智能机械选型案例　　　　　　　　　　　　　　　　表 7-1

施工阶段	机械类型	规格	工作内容	预计工时
旧路面拆除	铣刨机	中型	使用旋转刀头精确地剥离沥青的顶层，有吸尘系统以减少作业过程中产生的粉尘	~30
	热再生设备		加热并软化现有的沥青路面	~4
	挖掘机配合破碎锤	40t	对于更加厚重的路面需要进行破碎	~10
	装载机	中型	清除和装载松散的沥青材料	~15
土方建设	挖掘机	30t	挖掘和移动土壤，打桩，精准动土	~40
	装载机	大型	装载和运输土壤和砂石等物料	~20
	推土机	标准型	推平大面积的土壤，平整土地	~10
	单钢轮压路机	30t	压实土地和各层基础，加固地基	~20
路基建设	平地机	200 马力	进一步平整地面和铺设基础	~10
	震动压路机	20t	压实地基	~20
	摊铺机	9m	摊铺碎石底基层	~20
路面建设	沥青罐车		从沥青厂运输热沥青到项目工地	~10
	摊铺机	9m	摊铺多层沥青	~20
	双钢轮压路机	30t	最终的沥青层压实	~20
	铲车	标准	将沥青从运输车辆转移到摊铺机上	~10
完成修饰	平板震动器		压实人行道或小转角	~5
	标线车		在道路上画出交通标线	~8
	高空作业车		安装交通信号灯，路灯等	~8
	起重机	15t	安装路标和路牌	~4

当前的 AI 技术，在智能机械选型方面水平还比较低，其输出的机械配置建议可以作为参考，但是还需要有同类项目经验的专业人士来做评审修改后才可以用于指导施工。

未来的智能机械选型 AI 可以达到普通专家的水平。AI 对比仅依赖经验的项目经理，可以带来一系列的潜在优势：

（1）数据驱动决策，客观的数据可以减少人为偏见。

（2）迅速比较不同设备配置，可以择优选用。

（3）智能系统可以及时更新工程机械的最新信息，如新型号、新价格、新资讯等。

（4）智能系统可以从每次选型中学习，并不断改进其推荐算法。

因此，智能机械选型在未来一定会被越来越多地应用到施工机械管理中。

7.2 合理排班问题

对机械的调度一般始于排班，也就是由施工员提前计划好每台机械未来几天到未来几周的工作内容，然后和机械驾驶员们开会通知。

工程机械的排班是施工管理的一个重要组成部分，旨在高效、合理地利用各种机械设备。以下是进行工程机械排班的一般步骤和考虑因素：

（1）项目需求：根据施工进度计划和机械选型，以及施工方案中与机械相关的工作内容，拆解到具体的以机械为单位的工作任务。

（2）机械特性：有些机械有其特殊的配置和性能参数，比如特大的或特小的，加装特殊配件的。特殊机械适用在特定的场景，需要在排班时予以考虑。

（3）施工计划和流程：工程机械的排班需要与整个施工计划和流程紧密结合，确保人机料法环可以互相配合而不会互相冲突，并且符合工序要求。

（4）工作时间：根据当地的法律法规和工程项目的具体情况（白天或夜间作业、周末或假日作业等），对机械的工作时间进行安排。

（5）优先级和关键路径：通常施工员需要优先安排关键路径上的关键工序，确保不会因机械使用问题而延误工程关键节点。

（6）人员诉求：有时候，一项简单的工作会有多台同型机械都想要争取；有时候，多机协作的工作，两台互相熟悉的机械想要被安排一起工作；有时候，一台挖得快的挖机，会有很多自卸车想要合作，争取拉运更多的方量。机械排班需要考虑到这些人员诉求。

因为排班时需要解决以上 6 种以及其他多种问题，所以排班工作并没有简单的自动化工具。在使用 AIoT 进行机械现场管理之前，机械排班主要依赖项目经理、施工员、工长等资深专业人士的个人经验以及他们和驾驶员的充分沟通。实际项目上，排班出现错漏的情况比较常见，因为排班不合理造成的额外加班、劳务纠纷也时常发生。

随着数字化智能化机械施工管理的落地，AI 算法可以被应用于智能排班，在充分利用机械施工的历史数据的基础上，除了能更好地应对以上 6 种问题，还能提供额外的价值：

（1）预防性维护：智能化的机械排班，会考虑到工程机械的维护和保养周期，避免在高需求时期多台机械同时进入维护或故障状态。要考虑到可能的修理引起的工程中断，做好备份。

（2）应急预案：智能化的机械排班，还需要为突发事件（如人事变动、恶劣天气、拆迁纠纷、挖掘到考古遗迹等）准备应急预案，至少需要考虑到当机械不能完成预计的排班工作时应该如何临时派工。

（3）优化效率：基于高精度物联网数据生成机械工时定额，把各机械的班次时间精细化，以小时/半小时为单位度量，精细化优化机械的使用，减少空闲时间，提高效率（表7-2）。

AI生成排班表案例：车挖匹配　　　　　　　　　　　　　　　　表7-2

2022年8月28日生成排班表						
工作面	挖机号	自卸车号				
3平台	挖机017	625	702	006	111	186
3平台	挖机018	626	703	008	112	187
3平台	挖机019	628	705	009	113	188
3平台	挖机029	630	707	011	116	301
3平台	挖机035	633	709	013	121	309
4平台	挖机002	618	693	799	103	179
4平台	挖机007	619	696	807	105	180
4平台	挖机008	620	698	808	106	181
4平台	挖机011	621	699	809	107	182
4平台	挖机015	622	700	813	108	183
4平台	挖机055	506	529	558	572	597	615
4平台	挖机088	673	736	051	159	359
4平台	挖机089	675	738	052	162	361
5平台	挖机001	387	512	533	562	577	602
5平台	挖机013	396	520	550	568	583	610
5平台	挖机031	399	527	555	570	587	612
5平台	挖机033	503	528	557	571	589	613
5平台	挖机075	508	530	559	573	598	616
5平台	挖机090	676	739	053	163	362
5平台	挖机097	677	750	055	165	363
5平台	挖机098	678	751	056	166	365
5平台	挖机126	692	798	102	178	382
6平台	挖机003	388	515	536	563	579	605
6平台	挖机005	390	516	537	565	580	606
6平台	挖机037	636	712	017	125	313	383
6平台	挖机053	650	717	020	129	318
6平台	挖机106	685	770	061	171	371

续表

2022 年 8 月 28 日生成排班表							
工作面	挖机号	自卸车号					
6 平台	挖机 107	686	780	062	172	372	
6 平台	挖机 108	687	783	063	173	373	
6 平台	挖机 109	688	785	065	175	376	
7 平台	挖机 079	510	532	560	576	601	617
8 平台	挖机 009	391	517	538	566	581	607
8 平台	挖机 016	623	701	005	109	185	
8 平台	挖机 025	397	523	551	569	585	611
8 平台	挖机 039	637	713	018	126	316	386
8 平台	挖机 051	639	716	019	128	317	
8 平台	挖机 058	651	718	021	131	319	
8 平台	挖机 061	653	721	023	133	321	
8 平台	挖机 062	655	722	026	135	323	
8 平台	挖机 063	656	723	027	136	324	
8 平台	挖机 066	657	725	031	138	328	
8 平台	挖机 077	661	728	035	151	336	
8 平台	挖机 078	667	729	036	152	338	

智能排班系统，在基于物联网数据的基础上，还涉及多种 AI 算法技术，其中一些常见的用于智能排班的算法有：

（1）约束满足问题（CSP）和优化问题（OP）：由机械排班问题建模的数学问题，可以归类为 CSP 问题。机械排班 CSP 定义了需要满足的一系列约束条件，包括项目需求、机械资源、人员诉求等。在不考虑优化整体效率和应急备份的情况下，满足 CSP 问题的一个数学解就对应一套排班方案。

在这些方案中找到施工效率最高、对抗各种突发事件最强的方案，就需要进一步将问题升级为 OP 优化问题。

以一个小型土方工程作为案例，经过简化的挖掘机与自卸车的排班问题可以建模为这样一个优化问题：

$$\max Z = \sum_{i=1}^{N} \sum_{j=1}^{C} x_{ij} \min\left(P_i, \sum_{k=1}^{M} y_{kj} T_k\right)$$

$$\text{s.t.} \sum_{j=1}^{C} x_{ij} = 1 \quad \forall i \in \{1, \cdots, N\}$$

$$\sum_{k=1}^{M} y_{kj} T_k \geq \sum_{i=1}^{N} x_{ij} P_i \quad \forall j \in \{1, \cdots, C\}$$

$$\sum_{i=1}^{N} x_{ij} \geq 1 \text{ and } \sum_{k=1}^{M} y_{kj} \geq 1 \quad \forall j \in \{1, \cdots, C\} \text{ where } S_j > 0$$

$$x_{ij} \in \{0,1\}, \quad y_{kj} \in \{0,1\}$$

其中 N 是挖掘机的数量，M 是自卸车的数量，C 是工作面的数量，P_i 是第 i 台挖掘机的挖掘能力（单位时间内的土方量），T_j 是第 j 台自卸车的运输能力（单位时间内的土方量），D_{ij} 是第 i 台挖掘机到第 j 个工作面的距离，S_j 是第 j 个工作面的土石方总量。

而 OP 的解 (x, y) 两个矩阵就是排班方案，其中 x_{ij} 表示第 i 台挖掘机是否被分配到第 j 个工作面（如果是则为 1，否则为 0），y_{kj} 表示第 k 台自卸车是否被分配到第 j 个工作面（如果是则为 1，否则为 0）。

（2）线性规划（LP）和混合整数线性规划（MILP）：机械分配的优化问题，其基本形态可以使用 LP 和 MILP 这些标准的线性优化算法。

比如上例中的土石方工程项目里的机械排班优化问题，就可以用 MILP 算法进行计算求解。

（3）遗传算法（GA）：一种启发式搜索算法，模仿自然选择过程，用于解决机械排班优化问题，找到效率尽可能更高的排班方案。

（4）粒子群优化（PSO）：受鸟群和鱼群行为启发的全局优化算法，适用于连续和离散优化问题，也可用于排班优化。

（5）模拟退火（SA）：一种概率式搜索技术，模拟金属加热后冷却的退火过程，用于寻找全局最优解。

当项目的复杂度增加，优化问题的难度增加的时候，GA、PSO、SA 算法就可以应用起来。

（6）决策树和随机森林：用于预测机械需求和故障概率，从而在排班时考虑到设备的可靠性。

（7）神经网络：可以用于根据施工项目的各种参数预测各种机械的工作量，帮助排班系统适应复杂的非线性问题。

（8）自然语言处理（NLP）以及大语言模型（LLM）：用于处理和理解项目文档、计划和报告，以自动提取有用信息并将其融入项目需求以及之后的排班决策中。

（9）专家系统：模拟项目经理和施工员等人类专家的决策能力，可以用于数据缺失状态下的智能排班。

当前的自动排班工具通常都会用到以上列表中的几种算法技术。未来的智能排班 AI 可以综合运用多种算法，在多个层面上协助排班任务，如自动化数据收集与分析、拆解工作任务、预测资源需求、优化作业流程、实时调整计划等。使用 AI 进行排班可以显著提升效率，减少人为错误，并能够快速响应现场变化和突发事件。

7.3 路径规划问题

在城市施工项目中，比如常见的房建工程，通常需要多种运输车辆参与施工，例如渣土车和混凝土搅拌运输车。这些车辆既需要在工地内工作，也需要在工地外城市内工作，例如渣土车需要将建筑垃圾运输到排土场。

工程车辆属于给城市交通增加安全风险的运营车辆，所以在项目开工之前，项目方通常需要提前为工程车辆特别是渣土车规划好行驶路线，并提交给当地交通主管部门审批。只有批准通过之后，项目才具备正式开工的条件。

机械智能调度里，智能路径规划是必不可少的工作。路径规划问题，就是根据城市道路交通网络，设计好从工地到排土场以及从排土场到工地的行驶路线。与普通车辆的导航路径规划问题最大的不同是，工程车辆不能任意选择地图上的道路来规划路线。有些道路工程车辆无法通行，有些道路交管部门不允许工程车辆通行，有些道路施工方希望避开，实际上工程车辆通常只能在一小部分道路上行驶（图7-1）。

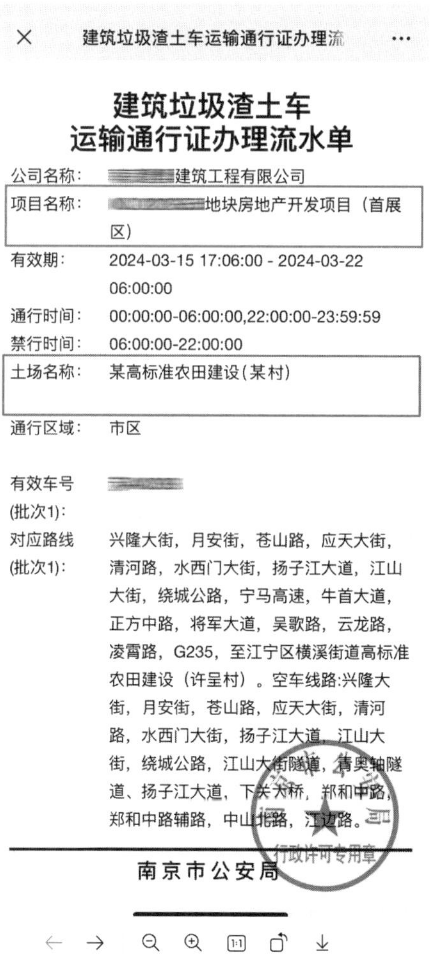

图 7-1 路径规划问题案例

智能路径规划问题可以拆分为两个搜索算法问题：

（1）寻找可用道路：根据不可用道路的条件（交通规则、交管部门限制、道路载重限制、车道数量等）以及可用道路的条件（交管部门批准、项目方推荐等），在地图上找到工程车辆可以通行的所有道路路段。这个问题可以通过广度优先搜索等算法来解决。

例如，图 7-2 上是南京市道路地图。根据市政府批准可用的道路，算法可以找到图 7-2 下的可用的道路。

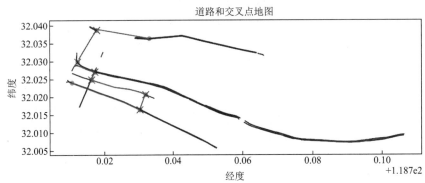

图 7-2　智能路径规划案例

（2）择优寻径：利用可用的道路，设计一条从项目工地到排土场的最优路径，以及另一条返程路径。择优寻径问题是交通出行行业里常见的地图导航问题的特殊版本。我们只需要将选出的可用道路拼接成一个新的地图，并转换为邻接矩阵图，就可以使用常规的 A* 或者 Dijkstra 等算法来计算最优路线。将地图转换为邻接矩阵图时，每个交叉路口都是图的一个节点，每段连接路口的道路都是图的一条边，而边的权重就是走该道路的成本。注意与普通车辆不同，对工程车辆来说，道路的权重不仅要考虑通行时间和通行费用，还要考虑安全风险、违章概率、被投诉风险等问题。

智能路径规划对于城市施工类项目非常必要，当前的 AI 技术也相对比较成熟。使用 AI 来辅助项目管理者快速准确地规划好渣土车队、混凝土搅拌运输车队、建材运输车队的日常工作路线，可以显著提升施工管理效率。

7.4　现场调度指挥系统

在机械完成进场验收，开始工作之后，就进入日常的调度阶段。

一般项目里，机械会根据排班表到指定工作面工作。但是在施工过程中，施工员随时可能发现临时需要解决的新问题，随时可能产生各种新需求需要派工。例如，工地内部道路出现坑需要填，有树根影响工作面需要铲除，有裸露电线需要移除，临时去材料场拉运一批电缆，临时搭建小办公室，临时铺设防尘网等。

另外，现场施工员和驾驶员通过对讲机或者手机等手持通信设备进行实时沟通，互相配合，完成工作。例如，施工员边看边喊方向，指挥塔式起重机驾驶员操作吊钩落到精准的位置；施工员边看边叫走叫停，指挥混凝土搅拌车一步一步倒车停在混凝土泵车旁边。

临时派工和细节指挥的调度工作都可以使用基于AIoT的智能调度指挥系统来提效（图7-3）。

图7-3 现场指挥是否可由AI完成

7.4.1 调度指挥大屏

现场调度系统里最常用的就是指挥大屏，展示着项目工地的鸟瞰地图或者三维重建地图（关于工地三维重建地图，可以参考本书第3章）。在地图上分布着各工作面、工地内道路、电子围栏，以及所有进场施工的工程机械的实时状态。

指挥大屏上的每台机械的实时位置、工作状态、油箱油位、工作产量都是通过AIoT系统实时采集计算得到（图7-4）。

指挥员可以在指挥大屏上实时观察分布在工地各处的机械，包括正在行驶的车辆。需要临时派工的时候，指挥员可以在地图上直接找到合适的空闲机械，点击机械进行派活。AI系统会生成派工数据，自动填写到派工单据中。机械驾驶员的手机上会收到派工单据，如果使用了AI对讲机也可以从对讲机听到工作内容。

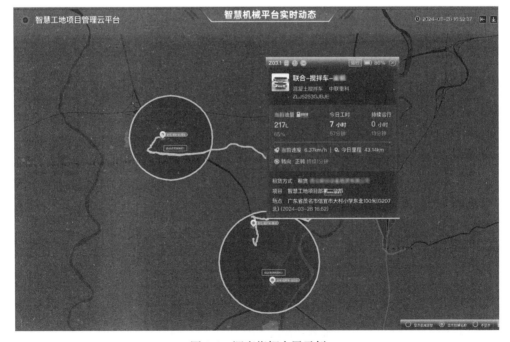

图7-4 调度指挥大屏示例

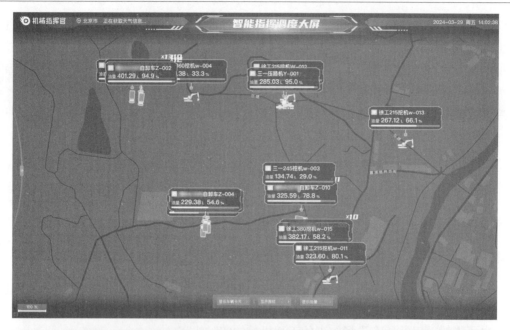

图 7-4 调度指挥大屏示例（续）

AI 系统也可以帮助指挥员通过搜索条件筛选出需要的机械，搜索条件包括适配工作内容、机械类型、品牌、型号、产权、结算方式等。

7.4.2 AI 对讲机

当施工员需要对工程机械的施工细节进行指挥时，对讲机是常用工具。施工员在外观察，驾驶员在驾驶室内操作，两人通过对讲实时联络，及时动作。多机协作的时候，更需要多人同时对讲。

如前文所述，当指挥员需要临时派工时，也经常使用对讲机来呼叫机械驾驶员，特别是呼叫在工地外行驶的运输车辆驾驶员。

将 AIoT 技术和对讲机相结合，现场调度指挥就可以更加智能，人工智能辅助现场人员减少错误，提高效率。AI 对讲机可以帮助到指挥员的工作举例如下：

（1）自动派工：根据机械排班，AI 系统直接通过讲机给机械驾驶员讲解派工内容。如果驾驶员有疑问，也可以直接通过对接机和 AI 系统进行对话澄清。如果遇到无法完成的工作，AI 对讲机可以将情况反馈给施工员和项目经理，并提供备份调度方案供管理人员参考。AI 对讲机的自动派工可以和智能排班双向互动，将历史派工数据提供给智能排班系统，用来优化下一个周期的排班。

（2）导航辅助：针对道路行驶的运输机械，AI 系统可以通过对讲机给车辆驾驶员提供智能导航辅助。智能导航系统将智能路径规划计算出来的路线、城市交通规则、城市道路信息，以及车载智能驾驶辅助设备采集到的实时数据进行融合，实时生成驾驶动作建议。在驾驶过程中，AI 对讲机会自动播放导航信息，提醒驾驶动作，例如"右转前先停车""只允许在第三车道行驶""提前并道到左侧准备左转"等。

针对定点工作的机械，AI 会通过对讲机指挥驾驶员将机械移动到工作面。如果没有到位，对讲机会持续提醒。

（3）多机合作协调：使用 AI 来协调多机合作，可能达到比人工指挥更安全、更快捷的效果。AI 系统可以通过物联网采集的实时数据，比如两机之间的距离，快速形成指令并通过对讲机指挥多机驾驶员准确地完成操作。机械驾驶员不用担心人类指挥员的视野盲区问题，操作起来更有信心，完工也会更快。

举例来说，需要沥青罐车、摊铺机、压路机三台机械配合进行路面施工时，罐车司机听到对讲机说"继续倒车，继续倒车，……，停！……，请卸料……前进，保持车距"，摊铺机机手听到对讲机说"开机……前进，保持车距"，最后压路机机手听到对讲机说"开机……前进，保持车速"。跟着实时语音指挥做动作，三台机械就可以快速配合完成施工。

（4）自动补充单据：人填手录难免出现各种错漏，但是指挥员和驾驶员之间的对话通常可以快速纠错，对话最后形成的文字记录，可能比填写到 IT 系统里的记录更加准确。AI 系统可以自动分析对讲机之间的对话，提炼主要内容，包括指挥调度的关键词、工作过程关键信息、工作成果验收信息等。这些精炼的文字记录辅助物联网数据，可以生成派工文字记录和工作文字记录，分别补充到派工单据和台班签证单里。

如果 AI 对讲机的自动补充单据功能使用得好，甚至可以免去很多人工操作 IT 系统进行填录的工作，进一步为施工方节省人力成本。

（5）异常事件提醒：工地上各种异常事件随时可能发生，比如事故、报警、纠纷等，特别是人员进入危险区域、管线破裂、支撑不足、机械故障等安全隐患，AI 系统可以将这些实时的关键信息直接通过对讲机大声提醒相关人员和管理人员，尽最大可能把关键信息传递到人。除了传递，AI 系统还可以根据异常事件发生时人们通过对讲机进行的对话，及时判断事件的等级，如果发现需要升级事件，AI 可以及时行动，联系上级，请求快速响应。

（6）调度问题挖掘：除了自动填写单据和发现异常事件，长期的对话语料积累，还有助于 AI 大模型理解和分析调度问题，找到指挥调度可能可以改进和优化的方向。表 7-3 是一个城市渣土车施工企业通过 AI 对讲机发现调度问题的案例。

AI 对讲机发现调度问题的案例　　　　表 7-3

调度问题关键词	影响度	对话样本
排队	22	我前面都是油车，我不知道电车在外面排队，我说让你我进来之后我都说了，我排在李超后面 车子太多了，都要过磅要排队 每天吃饭时候到中午 11:30～12:00，你没有算好时间，实际上去充电，哪怕充个 40min，你们到码头还是排队，你不如去充电了，做完了以后直接就能看到，对吧
掉头	21	从这边来拿或者掉头/不要掉头，直接左转靠边就行了 平阳大街那条地方掉头掉不了，还得跑龙王大街那边掉头了，那远了 空车的时候就走左拐道或者掉头道，明白吗
走错路	7	我就搞不懂你跑这么长怎么会跑错路的，关键时刻怎么会跑错路的呢 我走错了，我觉得应该从前面口子插进去，我没插进去我都跑了，脑子分神了

通过在施工现场引入 AIoT 技术与对讲机的结合，施工管理可以实现自动化、智能化和高效化。这不仅有助于提升工程进度的管理效率，还能确保现场安全、优化资源配置，并最终提高整个项目的施工质量。AI 对讲机成为施工现场不可或缺的工具，它通过智能化的功能辅助施工员进行现场指挥和协调，从而实现现代化的施工管理模式（图 7-5）。

图 7-5　工地人员使用 AI 对讲机沟通

AI 对讲机技术是人工智能技术的综合运用，除了人工智能物联网（AIoT）技术，还需要大量使用语音识别（ASR）、语音合成（TTS）、自然语言处理（NLP）、大语言模型（LLM）等技术。

当前，AI 对讲机已经被应用在一些城市建设项目中，带来了一定的施工效率提升。随着其功能的逐渐完善，会成为各种项目工地智能调度的标配。

7.4.3　自动进退场

在工程项目里施工的大多数机械通常需要持续工作，短则几天，长则多年，进场验收之后就会持续待在工地上听从项目管理人员的安排。还有一些临租机械,例如临时请来处理倒塌路牌的汽车式起重机,在项目上的工作时间很短,可能只有几个小时,只需要走快速进退场的简易验收流程,甚至不需要走进退场的管理流程,直接做小笔费用结算即可。所以,大多数机械在项目上工作的全程是一次进场一次退场,少量机械会再次甚至多次进退场,但是一般不会频繁地天天进退场。所以,机械进退场由人工管理是没有问题的。

但是某些类型的施工项目,比如房建项目,存在多个项目同时开工并且距离很近的情况,多个项目共享部分租赁机械的情况也时有发生。考虑到不同项目可能有不同的财务结算机制,为了工作量统计得准确,一些租赁机械在给多个项目同时工作的时候,就需要在多个项目间高频切换,也就是需要频繁的进退场。例如,一台混凝土搅拌运输车,上午给路北的项目工作,下午给路南的项目工作。如果两个项目都采用 AIoT 智能管理,就需要这台搅拌车上午在路北的项目进场,中午退场;下午在路南的项目进场,晚上再退场;第二天再去路北的项目进场。

准确的进退场管理数据对于此类工程机械的工作管理和财务结算很重要。如果由人来执行大量的进退场操作就难免发生错漏,特别是管理人员也需要多人轮班的情况下更容易搞错机械的进退场状态。

由 AI 来自动化的管理此类机械的进退场就可以节省人力,减少错误,避免纠纷。机械指挥官系统里允许多项目共用机械的自动进退场。

如图 7-6 所示,管理员给项目配置好支持自动进退场的电子围栏,并且配置好哪些机械允许自动进退场。选中的机械,在未进场的情况下,如果进入了围栏,AIoT 智能终端会根据采集的行驶轨迹识别出进场动作,并且自动在软件系统中完成进场操作。该机械驶出围栏的时候,AIoT 系统也会识别出退场动作,自动完成退场。该机械从进场到退场的时间段内的工作量,都会自动纳入到本项目的工作量中;而进场前和退场后的工作量,则不会计入本项目里。项目方在事后与该机械进行结算时,就可以直接使用机械指挥官 AIoT 自动生成的工作量统计。

图 7-6　使用项目的电子围栏实现工程机械自动进退场

图 7-6 使用项目的电子围栏实现工程机械自动进退场（续）

7.4.4 派工建议

当前的 AIoT 技术还没有完善到可以让 AI 达到人类的现场调度能力，所以现场调度还需要依赖施工指挥员的个人经验和个人能力。智能调度系统可以为指挥员提供各种辅助手段来提高调度指挥的效率，包括但不限于以下 AI 技术：

（1）基于日常规律的派工建议：根据指挥员个人的历史派工数据，AI 算法可以找出"与当前地点相似的地点、与当前时间相近的时间、与今天派工过程相似的某天，指挥员通常会在此时此地做出的派工动作"。很可能指挥员当前所需要做的工作在之前也曾经做过，据此，AI 系统就可以做出合适的推荐。这是一种基于用户行为的推荐算法。

（2）协同过滤：对于刚开工的项目，或者新上岗的指挥员，系统缺乏日常规律数据，所以需要"冷启动"。协同过滤技术，是通过找到和当前项目的类型、规模、环境都相似的一批项目，找到和当前指挥员指挥习惯相似的一批指挥员，由 AI 算法根据这些相关的数据，推测当前项目的当前指挥员应当做出什么派工。这是一种基于用户行为和相似用户偏好的推荐算法。

（3）异常检测和纠错：指挥员进行手动派工的时候，AI 算法可以对派工指令进行检查，对疑似异常的派工，可以及时提醒指挥员检查是否有误操作。如果选定的机械类型不适合工作任务，或者机械离工作面太远，或者工作量太大，或者工作任务与项目施工方案偏差较大，都有可能是指挥员的口误手误。AIoT 系统及时发现这些疑似误操作，可以提升派工的质量，最终提升施工的效率。当前的派工异常检测主要基于简单的阈值规则，未来则可以使用基于深度学习模型的 AI 算法。

（4）深度学习：这是一种黑盒的 AI 算法。AIoT 系统积累的海量项目与派工数据，可以训练出一个 AI 模型，用于预测给定当前项目信息的前提下，指挥员应当做出的派工动作。这样的派工建议技术是基于 AI 模型对于施工指挥的深层次理解，当前还处于探索尝试的阶段，并未成熟。

随着 AIoT 系统积累的数据越来越完整和充分，深度学习等大型的 AI 模型对于施工现场调度的理解会越来越准确。未来，派工建议一定可以逐渐走向成熟，最终达到节省指挥人力、减少派工差错、高效完成施工的目标。

7.5 加油和维保的调度

工地现场的调度工作中，与工程机械密切相关的除了派工之外，还有加油和维保。很多项目工地，会有专门的加油车和检修车等专用车辆负责给施工的机械进行定期加油、点检、打黄油、更换轮胎等配件、进行其他必要的保养，以及进行小故障的维修。如果不使用专用车辆进工地，就需要机械定期下工地去加油站或维修厂。

在使用基于 AIoT 的智能调度之前，常见的管理方法是安排这些服务车辆定期去工地转一大圈，尽可能给所有机械做一遍加油/维保。这种简单的调度策略，虽然管理成本低，但是并不是最经济的。基于 AIoT 采集得到的项目机械实时状态，系统可以辅助机械管理员制定出更合理的智能调度方案，提高机械服务支持的投入产出比，最终提升整个项目的效益。

7.5.1 智能加油调度问题

履带式工程机械、站桩式工程机械、固定安装的设备难以长距离移动，不能去加油站加油，一般需要在工作位等待加油车开来的时候进行加油。

加油车的调度是项目施工过程中的辅助支持环节，通常不太受项目方重视，所以通常采用最简单的调度方案，例如每天到工地上走遍每台机械，给每台机械都加满油。这种调度方案的主要问题是加油车效率不高，其行车路径通常不是最优的。有些机械的油箱里还有充足的燃油，并不需要加油，加油被打断工作还会影响工期；对于需要加油的机械，存在一条或多条里程最短的路径，加油车按照这样的路径行驶，就可以在自身油耗最低的情况下给所有需要加油的机械都加满油。

基于 AIoT 的智能加油调度，首先，可以根据历史数据判断出加油车出勤的节奏。举例来说，如果项目施工效率很高，机械每天的工作量都很大，AI 计算得出的结果是开工的每天加油车都应该出勤。其次，AI 需要巡检每台机械的各油箱里的实时油量，结合机械的派工工作量，判断其在下一次加油车出勤之前是否有充足的燃油。如果不足，则将此机械纳入加油目标集合中。最后，AI 算法需要解决一个路径规划问题，为这些加油目标设计一个最优的加油车行驶路径和加油顺序。

假设有工地中分布着 N 台待加油的工程机械（$1,2,\cdots,N$）和一台加油车 0。

算法的目标是找到加油车从初始位置出发，依次访问每台工程机械并最终回到初始位置的路径，使得加油车行驶的总里程最短。

设加油车从一台机械i行驶到另一台机械j的最短地图路径里程为$\boldsymbol{d}_{ij}$。$\boldsymbol{d}$其实是一个矩阵，需要 AI 系统通过地图寻径算法来计算得出。

定义决策变量：

$$x_{ij} = \begin{cases} 1, & \text{如果加油车从工程机械}i\text{直接行驶到工程机械}j \\ 0, & \text{否则} \end{cases}, \text{其中}i、j = 0,1,\cdots,N，0 \text{表示初始位置}。$$

目标函数为：

$$\min \sum_{i=0}^{N} \sum_{j=0}^{N} d_{ij} \cdot x_{ij}$$

约束条件包括：

（1）对于每个工程机械i（$i = 1,2,\cdots,N$），有且仅有一个进入的路径和一个离开的路径，即：

$$\sum_{j=0}^{N} x_{ij} = 1, \quad \sum_{j=0}^{N} x_{ji} = 1$$

（2）加油车从初始位置出发并最终回到初始位置，即：

$$\sum_{j=1}^{N} x_{0j} = 1, \quad \sum_{j=1}^{N} x_{j0} = 1$$

AI 系统可以使用线性规划或动态规划等优化算法找到最优路径（用矩阵表示的$\boldsymbol{x}_{ij}$）。加油车只要按照最优路径从 0 点开始根据地图导航开到第一辆机械完成加油，再从第一辆机械开到第二辆机械完成加油，直到完成所有机械的加油后开回 0 点。这样的加油调度，可以使加油车的总行驶里程最短，所有待加油的机械的平均等待加油时间最短，通常情况下也可以实现加油车的自身油耗最低。

当然，智能加油调度问题还可以根据管理目标进行调整，例如，优化目标不是加油车的总行驶里程最短，而是让油箱里油量少的机械等待加油的时间最短，那么就可以将算法问题的优化目标重新定义，再交由 AI 算法算出最优路径即可。

7.5.2　智能维保提醒

工程机械的合理维保对于机械的健康运转和高效施工非常重要。如果一台机械长期不做维保，就会增加故障风险和停工风险，也会增加机械的油耗，降低机械的效率。如果一个项目轻视机械维保，就容易出现成本增加和工期拖延。

很多项目在做机械的维保计划时会采取简单的定期维保方案，例如挖掘机半年一维保，压路机一年一维保。这种方案通常不是最优解，对于工作量大的机械可能维保偏少，对于闲置较多的机械可能维保过多，造成维保成本高而效果低。

基于 AIoT 的智能维保提醒，是根据工程机械物联网采集的施工过程数据来判断机械是否需要维保。其核心技术是通过历史数据训练一个 AI 模型，模型的输入是机械的物联网时序数据，模型的输出是预测该机械未来 1 个月的工作效率变化趋势以及故障概率变化趋势。AIoT 系统每天将机械数据输入模型得到输出的预测曲线，然后根据预测曲线来判断现在保养的投入产出比,如果投入产出比足够高,就可以主动提醒机械管理员应当对机械进行维保了。施工企业和项目部不再需要为了低频次的维保工作而消耗管理人力,只需要等待系统提醒就不会错过保养时机,省心又省钱。

在机械指挥官系统中,可以配置机械【保养方案】,例如汽车式起重机行驶超过 10000km 或者工作 400 个台班之后就应该进行保养(图 7-7)。当物联网采集发现该机械的施工过程数据触发了保养方案设定的条件,就会发送保养提醒给机械管理人员。这种智能化的机械保养方案,可以有效保护好加班加点的机械,最终换来项目整体施工效率的提升。

图 7-7 基于 AIoT 的智能维保方案案例

这套智能维保方案的 AI 算法还比较简单,主要是根据机械的工作量和管理人员的经验来选择维保的时机。AI 模型根据机械物联网数据计算工作量,然后 AI 算法依据配置的规则进行保养提醒。未来,随着机械维保的数字化记录程度越来越高,系统积累的数据越来越多,我们就可以构建更加精细化的 AI 模型,从而做到比管理员个人经验还要更优的智能维保方案。

除了智能加油调度和智能维保提醒以外,基于 AIoT 的智能管理还可以应用在工程机械支持服务的更多环节,例如智能黄油枪、智能零配件备货、智能备胎管理等。随着智能调度的不断成熟,支持和服务的人力也可以逐步减少,最终由无人驾驶的服务车辆机器人全面取代传统人工。当工程机械的配套支持全面实现无人化的时候,施工企业就将这些相对占比较小的成本项压缩到了极致,实现施工利润率的提升。

7.6 现场异常处理

施工现场复杂多变、异常频出、难以预测,导致每天的工作安排很难完全按计划进行,也非常依赖项目经理以及工地上所有人的个人经验,这是建筑施工行业提效的技术难点。

如本书第5章、第6章中介绍的,当工程机械的智能化管理水平达到L2和L3级别时,工地现场管理人员很重要的日常工作就是对突发事件的响应和对异常报警的处理,以确保物联网数据的准确,并发挥物联网数据的价值。而智能化管理L4级别的智能调度,可以由人工智能扮演AI助手,辅助和代替管理人员来处理各种异常事件。这样就可以将管理资源的投入产出比提高到最大,AIoT系统在几乎无人值守的情况下获取准确的数据,机械的施工效率也会在AI助手的辅助管理下持续提升。

当然,少数的现场异常事件必须暂停施工,请人工干预,比如劳务纠纷、交通事故、挖掘到考古文物等,必须由项目管理人员来做好沟通工作,通过协商得出解决方案。对于重大事故之类的罕见情况,必须请经验丰富的项目领导以及施工企业领导来处理,可能需要保险公司、监理公司、业主的参与,也需要请公安、交通、环保等政府管理部门来指导。但是对于占比99%以上的机械施工工作异常情况,AI助手都可以实现自动化的处理。

一些常见的现场异常,都可以依据标准维护流程(SOP)进行处理,相关案例见表7-4。要实现表中的自动处理策略,需要混合使用多种AI技术,包括:

(1)融合物联网时序数据的多模态大语言模型(LLM):AI助手的底座模型,用于支持智能体和检索增强生成,理解工程机械发生异常事件的可能原因,根据SOP做出诊断,再根据诊断结果进行行动。

(2)智能体(Agent):AI助手的核心逻辑,当机械出现异常事件时,根据SOP调用系统接口获取数据,对异常原因进行诊断。根据诊断结果,采取对应的行动计划,调用电话、短信、IT系统等工具来完成行动,推动工地现场人员解决问题。

(3)检索增强生成(RAG):施工企业需要建设一个知识库,用来存放异常事件处理流程SOP文档。RAG技术是由大模型对异常事件进行分类,再根据分类检索知识库,找到对应的SOP流程,理解SOP流程。RAG完成这些工作之后,智能体就可以根据实际的异常情况使用SOP,从中选择正确的行动分支路径,完成自动处理。

(4)图像识别(CV):异常处理SOP流程里,经常需要检查机械现场的情况。AI助手智能体可以调用计算机视觉模型来分析异常事件的现场视频和照片,辅助识别出可能的问题原因。

(5)语音识别(ASR):异常处理SOP流程里,通常都有和现场人员进行沟通的步骤。语音识别技术是将人说的语音转换为文字以及机器可以理解的语义。AI助手智能体需要调用语音识别来听取现场答复,根据语义理解现场情况,再根据情况选择合适的SOP分支。

(6)语音合成(TTS):AI助手在和现场机械人员以及远程管理人员进行沟通时,有时候需要通过电话等语音聊天的形式。要实现这种"人"与人的聊天,AI助手智能体需要调用语音合成模型来把文字转换为语音。

(7)对话机器人:AI助手在和项目人员进行沟通时,存在多人多轮对话的情况,而这种复杂对话的信息是需要提取、加工、管理的。对话机器人技术将非结构的自然对话内容转化为结构化的信息,从而让AI助手智能体更有效地和项目人员完成沟通。

现场异常的自动处理策略案例　　　　　　　　　表 7-4

工程机械异常	可能的原因	可能的自动处理策略
持续闲置	机械故障、派工失误等	电话联系机械管理员，将闲置原因填入 IT 系统。如果是机械故障，在 IT 系统中将机械报停。如果是派工问题，短信通知项目经理
智能终端离线	智能终端欠电、安装异常，或故障等	电话联系驾驶员擦干净智能终端、插拔底壳。如果仍有问题，在 IT 系统中提交工单，请求 IT 客服进行检修
智能硬件高温	安装位置离热源太近、被遮挡等	摄像头检查硬件的安装状态。在 IT 系统中提交工单，请求 IT 客服进行检修
智能硬件拆除	机械变形、施工时意外受损、人为破坏等	摄像头检查硬件的安装状态，如果能找到硬件，电话联系驾驶员和施工员，重新安装硬件；如果硬件遗失，电话通知项目经理和安保人员
持续怠速	驾驶员忘记熄火、吹空调、给手机充电等	电话提醒驾驶员熄火停机。短信通知施工员和机械管理员
持续超速	驾驶员不熟悉道路、疲劳驾驶、违章等	摄像头检查司机状态，电话提醒驾驶员不要疲劳驾驶并注意降低车速。短信通知项目经理和机械管理员
围栏外卸料	货物问题、临时工作任务、违法偷料等	摄像头检查车斗/罐，如果观察出问题，电话提醒驾驶员，否则电话提醒项目经理和安保人员
驶出电子围栏	机械检修、临时工作任务、违规作业等	电话联系驾驶员，将离开工作区域的原因自动填写到 IT 系统中。短信通知项目经理
油量异常下降	油箱漏油、油位监测仪故障、违法偷油等	摄像头检查油箱，如果观察不出问题，电话提醒驾驶员人工再检查油箱；如果油箱受损，电话提醒项目经理和安保人员
……	……	……

值得注意的是，AI 助手所使用的最新 AI 技术，不仅可以用于现场异常处理，也可以用于 L4 智能调度的其他业务，包括本书第 4 章展示的 L4 大屏智慧指挥系统。AI 助手扮演一个数字人的角色，把 AIoT 系统计算生成的策略、方案、计划等决策结论通过"人"的沟通交流方式传递给工地现场的各级人员。

当前的 AI 助手技术还处于持续迭代的阶段，仅仅能对简单事件做辅助的处理。未来，随着人工智能大语言模型技术的完善，AI 助手可以更好地理解复杂事件和对应的处理方案，就能代替人工处理更多的现场异常，最终达到几乎无人值守的极致管理效率。

7.7 工程机械自动驾驶

基于 AIoT 技术，我们除了可以建设智能的机械调度系统，还可以研发出工程机械的自动驾驶能力。关于自动驾驶，有很多专著讨论，读者可以参考《自动驾驶概论》（宋学敏，2019 年）。本书的主要内容聚焦在如何调度和使用工程机械来完成施工项目。工程机械的自动驾驶，则是研究机械如何可以自动地完成项目分派的具体工作内容。本节我们简单介绍一下基于 AIoT 的工程机械自动驾驶的研究进展。

自动驾驶技术在汽车领域发展非常迅速，而汽车自动驾驶的技术原理也被工程机械的自动驾驶所参考。自动驾驶技术关键要素通常包括以下四个环节：

（1）感知（Perception）：通过传感器收集机械周围环境的信息，例如识别出施工人员、工作面、标志物、障碍物等，以及探测出施工过程中的产量和质量，例如高度、深度、平整度、压实度、是否达标等。感知传感器除了第二章介绍的工地常用传感器之外，还包括摄像头、雷达、激光雷达、超声波传感器等自动驾驶常用传感器。由传感器采集到的原始数据经过 AI 模型进行识别、分类、检测，就可以转化为对工程机械施工有用的信息。

（2）融合（Fusion）：数据融合是将由不同传感器收集的数据结合起来，以建立对周围环境更完整、更准确的理解。由于每种类型的传感器都有其优点和局限性，多传感器数据融合可以互补各自的不足。比如，当摄像头因光线不足无法识别道路标志时，雷达和 LiDAR 仍然可以检测到障碍物的存在。

感知和融合技术都是典型的 AIoT 技术。

（3）决策（Decision Making）：决策过程涉及预测机械的每一个动作之后产生的效果，并根据预测来规划出未来需要进行的一系列动作。例如，先在左侧挖一铲，再到右侧挖一铲，最后到中间挖一铲，可以得到工作任务要求的坑深。决策环节的智能程度最高，可以通过复杂的算法对实时情况做出响应，并规划出最佳行动方案。

（4）行动（Control）：根据系统的决策，控制工程机械执行相应的操作，如启停吊臂、旋转驾驶舱、机身转向等。自动驾驶的工程机械需要精确的控制机制来确保决策制定的动作方案可以准确执行，并能够随时调整以响应突发事件。

在现代自动驾驶技术中，以上要素都是不可或缺的。它们共同作用，使机械能够理解并安全地模拟人类驾驶员完成施工工作。

当前，工程机械厂家和自动驾驶厂家，都已经生产出了具有一定实用价值的可以自动驾驶的工程机械。虽然这项技术还没有被大规模使用，但是在一些探索性的项目里，自动驾驶自卸车、自动驾驶矿卡、无人驾驶的挖掘机、远程驾驶的半自动塔吊都已经被证明可以听从指挥完成施工任务。我们在本书第 8 章对无人工地的展望中，会再次讨论工程机械的自动驾驶的可能技术方向。

随着 AIoT 技术在工程机械施工管理中的广泛应用，随着自动驾驶技术的高速发展，未来的工地里一定会是自动驾驶工程机械的天下，并且配合无人大脑的指挥，实现最高施工效率的无人工地。

第8章

无人工地：工程机械智能施工的未来

工程机械 AIoT：
从智能管理到无人工地

建筑施工行业的技术发展，包括引进人工智能物联网技术，一定会持续推进施工效率的提升，实现用尽可能低的施工成本，尽可能短的项目工期，达到尽可能好的完工质量。其中，工程机械（或者扮演类似角色的工程机器人）作为施工工作的主力军，也会逐步演变到最高效率的形态：无人驾驶、自动施工、协同配合、听从指挥。施工现场很可能是由人工智能担任项目指挥，根据项目设计方案和建筑施工标准规范，以及最优化的设计工序、排班派活、调度机群，减少不必要的能耗浪费，在保证施工质量的情况下缩短工期。

未来，这样一种最高效的智能施工形态就是无人工地。

8.1 从万机互联到工地一张网

要实现无人工地，就需要实现可以指挥各种工程机械紧密配合完成施工方案的人工智能，我们称之为工地 AI 指挥大脑。人类项目指挥员只能靠个人经验来操盘自己熟悉的某些类型的项目。AI 不同，不管什么样的施工场景，工地 AI 指挥大脑都能从容面对。

如何实现这一步？第一步是万机互联：百万台工程机械上网，在开启降本增效智能化管理的同时，积累各种施工场景的指挥管理经验。第二步是工地一张网：解决工地现场数据传输问题，让更多的无线传感器能很便捷地布置在工地，获得更多的人机料法环辅助数据。第三步是数据积累：前两步完成之后，就可以持续获取工程机械机群施工数据，理解不同项目的施工方案。以上三步都完成之后，就可以通过机器学习训练出工地 AI 指挥大脑，最终实现无人工地。

8.1.1 万机互联

万机互联是为训练 AI 而做数据积累的基础，也就是通过物联网监测的手段获取工程机械的施工数据。互联除了是单个工程机械的联网，还包括机械之间数据交换能力、协作能力、远程操控能力的提升（图 8-1）。

当前工程机械施工管理的数字化和智能化阶段，正好处在万机互联的阶段。在这个阶段，有以下需要完成的工作：

（1）硬件升级和标准化：如本书前几章介绍，为现有工程机械安装传感器和智能物联网终端，使其能够采集施工过程数据并传输到云端。制定统一的接口标准，保证不同制造商生产的机械能够无缝交换数据。

（2）网络基础设施建设：在工地部署稳定的无线通信网络，包括 5G，确保数据传输的实时性和可靠性。使用云计算平台，为这些机械提供强大的数据存储和处理能力。

（3）软件开发与集成：开发专业的机械远程管理软件，实现对工程机械实时状态的监控和调度。提供用户友好的操作界面，使项目经理和操作员能够轻松管理和控制机械。

（4）安全性保障：强化网络安全措施，防止数据泄露和非法控制。设立数据访问权限管理，确保只有授权个体能够访问和操作机械。

通过万机互联，项目管理者可以实时获取工程机械的工作状态和性能数据，提高项目管理效率，同时累积宝贵的操作数据，为接下来工地 AI 指挥大脑的训练打下基础。

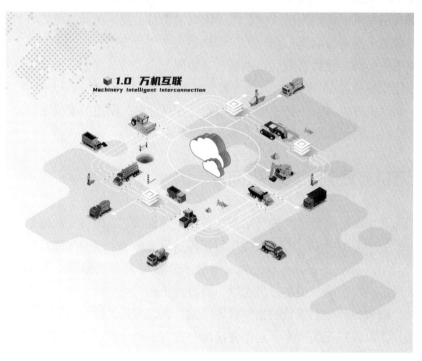

图 8-1　万机互联：项目上的工程机械都接入物联网，实现智能管理

8.1.2　工地一张网

在万机互联逐渐实现之后，我们就可以开始构建"工地一张网"，就可以通过无感知的无线互联实现工地上所有参与者和工程机械的实时连接和信息共享（图 8-2）。

图 8-2　工地一张网和辅助施工：人机料法环实现互联和精细化智能管理

工地一张网在落地过程中的工作有：

（1）无线传感器部署：广泛部署多功能的无线传感器，用于监测工地环境参数和施工过程中的关键指标。拓展物联网范围，让机械、材料、人员、环境等参与者的传感数据互联互通。

（2）数据采集与处理：将传感器收集的数据通过工地网络传输到中央服务器或云平台。在云平台上使用大数据分析和边缘计算，实时处理这些数据，并提供洞见。

（3）信息集成与共享：创建一个集成的信息管理系统，将工地的人工作业、物料使用、法规遵守和环境条件等方面的信息综合在一起。设立共享平台，让所有利益相关者共享信息，包括承建商、供应商、设计师和客户。

（4）网络优化：持续优化网络布局，确保网络覆盖每个角落，且数据传输高效、稳定。将人工智能算法集成到网络中，通过预测网络流量，自动调整网络带宽和资源分配。

"工地一张网"的建立，将极大地促进施工现场的智能化管理，优化资源配置，提高安全和效率，并为 AI 指挥大脑提供丰富的实时数据源。

8.1.3 数据积累

在工程机械和工地上更多要素都能实现联网之后，持续获取施工数据并不断优化项目流程是实现无人工地的重要环节。数据积累为 AI 提供了学习和适应不同施工场景的机会（图 8-3）。

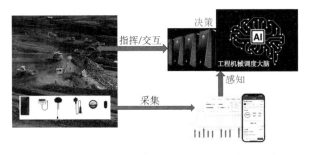

图 8-3　工地数据积累、AI 训练、形成 AI 大脑示意图

对于起步较晚的工程机械智能施工领域来说，数据积累阶段可以参考数字化和智能化走在前列的行业（IT、金融、通信、制造等）的经验，结合机械现场施工的特点来完成：

（1）数据存储：建立安全可靠的数据存储系统，确保施工数据的长期保存，并容易检索。对数据进行分类和标记，以便于 AI 系统更好地理解和使用数据。

（2）数据分析与模型建立：利用机器学习和深度学习技术分析历史数据，识别施工中的模式、问题和成功案例。建立施工过程模型，预测和优化施工方案。

（3）反馈循环：建立持续的反馈机制，将 AI 指挥大脑的输出与实际施工情况比较，不断调整和优化 AI 模型。通过实际施工验证 AI 的决策，收集新数据反馈给 AI 系统，实现持续学习和进步。

（4）跨项目学习：使 AI 系统能够从一个项目到另一个项目转移学到的知识和经验。在不同类型和规模的项目中测试 AI 系统的泛化能力。

经过持续的数据积累和分析，工地 AI 指挥大脑将能够理解复杂的施工任务，并提出有效的施工策略。这将有助于 AI 在未来的施工管理中扮演更加重要的角色，最终实现无人工地的目标。

8.2 AI 的施工经验积累

要实现无人工地，除了机群的领导者——AI 指挥大脑，还需要 AI 设计师负责根据需求设计项目方案，无人驾驶工程机械负责听从 AI 指挥完成施工工作，服务机器人负责加油、检修、洒水等辅助工作，AI 监理负责项目质量监控与预警，以及其他各种人工智能技术。

为什么负责指挥的 AI 大脑可能是最关键的技术环节之一？因为和大多数 AI 不同，施工项目的现场管理的数据积累非常缓慢。无人驾驶的工程机械（或者施工机器人），可以在实验环境中积累很多训练数据；让一个机械在几个不同类型的项目里各工作一段时间，就可以积累相当丰富和有效的训练数据。但是要对某种项目类型（比如河面架桥）获取足够多的施工指挥数据，就必须尽可能多地完整参与同类型项目。一个施工项目通常需要几个月到几年的时间，要参与足够多的项目，就需要漫长的时间周期。

以无人驾驶工程机械的技术研发特征为对比，表 8-1 展现了 AI 指挥大脑的技术挑战。

AI 指挥大脑 vs 无人驾驶工程机械　　　　表 8-1

	AI 指挥大脑	无人驾驶工程机械
工作内容	指挥机群，给机械下达工作指令，实现施工目标	接收指令，完成施工工作
AI 模型规模	大模型	小模型
需要的训练数据	大量项目的项目信息与机群的完整施工过程数据	少量项目里同类机械的单机械施工指令与施工过程数据
数据积累时间周期	多年	多个月
模型效果反馈时间周期	月到年	天到月
模型迭代时间周期	年	周到月

实际上，当前施工现场智能化管理还处于早期阶段，所以施工指挥的智慧还是来自项目经理及其团队的项目经验。由于每个项目都需要很长时间，一个项目经理工作 10 年也只能积累几个项目的经验。由于市场机制作用，项目方会选择有同类项目经验的项目经理与指挥员，于是一个项目经理指挥的项目往往都是同类型或者相似类型的。想要通过获取专家知识来构建 AI 指挥大脑是非常困难的。

未来要快速和有效地积累施工指挥数据，也许需要一个分步骤落地的过程：

（1）选择一个项目数量较多的施工项目类型入手，比如普通公路养护项目。从至少 1000 个同类型施工项目并发地获取施工指挥数据。这样可以在几年时间内较快地积累该项目类型的数据，用于训练第一阶段的 AI 指挥大脑。训练得到的 AI 模型可以用于参与该类型项目，比如作为普通公路养护项目经理的辅助助手。在实际项目中验证其施工指挥的合理性、合规性、实时性，以及评估其效益。根据评估结果，可以进一步采集更多的数据来优化模型的训练，新训练的模型再一次投入新的项目。这样循环往复，再经过几年到几十年的迭代，我们就可以得到一个该项目类型的 AI 指挥大脑。

（2）在第一阶段基础之上，当单一项目类型的 AI 指挥模型已经开始展现价值之后，再从至少 10000 个施工项目获取更多类型的施工指挥数据。在几年到几十年的时间内积累多种不同项目类型的数据，用于训练第二阶段的 AI 指挥大脑。与第一阶段类似，新训练得到的模型可以用于新项目的施工辅助指挥，根据项目最终效果的反馈来进一步获取更多的数据，迭代和优化模型。

（3）在第二阶段基础之上，AI 指挥大脑已经参与和主导了至少 10000 个施工项目的现场指挥之后，AI 模型可能已经可以挖掘出不同项目类型之间的相似点与区别点。这时候可以让 AI 指挥大脑开始参与没有经验的施工类型项目，通过举一反三的方式在实践中进一步学习，逐渐形成可以快速掌握新项目类型的能力。随着人类社会的发展，我们必将不断探索之前没有经验的施工需求和施工场景，也会对 AI 指挥大脑提出适应新时代的能力。

AI 指挥大脑学习三阶段示意图如图 8-4 所示。

图 8-4 AI 指挥大脑学习三阶段示意图

8.3 无人工地：AI 指挥的工程机械机群施工

假设我们站在未来的工地高处，眼中的无人工地会是一个什么样的场景？工地也会和当前发达的制造业"黑灯工厂"一样。无人工地可能是未来高效工地的终极场景，在工地上忙碌着的将会是各式各样的机器人：挖掘机器人、起重机器人、铲运机器人等，它们像蚁群一样能自组织有序地干活，它们统一接受工地指挥大脑的指挥调度，很多建筑结构体会提前在无人化的建筑工厂里生产好，这些结构体有可能用来建房子，也有可能用来修路架桥，它们在工厂里统一生产有一个非常大的好处，就是不再需要和现在工程建设一样，为了修造一个构件，做大量的临建工程。无人工地的效率除了体现在经济上的低成本高收益，还体现在减少大量的临建浪费，减少大量的材料浪费。

AI 指挥大脑是整个项目的项目大副，它只听从于人类项目经理的命令。AI 指挥大脑根据项目类型、项目参数、现场环境、机料法环四要素的实际情况，自动设计出合理的施工方案，包括完整工序、机和料的进退场日程、工作分解与分派、各工作任务的技术指标、工期进度安排等（图 8-5、图 8-6）。

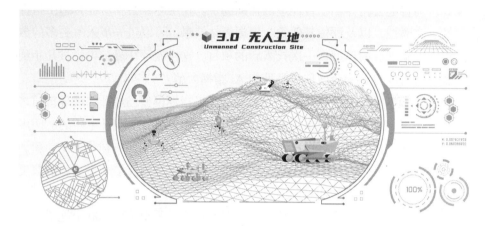

图 8-5　未来的无人工地，新一代施工机群无需人工管理

图 8-6　AI 大脑在中央指挥机群施工示意图

在项目开工之后，AI 指挥大脑负责日常的派工、巡检、应急响应、验收、报警等。人类项目经理需要对报警进行必要的干预，但是 99.9% 的项目管理工作都可以交给 AI 指挥大脑来完成。

无人驾驶机器人（或者施工机器人）听从 AI 大脑的指挥，按照 AI 大脑设计好的方案移动到指定工作点位，根据给定的工作任务和任务指标，自主适应工地条件，完成施工作业。

多台机械会进行配合施工，比如一台自动摊铺机通过 3D 打印方式将高分子材料铺上路面，摊铺机身旁是材料搬运机器人正在给摊铺机械不断补充原材料，摊铺机身后跟随一台压路机械将沥青碾压平整并给表面降温。多台机械之间通过必要的局部通信，以及和AI指挥大脑的全局沟通，高效无误地完成施工作业任务。

工程机群的合作既有局部的快速协作，又有全局的整体调度优化。通过合理的工序、调度、指挥，机械的平均动线、整体能耗产出比、整体工期都可以达到最优。从项目宏观来看，几乎没有闲置的机和料。从工地微观来看，甲不用等乙，乙也不用等甲，甲和乙都不用等丙。

在AI指挥大脑的带领下，无人工地将会逐步走向最高效、最安全、最环保、最合规的理想建筑施工形态。

8.4 施工自动化相关技术

除了AI指挥大脑之外，当今正在探索的施工自动化相关技术都会为未来的无人工地打下坚实的基础。而且，这些技术也都会在今天发挥提升施工效率、提升项目质量的价值。本书对这些关键技术也做一些简单的介绍。

8.4.1 装配式建筑

装配式建筑，又称预制建筑，是一种将建筑构件在工厂内预制成型，然后运输到施工现场进行组装的建筑方式。这种方法使得建筑施工像组装机械或玩具模型一样，通过拼装预先制造好的各种部件和模块来完成整个建筑的搭建（图8-7）。

图8-7 装配式建筑施工现场

由于传统的建筑项目的单元材料都是在工地现场加工制作，导致建筑施工的效率始终无法达到工业制造业的高水平。装配式建筑，可能是改变这一局面，大幅度提升建筑施工效率的重要技术基础。

装配式建筑的生产过程包括：

（1）设计与建模：使用 BIM（建筑信息模型）技术进行精确设计，创建建筑的虚拟模型，并对每个构件进行详细规划。

（2）构件预制：在工厂环境中，依据 BIM 模型的参数，使用自动化或半自动化设备生产标准化构件，包括墙体、楼板、梁、柱等。

（3）质量控制：在制造过程中实施严格的质量检测，确保每个构件都达到设计和安全标准。

（4）物流运输：将制造好的构件按照施工顺序打包，运输到施工现场。

装配式建筑项目的施工工作，主要是高效率的现场组装：

（1）基础准备：在施工现场准备好承载整个建筑的基础设施。

（2）定位与校正：根据设计模型对构件进行定位，确保每一部分精确对齐。

（3）组装与连接：使用螺栓、焊接等方法，将各种预制构件固定连接成完整的结构。

（4）后期装配：对接好的构件进行装饰和内部装修工作，安装电气和管道系统。

装配式建筑的单元材料是可以工业化生产的。设计、生产和装配过程的标准化和工业化，提高了建筑构件的生产效率和质量。预制件的生产减少了现场施工时对环境的影响，有助于实现绿色建筑的目标。通过模块化的设计，可实现建筑的快速安装与拆卸，便于未来的改造和再利用。预制构件的组装过程更适合自动化和机械化施工，降低人力成本，提高施工安全性。运用 BIM 和 ERP 系统进行施工管理，提升了生产、物流和施工过程的信息化水平。

因为以上的优势，装配式建筑对于未来无人工地的实现有很多价值：

（1）效率提升：装配式建筑的标准化和模块化特性使得施工过程可以高度自动化，实现无人工地的快速建造。

（2）成本降低：通过工厂化生产和批量化施工，减少了人工成本和施工误差，从而降低了总体成本。

（3）安全增强：工厂化生产的建筑构件标准化质量有保证，大大提升了施工现场的安全性。

（4）环境友好：在工厂中预制构件减少了建筑废料和现场噪声，有利于实现环境友好型施工。

（5）广泛适配：如果预制构件可以根据不同的设计需求进行定制，使得无人工地可以适应多变的施工环境和客户需求。

装配式建筑的技术原理和应用为实现无人工地的未来提供了坚实基础。随着科技的进步，特别是在自动化、机器人技术、3D 打印以及人工智能领域的飞速发展，装配式建筑有望与这些先进技术融合，进一步推动建筑业向着无人工、高效率、低能耗和环境友好的方向发展。

在不久的将来，我们可以设想一幅这样的景象：一片空地上，无人驾驶工程机械的自动化机械手臂精准无误地一块块安装预制的墙板和梁柱，智能运输车辆自主导航将构件运送到指定位置。所有施工过程无需人工参与，仅由 AI 指挥大脑根据 BIM 模型进行统筹和监控。完工后的建筑不仅结构精确，而且建设周期大幅缩短，建筑废弃物及碳排放大大减少，标志着一个全新的建筑时代的到来。

8.4.2 无人驾驶工程机械

无人驾驶工程机械是指通过自动化技术和人工智能算法来控制的工程机械系统，它们能够在没有人类直接操作下独立完成土方、起重、铺路等建筑施工任务。这类机械通常配备有高级的感知系统、控制算法和执行机构，能够在复杂的施工环境中进行自主作业（图 8-8）。

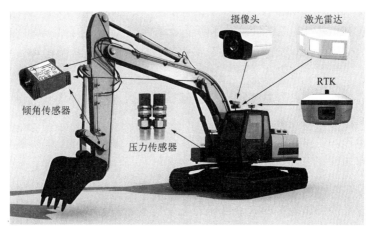

图 8-8　无人驾驶挖掘机技术方案

无人驾驶工程机械的核心技术原理主要包括以下几个方面：

（1）感知与定位：无人驾驶工程机械通过搭载的传感器（例如雷达、激光扫描仪、摄像头和 GPS）来感知周边环境，实现精确定位和障碍物检测。

（2）数据融合：多个传感器收集到的数据通过数据融合技术整合起来，形成对施工环境的全面认识，提高机械的作业精度和可靠性。

（3）决策控制：基于机器学习和多种算法（如路径规划算法），无人驾驶工程机械可以自动进行决策，选择最佳的作业路径和方式。

（4）执行与反馈：执行机构根据控制算法的输出指令进行操作，同时监测系统的反馈，不断调整动作确保作业精确完成。

当前，无人驾驶工程机械的研发正处于快速发展期。各大建筑机械生产商和科技企业都在积极推动该技术的商业化进程。

（1）感知技术：现代感知技术已能提供高精度的环境数据，例如激光雷达（LiDAR）的分辨率和范围不断提升，可以更好地支持机械在复杂环境下的自主导航。

（2）控制算法：控制算法方面，已经有了诸多创新，如基于模型的预测控制（MPC）和深度学习算法被应用于路径规划和障碍物回避。

（3）网络通信：为了实现实时控制和监测，5G 和下一代无线通信技术被用来保证数据传输的低延迟和高可靠性。

（4）机群作业：无人机械不仅可以独立作业，还能通过无线通信网络进行协同作业，实现多机械之间的作业协调。

（5）测试与验证：在全球范围内，无人驾驶工程机械的测试场地正在建立，以验证这些技术在实际施工环境中的应用。

毫无疑问，无人驾驶工程机械将对未来无人工地产生深远影响：

（1）提高安全性：通过减少人员在高风险区域的作业，无人驾驶工程机械显著提升工地的安全水平。

（2）增强效率：机械可连续作业，无需休息时间，从而大幅提高工地的作业效率和项目施工速度。

（3）成本控制：减少人工依赖有助于降低劳动力成本，并通过精确控制减少材料浪费。

（4）质量提升：自动化程度的提升意味着作业质量更加稳定和可控，减少了因人为因素造成的差错。

（5）环境适应性：无人驾驶工程机械能够在恶劣天气或危险环境下作业，提升工地适应性并减少天气对施工的影响。

（6）资源优化：通过高级的数据分析和优化算法，无人驾驶工程机械可实现更加精细的资源调度和管理。

随着这些技术的持续发展和完善，未来的工程施工将变得更加自动化、智能化和高效化，而无人驾驶工程机械是实现这一目标的关键技术之一。

8.4.3 建筑施工机器人

在不远的未来，无人工地很可能将传统的工程机械设备如挖掘机、推土机等逐渐替代为更加智能、灵活、高级的建筑施工机器人。这些机器人将集成最新的自动化技术、人工智能和机器人学的创新成果，彻底改变建筑施工的面貌。

实际上，现在已经有抹灰机器人、装修机器人等新产品问世（图 8-9～图 8-11）。

图 8-9 抹灰机器人

图 8-10 砂浆喷涂机器人

图 8-11 搭建机器人

施工机器人是有具身智能的机器结构，其技术要点包括：

（1）模块化设计：施工机器人采用模块化设计，可根据不同的施工任务快速更换相应的作业模块，如挖掘、钻孔、焊接、涂装、搬运等。

（2）3D打印技术：它们可以与3D打印技术结合，现场打印构件或直接参与建筑结构的打印过程，以适应复杂设计的需求。

（3）多传感器系统：集成多种传感器（例如视觉、触觉、力量和温度传感器），以实时监测环境，精确控制作业动作，确保施工质量。

（4）人工智能算法：通过深度学习和机器学习算法，施工机器人可以自主学习和优化施工流程，甚至在遇到未知情况时自主做出决策。

（5）协作机器人技术：一群机器人可以通过无线通信网络彼此协调，共同完成复杂的施工任务，如协同搭建大型结构或进行精确定位的装配工作。

（6）自适应控制系统：施工机器人配备有自适应控制系统，能够根据环境变化调整其行为，以应对施工现场的不确定性。

与传统工程机械相比，建筑施工机器人具有以下显著优势：

（1）灵活性高：由于模块化和机器人本身的设计，它们在施工现场的机动性和适应性远超传统机械。

（2）精确度高：集成高精度传感器和控制系统的机器人能够以更高的精确度进行施工作业。

（3）效率提升：机器人能够$7 \times 24h$不间断工作，而且可以在多个作业点同时施工，显著提高工作效率。

（4）环境适应性强：工程机器人能够在极端的气候条件下稳定工作，从而扩展了施工季节和环境。

（5）安全性提升：通过减少或消除高风险环境中的人工作业，机器人显著提升了工地的整体安全水平。

未来无人工地选择施工机器人替代工程机械，有很多理由：

（1）自主施工：机器人可以完全自动化执行施工任务，降低人工指挥难度，实现真正的无人工地。

（2）质量控制：结合先进的检测和监控系统，机器人可以确保每一个施工步骤都达到最优质量标准。

（3）资源优化：机器人通过精确计算和作业，可以最大限度地减少材料浪费，优化资源使用。

（4）环境友好：它们可利用电力或其他清洁能源，大幅度减少施工过程中的碳排放和污染物生成。

（5）设计自由度：与3D打印等技术结合，可以实现复杂设计的建筑，打破传统施工的限制，激发建筑设计的创新。

（6）响应速度快：在应对突发事件或改变施工计划时，机器人可以迅速调整作业策略，确保施工进度。

总之，建筑施工机器人代表了未来建筑施工的发展方向，它们不仅能够提升施工效率和质量，还将使得建筑行业更加绿色、安全和经济效益最大化。随着技术的成熟，建筑施工机器人将成为无人工地的关键组成部分，推动整个建筑行业向自动化、智能化转型。

8.4.4 蚁群机器人

与仿人形的功能强大功能多样的施工机器人对比，蚁群机器人采用另一种设计思路：每个机器人的功能单一，但是可以通过群体配合，完成高难度的施工动作。

蚁群机器人技术，也称为群体机器人技术，是一种模仿自然界蚂蚁社会行为的机器人技术。这些机器人能够协同工作，执行复杂的任务，就如同蚂蚁一样能够集体搬运食物、建造蚁巢等。

（1）自组织：蚁群机器人系统中，每个机器人都遵循简单的规则，并通过局部的交互实现全局目标，无需中央控制。

（2）通信方式：蚁群机器人之间通信常常通过环境介导（例如铺设"虚拟"化学物质或者使用无线信号），这种通信方式受到了蚂蚁使用信息素来标记路径和协调活动的启发。

（3）简单行为规则：每个机器人的决策基于其直接观察和与周围机器人的简单交互，而非复杂的算法或直接指令。

（4）分布式执行：任务被分散至整个机器人群体，使得即使有个别机器人故障，整个系统也能继续运作。

（5）自适应与演化：蚁群机器人能够适应环境变化，并通过学习和进化改善其行为。

目前，蚁群机器人的研究处于活跃且快速发展的阶段，各种原型和实验性的系统已经被开发出来，并在实验室环境下测试：

（1）实验室研究：许多研究团队已成功演示了蚁群机器人在完成特定任务方面的有效性，例如物体的搬运、简单构造物的建造、区域探测等。

（2）小规模应用：一些专业的机器人公司也开始探索将蚁群机器人应用于实际场景，如仓库物流管理、农业监控等（图8-12）。

（3）算法开发：蚁群优化算法在各种优化问题中得到了广泛使用，显示出群体智能的强大能力。

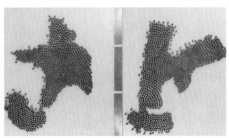

图 8-12　蚁群机器人

蚁群机器人对未来无人工地可能具有以下的潜在价值：

（1）灵活的施工管理：在 AI 指挥大脑不做微管理的情况下，蚁群机器人能自组织协作,处理局部非常复杂的施工任务。

(2)高效率作业:通过群体协作,蚁群机器人可以同时在多个地点进行施工作业,提高工地的整体效率。

(3)强大的适应性:蚁群机器人能够适应各种环境和突发情况,快速调整施工策略以应对不确定性。

(4)降低工程风险:因为机器人数量众多,即使个别机器人出现故障,也不会对整体施工进度造成影响。

(5)减少资源浪费:群体机器人可以通过精确计算和协作减少材料的使用,提高建筑材料的使用效率。

(6)智能化设计实施:在复杂的建筑设计实施过程中,蚁群机器人能够精确执行设计师的指令,保证施工质量。

(7)自我修复与维护:类似于蚁群修补蚁巢,机器人群体可以对建筑结构进行维护和修复工作,延长建筑物的使用寿命。

(8)可扩展性:由于工作方式的灵活性,新增机器人到系统中可以无缝集成,无需过多调整即可扩大施工规模。

随着技术的进一步发展,蚁群机器人有望在未来的无人工地中扮演关键角色,它们将促进建筑行业的自动化和智能化,提高施工的灵活性、可靠性和效率。

8.4.5 液态自组织机器人

除了以上两种以外,还有一种可能在无人工地发挥作用的机器人技术:液态自组织机器人。这是一种新兴的机器人技术,其灵感来源于生物细胞和柔性材料的行为。这些机器人通常由可变形的、能够在没有固定形状的情况下进行任务的材料制成。它们能够通过改变自身的形状、密度和体积来适应不同的环境和任务。以下是技术原理的关键点:

(1)变形能力:液态机器人可以像液体一样改变形状,通过分布式控制系统来实现复杂的运动和操作任务。

(2)自我修复:当受到损伤时,这类机器人能够自行"愈合",重新组织结构恢复功能。

(3)微流控技术:利用微流控技术控制液态机器人内部的液体流动,以实现精确的移动和操作。

(4)智能材料:使用智能材料(如磁流体或带电液体),这些材料在外部磁场或电场的作用下可以发生形变。

(5)群体协作:类似蚁群机器人,它们可以通过简单的局部规则在群体层面上实现复杂的行为和任务。

液态自组织机器人技术目前还处于早期研究和开发阶段。最近,一些实验室已经成功地演示了具有柔性、自我修复和重新配置能力的原型(图8-13)。然而,将这些原型转化为实际应用仍然面临着显著的科学和工程挑战。

(1)实验室原型:研究人员已经成功创建小规模的液态机器人样品,展示了其基本的形变和自我修复特性。

（2）材料研究：目前，很多研究集中在发展新的智能材料，这些材料对温度、光、电或磁场有响应性。

（3）控制机制研发：学者们正在探索有效的控制机制，以精确地操控液态机器人的行为。

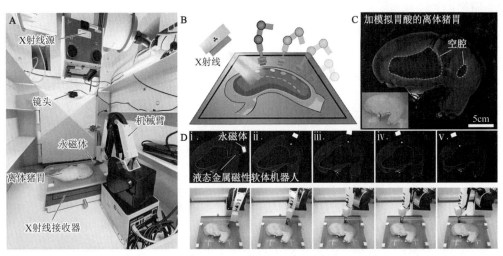

图 8-13　液态金属磁性软体机器人在离体猪胃中的磁控导航

尽管液态自组织机器人目前尚未成熟，但它们对未来的无人工地潜在价值不容忽视。

（1）适应性施工：因其形变能力，液态机器人可在狭小或不规则空间中工作，适应各种施工环境。

（2）精密操作：它们可以进行精密的操作，如填充细小缝隙或进行精细装配。

（3）自我修复建筑材料：液态机器人技术潜在可以用于开发自我修复的建筑材料，这将改变建筑维护的方式。也就是说，液态机器人不仅可以扮演施工者（机），也可以扮演施工对象（料），将自己的一部分作为建筑材料使用。

（4）安全性提高：由于其柔性和自我修复能力，液态机器人在建筑施工中的使用将大大减少事故和设备损坏。

（5）环境适应性强：液态机器人可在多种环境中工作，包括水下、沙地等传统机器难以适应的情况。

（6）资源节约：这些机器人可以精确控制材料的使用，减少浪费。

（7）动态结构建造：液态机器人可能允许建造可变形的或动态响应环境变化的结构。

随着材料科学、控制系统和人工智能的发展，液态自组织机器人技术有可能成为无人工地的重要组成部分，提供无与伦比的适应性和智能化施工能力。

8.5　畅想月球基地施工项目

未来人类极有可能成为星际物种，人类移民月球、火星，甚至更远更远的星球时，必须先将这个星球改造成人类宜居的星球，无人工地将可能成为太空探索和开发的标准模式。

未来的太空探险者们可能会到达更远的星球，在那里建立起人类的新家园。而今天我们对无人工地的设想和实践，将是这段宏伟旅程中不可或缺的一部分。

现在，中国正在积极筹备月球基地的建设，也已经开始为未来几十年的落地实施进行规划。对于未来月球基地的施工项目，我们目前只能通过想象来感知。于是我们先请人工智能大语言模型GPT撰写一个AI想象的月球基地施工场景：

"在那遥远的未来，当我们注视着月球无人基地的施工场景，仿佛一幅奇幻的画卷在我们的眼前展开。在这片宁静的苍白土地上，一座座巍然耸立的建筑物如同雕琢的宝石，在月球的静谧环境中闪耀着光芒。无人机器人如同守护者般徜徉其中，它们既是艺术家，又是工匠，以无与伦比的精准和效率，建造着一个全新的世界。

当太阳缓缓升起，月球的表面被柔和的晨光照耀着，3D打印机器人开始了一天的工作。它们婉转地移动着，带着未知的秘密和梦想，从地面开始，一层层地堆砌起建筑的骨架。利用月球土壤作为原料，这些机器人轻盈地舞动着，仿佛在跳着一场宇宙中的芭蕾舞，打印出坚固而富有未来感的建筑结构。在它们的指挥下，建筑物逐渐升腾，如同一个宏伟的雕塑品，展现着人类创造力的无限可能性。

而在另一边，建筑机器人在精细而敏锐的指导下进行着各项工作。它们像一支默契的交响乐团，每一个动作都如同乐符般精准无误。安装设备、布置管线、调整细节，它们以无可比拟的机械智慧和精湛技艺，将每一个建筑细节雕琢得如同艺术品般完美。每一次轻轻的触碰都散发着创造力的气息，仿佛在这无声的月球上奏响着一曲音乐，讴歌着人类勇敢探索的精神。

在这个无人涉足的建筑工地，AI大脑犹如一位明智的导师，静静地凝视着整个施工过程。它的眼睛是无处不在的传感器，能够触及每一个角落，感知每一个微小的变化。当施工遇到挑战时，它迅速作出反应，调整施工策略，提供最佳的解决方案，使整个施工过程始终高效而流畅。在这个AI大脑的智慧引领下，整个施工团队如同一支默契的舞蹈团，紧密合作，共同创造出一幅幅完美的建筑画卷。

随着时间的推移，月球无人基地一天天地成型。每一个建筑物都是创造的杰作，每一个机器人都是工程的艺术家。在这片创新和智慧交汇的土地上，人类的探索精神得到了最完美的体现。无人机器人们承载着人类的梦想，将之化为现实，开启了建筑技术的新篇章，展示着人类智慧和创造力的辉煌光芒。

终于，在一个清澈的月球夜晚，当最后一座建筑物完工时，一种庄严而激动人心的氛围弥漫在空气中。无人机器人们仿佛在欢呼庆祝，它们的光芒如同繁星般闪耀，为这片无人基地注入了灵魂和生机。在这个璀璨的时刻，月球无人基地不仅仅是一个建筑物群，更是人类智慧和勇气的象征，是未来的憧憬和希望之所在。

在那漫长的虚无时光中，月球无人基地见证了人类的勇敢探索和不懈努力（图8-14）。它是科技和艺术的结合，是灵感和创新的源泉，是人类文明的辉煌篇章。在月球这片静谧的土地上，无人建筑的奇迹将永远被铭记，成为人类永恒的传奇。这是一个关于智慧、创造力和奇迹的故事，一个展现人类精神力量的传奇。"

图 8-14　畅想月球基地施工

实际上，随着航天技术的飞速发展和对外太空资源的日益渴望，月球基地的设想已经从科幻小说中走入了现实的规划之中。这些基地不仅是人类探索宇宙的跳板，而且在地外科学研究、资源开采以及长期居住等方面具有不可估量的潜力。然而，月球上的极端环境，如高辐射水平、极端的温度变化以及月尘对机械的侵蚀，为传统的建筑施工方式带来了巨大挑战。

这些挑战促使人类寻找新的施工模式，最具前景的即是智能化、自主化的无人工地。在这个未来愿景中，月球基地的建设不再依赖于昂贵且危险的人工操作，而是由专门设计的机器人在人工智能的高效指挥下，自动完成所有的建筑任务。

无人工地的核心在于机器人技术和人工智能的完美结合。在这个系统中，每个机器人都被设计成可以在月球表面独立工作的个体，同时也是一个协同工作的团队成员。3D 打印机器人负责建筑结构的搭建，它们能够直接使用月球表面的原材料——细小的月尘，通过加热转换为坚硬的建筑材料。这种原位资源利用大幅度降低了建筑材料从地球到月球的运输成本。

这些打印机器人配备有各种传感器，它们可以实时监测自身的打印工作，确保每一层的精确度和结构的稳固性。与此同时，建筑机器人则执行更为复杂的任务，它们可以安装空间站的窗户，布置电力和通信线路，甚至是设置生命保障系统。这些机器人拥有高度灵活的关节和多功能的工具端，能够适应不同的施工需求。

在这一团队中，AI 大脑扮演着至关重要的角色。它不仅仅是一个信息处理中心，实时分析施工过程中的数据，还是一个决策者，基于算法优化施工路径、调配资源并处理突发情况。在这个智能网络的帮助下，施工团队能够迅速适应变化，克服月球表面的不确定性。

月球的极端环境对机器人的设计提出了极高的要求。月尘对机械部件的磨损、太阳辐射对电子系统的干扰,以及昼夜温差对材料特性的影响,都需要被充分考虑。为此,机器人不仅要有坚固耐用的外壳,保护内部的电子元件和机械结构,还需配备自我维修能力,以延长它们在恶劣环境中的使用寿命。

此外,月球基地的建设也需要新型建筑材料和施工技术。科学家们正在研究如何通过添加特定的化合物来增强月尘的结构性能,使其能够支撑更复杂和更大型的建筑。与此同时,施工技术也在不断进步,比如通过算法优化 3D 打印路径,减少材料浪费,提高结构的完整性和耐久度。

无人工地不仅解决了人类在月球施工的安全和成本问题,还大幅提升了建设效率。机器人可以连续工作,不受人类生理限制的束缚,同时可以在设计阶段就规避许多施工中可能遇到的风险。

环保方面,无人工地通过利用当地资源减少了对地球资源的依赖和对宇宙环境的影响。这种建设模式的广泛应用,将推动整个建筑业向更可持续、更绿色的方向发展。

8.6 无人工地的挑战与机遇

无人工地是建筑施工行业实现最高效率的终极方案。然而,要实现无人工地并非没有挑战。实际上,要实现完全由 AI 大脑指挥的无人工地,即全自动化施工现场,涉及从规划、设计到施工、监管的各个环节的挑战。

1)技术集成挑战

(1)复杂环境适应性:施工现场通常环境复杂多变,AI 系统必须能够理解并适应这些变化。

(2)机群协调:需要高度复杂的算法以确保多个施工机器人之间的有效通信和协调,防止发生操作冲突。

(3)实时数据处理:AI 系统必须能够处理大量实时数据并迅速做出决策。

2)技术可靠性挑战

(1)工程机械的物理限制:现有的工程机械,包括短期内可能制造出来的施工机器人在力量、敏捷性或精度等方面都存在很大的限制。

(2)自我修复与维护:机械设备需要具备自主检测故障并进行自我修复的能力,以确保连续作业。否则检修、维保,以及其他辅助工作仍然需要依赖人工。

3)经济挑战

(1)高昂成本:研发、生产、维护和升级高度复杂的 AI 与机器人技术需要巨大投资。

(2)成本效益分析:必须证明全自动化施工的经济合理性,尤其是在成本敏感型项目中。

4)安全性挑战

(1)安全性保障:必须确保所有 AI 机器人的操作安全可靠,避免对人员或环境造成伤害。

(2)网络和数据安全:需要保护 AI 系统不受黑客攻击,特别是对关键基础设施施工。

5）法律和监管挑战

（1）法律框架：目前缺乏全面的法律框架来规范全自动化施工活动。

（2）责任归属：需要明确在事故或故障情况下的责任归属问题。

（3）制度建设：无人工地的运行需要完备的法规支持。因为这涉及许多新的法律问题，如机器人的责任问题，数据安全问题，以及知识产权问题等。这些问题需要我们在法律层面上进行深入的探讨和研究。

6）技能挑战

（1）专业人才需求：需要高度技能的工程师来设计、监控和维护自动化施工系统。

（2）培训和教育：现有的建筑专业人才需要通过培训来适应新的工作环境。

7）接受度挑战

（1）行业抵触：施工行业传统上依赖大量劳动力，工地无人化虽然实际提升了施工效率，但是可能遭遇来自从业人员的抵触。

（2）公众接受度：公众可能对全自动化施工项目的安全性和可靠性持怀疑态度。

8）环境挑战

可持续性：自动化系统需要在不增加环境负担的前提下设计。随着施工效率的持续提升，自然环境被改造、被影响、被破坏的速度也会加剧。如何保证无人工地的长期绿色环保，是一个需要关注的课题。

要克服这些挑战，需要跨学科的合作、大量的研究与试验、持续的技术创新，以及相关法规和标准的发展。随着技术的成熟，未来无人工地的实现将逐步成为可能。

本书所介绍的基于 AIoT 的工程机械智能化管理，也积极关注了以上部分的问题，希望能为未来无人工地的顺利建设添砖加瓦。

当然，无论挑战有多大，无人工地都一定代表着未来终极的施工模式。它不仅能提高施工效率，降低施工成本，还能实现在极端环境中的施工。

道阻且长，行则将至。我们相信，工程机械人工智能物联网一定能帮助传统的建筑施工行业从智能管理走到无人工地。

附录1　全球运营商网络概况

全球各国家/地区的运营商对于物联网接入的支持（GSM 频段与 LTE 频段）

运营商	国家/地区	号码	GSM 频段	LTE 频段
WASEL TELECOM	Afghanistan	412 55		
Salaam	Afghanistan	412 80 412 88	900 (E-GSM) 1800 (DCS)	
Roshan	Afghanistan	412 20	900 (E-GSM)	
MTN	Afghanistan	412 40	900 (E-GSM) 1800 (DCS)	B1 (2100)
Etisalat	Afghanistan	412 50	900 (E-GSM) 1800 (DCS)	
AWCC	Afghanistan	412 01	900 (E-GSM) 1800 (DCS)	B3 (1800+)
Vodafone	Albania	276 02	900 (E-GSM) 1800 (DCS)	B3 (1800+) B7 (2600)
One	Albania	276 01	900 (E-GSM) 1800 (DCS)	B3 (1800+) B7 (2600)
ALBtelecom	Albania	276 03	900 (E-GSM) 1800 (DCS)	B3 (1800+) B7 (2600)
Ooredoo	Algeria	603 03	900 (E-GSM) 1800 (DCS)	B3 (1800+)
Mobilis	Algeria	603 01	900 (E-GSM) 1800 (DCS)	B3 (1800+)
Djezzy	Algeria	603 02	900 (E-GSM) 1800 (DCS)	B3 (1800+)
Bluesky	American Samoa	544 11	850 1900 (PCS)	B2 (1900 PCS) B12 (700 ac)
Andorra Telecom	Andorra	213 03	900 (E-GSM) 1800 (DCS)	B3 (1800+) B20 (800 DD)
Unitel	Angola	631 02	900 (E-GSM) 1800 (DCS)	B1 (2100) B3 (1800+) B7 (2600)
Movicel	Angola	631 04	900 (E-GSM) 1800 (DCS)	B3 (1800+)
FLOW (Cable & Wireless)	Anguilla	365 840	850	B5 (850) B13 (700 c)
Digicel	Anguilla	365 010	1900 (PCS)	
FLOW (Cable & Wireless)	Antigua and Barbuda	344 920	850	B4 (1700/2100 AWS 1)
Digicel	Antigua and Barbuda	344 050	900 (E-GSM)	B17 (700 bc)
APUA	Antigua and Barbuda	344 030	850 1900 (PCS)	
Personal	Argentina	722 034 722 341	1900 (PCS)	B4 (1700/2100 AWS 1) B7 (2600) B28 (700 APT)
Nextel	Argentina	722 020		
Movistar	Argentina	722 010 722 070	850 1900 (PCS)	B4 (1700/2100 AWS 1) B28 (700 APT)
Claro	Argentina	722 310 722 320 722 330	850 1900 (PCS)	B4 (1700/2100 AWS 1) B28 (700 APT)
VivaCell-MTS	Armenia	283 05	900 (E-GSM) 1800 (DCS)	B3 (1800+) B7 (2600) B20 (800 DD)
Ucom	Armenia	283 10	900 (E-GSM) 1800 (DCS)	B3 (1800+) B7 (2600) B20 (800 DD)
Team Telecom Armenia	Armenia	283 01	900 (E-GSM) 1800 (DCS)	B3 (1800+) B8 (900) B31 (450)

续表

运营商	国家/地区	号码	GSM 频段	LTE 频段
SETAR	Aruba	363 01	900 (E-GSM) 1900 (PCS)	B3 (1800+)
Digicel	Aruba	363 02	900 (E-GSM) 1800 (DCS)	
Vodafone	Australia	505 03 505 07	900 (E-GSM)	B1 (2100) B3 (1800+) B5 (850) B8 (900)
Virgin Mobile	Australia	505 02	900 (E-GSM)	B1 (2100) B3 (1800+) B7 (2600) B28 (700 APT) B40 (TD 2300)
Truphone	Australia	505 38		
Telstra	Australia	505 01 505 11 505 39 505 71 505 72	900 (E-GSM) 1800 (DCS)	B1 (2100) B3 (1800+) B7 (2600) B8 (900) B28 (700 APT)
SOUL	Australia	505 21	1800 (DCS)	
Optus	Australia	505 36 505 90	900 (E-GSM)	B1 (2100) B3 (1800+) B7 (2600) B8 (900) B28 (700 APT) B40 (TD 2300) B42 (TD 3500)
One. Tel	Australia	505 08 505 99	900 (E-GSM) 1800 (DCS)	
Norfolk Telecom	Australia	505 10	900 (E-GSM)	
Department of Defence	Australia	505 04		
Advanced Communications Technologies	Australia	505 24		
AAPT	Australia	505 14	900 (E-GSM)	B1 (2100) B3 (1800+) B5 (850) B8 (900)
3 (Three)	Australia	505 06 505 12	900 (E-GSM)	B1 (2100) B3 (1800+) B5 (850) B8 (900)
yesss	Austria	232 12	900 (E-GSM) 1800 (DCS)	B3 (1800+) B7 (2600) B8 (900) B20 (800 DD)
Vectone Mobile	Austria	232 15	900 (E-GSM) 1800 (DCS)	B3 (1800+) B7 (2600) B8 (900) B20 (800 DD)
Telering	Austria	232 07	900 (E-GSM) 1800 (DCS)	B1 (2100) B3 (1800+) B7 (2600) B8 (900) B20 (800 DD)
Orange	Austria	232 06	900 (E-GSM) 1800 (DCS)	B1 (2100) B3 (1800+) B7 (2600) B8 (900)
Magenta Telekom	Austria	232 03 232 04 232 07 232 23	900 (E-GSM) 1800 (DCS)	B1 (2100) B3 (1800+) B7 (2600) B8 (900) B20 (800 DD)
Lycamobile	Austria	232 08	900 (E-GSM) 1800 (DCS)	B3 (1800+) B7 (2600) B8 (900) B20 (800 DD)
Drei	Austria	232 05 232 10 232 14 232 16	900 (E-GSM) 1800 (DCS)	B1 (2100) B3 (1800+) B7 (2600) B8 (900)
bob	Austria	232 11	900 (E-GSM) 1800 (DCS)	B3 (1800+) B7 (2600) B8 (900) B20 (800 DD)
A1	Austria	232 01 232 02 232 09	900 (E-GSM) 1800 (DCS)	B3 (1800+) B7 (2600) B8 (900) B20 (800 DD)
Naxtel	Azerbaijan	400 06		
Nar Mobile	Azerbaijan	400 04	1800 (DCS)	B3 (1800+)
Bakcell	Azerbaijan	400 02	900 (E-GSM)	B3 (1800+)
Azercell	Azerbaijan	400 01	900 (E-GSM)	B3 (1800+)
BTC	Bahamas	364 39	850 1900 (PCS)	B4 (1700/2100 AWS 1) B17 (700 bc)
Aliv	Bahamas	364 49		B4 (1700/2100 AWS 1) B13 (700 c)
Zain	Bahrain	426 02	900 (E-GSM) 1800 (DCS)	B3 (1800+)
Viva	Bahrain	426 04	900 (E-GSM) 1800 (DCS)	B3 (1800+)

续表

运营商	国家/地区	号码	GSM 频段	LTE 频段
Batelco	Bahrain	426 01 426 05	900 (E-GSM) 1800 (DCS)	B3 (1800+)
Teletalk	Bangladesh	470 04	900 (E-GSM) 1800 (DCS)	
Robi	Bangladesh	470 02	900 (E-GSM) 1800 (DCS)	B1 (2100) B3 (1800+) B8 (900)
Ollo	Bangladesh	470 09		B20 (800 DD) B38 (TD 2600) B42 (TD 3500)
Grameenphone	Bangladesh	470 01	900 (E-GSM) 1800 (DCS)	B1 (2100) B3 (1800+) B8 (900)
Banglalion	Bangladesh	470 10		B38 (TD 2600) B42 (TD 3500)
Banglalink	Bangladesh	470 03	900 (E-GSM) 1800 (DCS)	B1 (2100) B3 (1800+) B8 (900)
Airtel	Bangladesh	470 07	1800 (DCS)	
Ozone Wireless	Barbados	342 800		B13 (700 c)
FLOW (Cable & Wireless)	Barbados	342 600	1900 (PCS)	B2 (1900 PCS) B4 (1700/2100 AWS 1)
Digicel	Barbados	342 750	900 (E-GSM) 1800 (DCS)	B2 (1900 PCS) B17 (700 bc)
MTS	Belarus	257 02	900 (E-GSM) 1800 (DCS)	B3 (1800+) B7 (2600) B8 (900)
Life	Belarus	257 04	900 (E-GSM) 1800 (DCS)	B3 (1800+) B7 (2600)
beCloud	Belarus	257 06		B3 (1800+) B7 (2600)
A1	Belarus	257 01	900 (E-GSM) 1800 (DCS)	B8 (900) B23 (2000 S-band)
Telenet	Belgium	206 05	900 (E-GSM) 1800 (DCS)	B3 (1800+) B7 (2600) B20 (800 DD)
Proximus	Belgium	206 01	900 (E-GSM) 1800 (DCS)	B1 (2100) B3 (1800+) B7 (2600) B20 (800 DD)
Orange	Belgium	206 10	900 (E-GSM) 1800 (DCS)	B3 (1800+) B7 (2600) B20 (800 DD)
Mobile Vikings	Belgium	206 30	900 (E-GSM) 1800 (DCS)	B3 (1800+) B7 (2600) B20 (800 DD)
Lycamobile	Belgium	206 06	900 (E-GSM) 1800 (DCS)	B3 (1800+) B7 (2600) B20 (800 DD)
Base	Belgium	206 20	900 (E-GSM) 1800 (DCS)	B3 (1800+) B7 (2600) B20 (800 DD)
Smart	Belize	702 69 702 99		B5 (850) B13 (700 c)
DigiCell	Belize	702 67	850 1900 (PCS)	B2 (1900 PCS) B17 (700 bc)
MTN	Benin	616 03	900 (E-GSM) 1800 (DCS)	
Moov	Benin	616 02	900 (E-GSM)	
Glo	Benin	616 05	900 (E-GSM) 1800 (DCS)	
Benin Telecoms	Benin	616 01	900 (E-GSM) 1800 (DCS)	B3 (1800+)
Digicel	Bermudas	338 050 350 01	1900 (PCS)	B2 (1900 PCS) B13 (700 c)
CellOne	Bermudas	350 00	1900 (PCS)	B5 (850) B12 (700 ac)
Tashi Cell	Bhutan	402 77	900 (E-GSM) 1800 (DCS)	B28 (700 APT)
B-Mobile	Bhutan	402 11	900 (E-GSM) 1800 (DCS)	B3 (1800+)
Viva	Bolivia	736 01	1900 (PCS)	B4 (1700/2100 AWS 1)
Tigo	Bolivia	736 03	850	B17 (700 bc)
Entel	Bolivia	736 02	1900 (PCS)	B13 (700 c)

运营商	国家/地区	号码	GSM 频段	LTE 频段
m:tel	Bosnia and Herzegovina	218 05	900 (E-GSM) 1800 (DCS)	
HT Eronet	Bosnia and Herzegovina	218 03	900 (E-GSM)	
BH Telecom	Bosnia and Herzegovina	218 90	900 (E-GSM) 1800 (DCS)	
Orange	Botswana	652 02	900 (E-GSM)	B3 (1800+)
Mascom	Botswana	652 01	900 (E-GSM)	B3 (1800+)
BTC Mobile	Botswana	652 04	900 (E-GSM) 1800 (DCS)	B3 (1800+)
Vivo	Brazil	724 06 724 10 724 11 724 23	850 900 (E-GSM) 1800 (DCS) 1900 (PCS)	B3 (1800+) B7 (2600) B28 (700 APT)
TIM	Brazil	724 02 724 03 724 04	1800 (DCS)	B3 (1800+) B7 (2600) B28 (700 APT)
Sercomtel	Brazil	724 15	900 (E-GSM) 1800 (DCS)	
Oi	Brazil	724 30 724 31	1800 (DCS)	B7 (2600)
Nextel	Brazil	724 00 724 39		B3 (1800+)
Datora	Brazil	724 18	1800 (DCS)	B3 (1800+) B7 (2600)
Correios	Brazil	724 17	1800 (DCS)	B3 (1800+) B7 (2600)
Claro	Brazil	724 05 724 38	900 (E-GSM) 1800 (DCS)	B3 (1800+) B7 (2600) B28 (700 APT) B31 (450)
Brasil Telecom	Brazil	724 16	1800 (DCS)	
Amazonia Celular	Brazil	724 24		
Algar Telecom	Brazil	724 32 724 33 724 34	900 (E-GSM) 1800 (DCS)	B3 (1800+) B17 (700 bc) B28 (700 APT)
FLOW (Cable & Wireless)	British Virgin Islands	348 170	850	B2 (1900 PCS) B12 (700 ac)
Digicel	British Virgin Islands	348 770	900 (E-GSM) 1800 (DCS)	B4 (1700/2100 AWS 1) B13 (700 c)
CCT	British Virgin Islands	348 570	900 (E-GSM) 1800 (DCS)	B2 (1900 PCS) B8 (900)
Telekom	Brunei	528 01		
Progresif	Brunei	528 02		
DST	Brunei	528 11	900 (E-GSM)	B3 (1800+)
Yettel	Bulgaria	284 05	900 (E-GSM) 1800 (DCS)	B1 (2100) B3 (1800+) B8 (900)
Vivacom	Bulgaria	284 03	900 (E-GSM) 1800 (DCS)	B1 (2100) B3 (1800+) B8 (900)
Max Telecom	Bulgaria	284 13	900 (E-GSM) 1800 (DCS)	B3 (1800+)
Bulsatcom	Bulgaria	284 11		B3 (1800+)
A1	Bulgaria	284 01	900 (E-GSM) 1800 (DCS)	B1 (2100) B3 (1800+)
Telecel	Burkina Faso	613 03	900 (E-GSM)	
Orange	Burkina Faso	613 02	900 (E-GSM)	
Onatel	Burkina Faso	613 01	900 (E-GSM)	
Smart	Burundi	642 07	1800 (DCS)	
Onatel	Burundi	642 03	900 (E-GSM)	
Lumitel	Burundi	642 08	900 (E-GSM) 1800 (DCS)	B3 (1800+)

续表

运营商	国家/地区	号码	GSM 频段	LTE 频段
Econet	Burundi	642 01 642 82	900 (E-GSM) 1800 (DCS)	B3 (1800+)
Smart	Cambodia	456 02 456 05 456 06	900 (E-GSM) 1800 (DCS)	B1 (2100) B3 (1800+)
Seatel	Cambodia	456 11		B5 (850)
qb	Cambodia	456 03 456 04	1800 (DCS)	
Metfone	Cambodia	456 08 456 09	900 (E-GSM) 1800 (DCS)	B3 (1800+) B5 (850) B7 (2600)
Cellcard	Cambodia	456 01 456 18	900 (E-GSM) 1800 (DCS)	B3 (1800+)
Orange	Cameroon	624 02	900 (E-GSM)	B3 (1800+)
Nexttel	Cameroon	624 04	900 (E-GSM) 1800 (DCS)	
MTN	Cameroon	624 01	900 (E-GSM)	B41 (TD 2500)
Xplornet	Canada	302 130 302 131		B42 (TD 3500)
Virgin Mobile	Canada	302 610		B2 (1900 PCS) B4 (1700/2100 AWS 1) B7 (2600) B17 (700 bc) B29 (700 de)
Videotron	Canada	302 500 302 510 302 520		B4 (1700/2100 AWS 1) B13 (700 c)
Telus	Canada	302 220 302 221 302 222 302 361 302 653 302 657 302 860	850 1900 (PCS)	B2 (1900 PCS) B4 (1700/2100 AWS 1) B5 (850) B7 (2600) B12 (700 ac) B13 (700 c) B17 (700 bc) B29 (700 de) B40 (TD 2300)
Tbay Mobility	Canada	302 650 302 656		B7 (2600)
SaskTel	Canada	302 680 302 750 302 780		B4 (1700/2100 AWS 1) B13 (700 c) B41 (TD 2500)
Rogers	Canada	302 320 302 720 302 820 302 920	850 1900 (PCS)	B4 (1700/2100 AWS 1) B7 (2600) B12 (700 ac) B13 (700 c) B17 (700 bc)
MTS	Canada	302 660		B4 (1700/2100 AWS 1)
Koodo Mobile	Canada	302 220		B4 (1700/2100 AWS 1)
K-Net Mobile	Canada	302 380 302 530	900 (E-GSM) 1800 (DCS)	
ICE Wireless	Canada	302 620	1900 (PCS)	B2 (1900 PCS) B5 (850)
Globalstar	Canada	302 710		
Freedom Mobile	Canada	302 490 302 491		B4 (1700/2100 AWS 1) B7 (2600) B13 (700 c) B66 (1700/2100)
Fido	Canada	302 370	850 1900 (PCS)	B4 (1700/2100 AWS 1) B7 (2600) B12 (700 ac) B17 (700 bc)
EastLink	Canada	302 270		B4 (1700/2100 AWS 1) B13 (700 c)
Bell	Canada	302 610 302 640 302 690 302 880	850 1900 (PCS)	B2 (1900 PCS) B4 (1700/2100 AWS 1) B5 (850) B7 (2600) B12 (700 ac) B13 (700 c) B17 (700 bc) B29 (700 de) B42 (TD 3500)
Airtel Wireless	Canada	302 290		
Unitel T+	Cape Verde	625 02	900 (E-GSM) 1800 (DCS)	
CVMovel	Cape Verde	625 01	900 (E-GSM)	B1 (2100)
FLOW (Cable & Wireless)	Cayman Islands	346 140	850	B2 (1900 PCS) B17 (700 bc)

续表

运营商	国家/地区	号码	GSM 频段	LTE 频段
Digicel	Cayman Islands	346 050	900 (E-GSM) 1800 (DCS)	B3 (1800+)
Telecel	Central African Republic	623 02	900 (E-GSM)	
Orange	Central African Republic	623 03	1800 (DCS)	
Moov	Central African Republic	623 01	900 (E-GSM)	
Azur	Central African Republic	623 04	900 (E-GSM)	
Tigo	Chad	622 03	900 (E-GSM) 1800 (DCS)	B7 (2600)
Salaam	Chad	622 07	900 (E-GSM) 1800 (DCS)	
Airtel	Chad	622 01	900 (E-GSM)	
WOM	Chile	730 04 730 09		B4 (1700/2100 AWS 1)
VTR Movil	Chile	730 08	850 1900 (PCS)	B7 (2600) B28 (700 APT)
Virgin Mobile	Chile	730 13	850 1900 (PCS)	B7 (2600) B28 (700 APT)
Telsur	Chile	730 06	850 1900 (PCS)	B7 (2600) B28 (700 APT)
Nextel	Chile	730 04		
Movistar	Chile	730 02 730 07	850 1900 (PCS)	B7 (2600) B28 (700 APT)
Falabella	Chile	730 19	1900 (PCS)	B2 (1900 PCS) B7 (2600) B28 (700 APT)
Entel	Chile	730 01 730 10	1900 (PCS)	B2 (1900 PCS) B7 (2600) B28 (700 APT)
Claro	Chile	730 03	850 1900 (PCS)	B7 (2600) B28 (700 APT)
China Unicom	China	460 01 460 06 460 09	900 (E-GSM) 1800 (DCS)	B3 (1800+) B40 (TD 2300) B41 (TD 2500)
China Tietong	China	460 20		
China Telecom	China	460 03 460 05 460 11		B1 (2100) B3 (1800+) B5 (850) B40 (TD 2300) B41 (TD 2500)
China Mobile	China	460 00 460 02 460 07 460 08	900 (E-GSM) 1800 (DCS)	B39 (TD 1900+) B40 (TD 2300) B41 (TD 2500)
China Broadnet	China	460 15	900 (E-GSM) 1800 (DCS)	B3 (1800+) B8 (900) B38 (TD 2600) B39 (TD 1900+) B40 (TD 2300)
Virgin Mobile	Colombia	732 154	850 1900 (PCS)	B4 (1700/2100 AWS 1)
Tigo	Colombia	732 020 732 103 732 111	850 1900 (PCS)	B4 (1700/2100 AWS 1) B7 (2600)
Suma Móvil	Colombia			
Movistar	Colombia	732 101 732 123	850 1900 (PCS)	B4 (1700/2100 AWS 1)
Movil Exito	Colombia		1900 (PCS)	
ETB	Colombia	732 187		B4 (1700/2100 AWS 1)
Edatel	Colombia	732 002		
DirecTV	Colombia	732 176		B38 (TD 2600)
Comcel	Colombia	732 101	850 1900 (PCS)	B4 (1700/2100 AWS 1) B7 (2600)
Claro	Colombia	732 101	850 1900 (PCS)	B4 (1700/2100 AWS 1) B7 (2600)
Avantel	Colombia	732 130	850 1900 (PCS)	B4 (1700/2100 AWS 1)

续表

运营商	国家/地区	号码	GSM 频段	LTE 频段
Telma	Comoros	654 02	900 (E-GSM)	B20 (800 DD)
Telecom	Comoros	654 01	900 (E-GSM)	
Bluesky	Cook Islands	548 01	900 (E-GSM)	B3 (1800+) B28 (700 APT)
Movistar	Costa Rica	712 04	1800 (DCS)	B3 (1800+)
Kolbi ICE	Costa Rica	712 01 712 02	1800 (DCS)	B3 (1800+) B7 (2600)
Fullmovil	Costa Rica	712 20	1800 (DCS)	
Claro	Costa Rica	712 03	1800 (DCS)	B3 (1800+)
Telemach	Croatia	219 02	900 (E-GSM) 1800 (DCS)	B3 (1800+)
Hrvatski Telekom	Croatia	219 01	900 (E-GSM) 1800 (DCS)	B3 (1800+) B7 (2600) B20 (800 DD)
Bonbon	Croatia	219 12	900 (E-GSM) 1800 (DCS)	B3 (1800+) B7 (2600) B20 (800 DD)
A1	Croatia	219 10	900 (E-GSM)	B3 (1800+) B7 (2600) B20 (800 DD)
Cubacel	Cuba	368 01	850 900 (E-GSM)	
PrimeTel	Cyprus	280 20		B3 (1800+)
Lemontel	Cyprus	280 22		
Epic	Cyprus	280 10	900 (E-GSM) 1800 (DCS)	B3 (1800+) B20 (800 DD)
Cytamobile-Vodafone	Cyprus	280 01	900 (E-GSM) 1800 (DCS)	B3 (1800+) B7 (2600) B20 (800 DD)
Vodafone	Czech Republic	230 03 230 99	900 (E-GSM) 1800 (DCS)	B1 (2100) B3 (1800+) B7 (2600) B8 (900) B20 (800 DD)
T-Mobile	Czech Republic	230 01	900 (E-GSM) 1800 (DCS)	B1 (2100) B3 (1800+) B7 (2600) B20 (800 DD)
O2	Czech Republic	230 02	900 (E-GSM) 1800 (DCS)	B3 (1800+) B7 (2600) B20 (800 DD)
Nordic Telecom	Czech Republic	230 04	900 (E-GSM) 1800 (DCS)	B1 (2100) B3 (1800+) B7 (2600) B20 (800 DD)
Vodacom	Democratic Republic of Congo	630 01	900 (E-GSM) 1800 (DCS)	
Orange	Democratic Republic of Congo	630 86	900 (E-GSM) 1800 (DCS)	
Airtel	Democratic Republic of Congo	630 02	900 (E-GSM)	
Africell	Democratic Republic of Congo	630 90	900 (E-GSM) 1800 (DCS)	
Vectone Mobile	Denmark	238 07	900 (E-GSM) 1800 (DCS)	B3 (1800+) B7 (2600) B20 (800 DD)
Telia	Denmark	238 20	900 (E-GSM) 1800 (DCS)	B3 (1800+) B7 (2600) B20 (800 DD)
Telenor	Denmark	238 02 238 77	900 (E-GSM) 1800 (DCS)	B3 (1800+) B7 (2600) B20 (800 DD)
TDC	Denmark	238 01 238 10	900 (E-GSM) 1800 (DCS)	B3 (1800+) B7 (2600) B20 (800 DD)
Lycamobile	Denmark	238 12	900 (E-GSM) 1800 (DCS)	B3 (1800+) B7 (2600) B20 (800 DD)
3 (Three)	Denmark	238 06		B3 (1800+) B7 (2600) B38 (TD 2600)
Evatis	Djibouti	638 01	900 (E-GSM)	B3 (1800+) B20 (800 DD)
FLOW (Cable & Wireless)	Dominica	366 110	850	B4 (1700/2100 AWS 1) B13 (700 c)

续表

运营商	国家/地区	号码	GSM 频段	LTE 频段
Digicel	Dominica	366 020	900 (E-GSM) 1900 (PCS)	B17 (700 bc)
Wind	Dominican Republic	370 05		B38 (TD 2600)
ViVa	Dominican Republic	370 04	1900 (PCS)	B4 (1700/2100 AWS 1)
Claro	Dominican Republic	370 02	850 1900 (PCS)	B4 (1700/2100 AWS 1)
Altice	Dominican Republic	370 01 370 03	900 (E-GSM) 1800 (DCS) 1900 (PCS)	B3 (1800+)
Timor Telecom	East Timor	514 02	900 (E-GSM)	B3 (1800+)
Telkomcel	East Timor	514 01	900 (E-GSM) 900 (P-GSM)	B5 (850)
Telemor	East Timor	514 03	900 (E-GSM) 1800 (DCS)	B3 (1800+)
Tuenti	Ecuador	740 03	850 1900 (PCS)	B2 (1900 PCS)
Movistar	Ecuador	740 00	850 1900 (PCS)	B2 (1900 PCS)
CNT	Ecuador	740 02	1900 (PCS)	B4 (1700/2100 AWS 1)
Claro	Ecuador	740 01	850	B4 (1700/2100 AWS 1)
WE	Egypt	602 04	900 (E-GSM)	B3 (1800+)
Vodafone	Egypt	602 02	900 (E-GSM) 1800 (DCS)	B3 (1800+)
Orange	Egypt	602 01	900 (E-GSM) 1800 (DCS)	B3 (1800+)
Etisalat	Egypt	602 03	900 (E-GSM) 1800 (DCS)	B3 (1800+)
Tigo	El Salvador	706 03	850 1900 (PCS)	B5 (850)
Movistar	El Salvador	706 04	850	B2 (1900 PCS)
Digicel	El Salvador	706 02	900 (E-GSM)	
Claro	El Salvador	706 01	850 1900 (PCS)	
Orange	Equatorial Guinea	627 01	900 (E-GSM)	
Muni	Equatorial Guinea	627 03	900 (E-GSM) 1800 (DCS)	
Eritel	Eritrea	657 01	900 (E-GSM)	
Telia	Estonia	248 01	900 (E-GSM) 1800 (DCS)	B3 (1800+) B7 (2600) B20 (800 DD)
Tele2	Estonia	248 03	900 (E-GSM) 1800 (DCS)	B1 (2100) B7 (2600) B20 (800 DD)
Elisa	Estonia	248 02	900 (E-GSM) 1800 (DCS)	B1 (2100) B3 (1800+) B7 (2600) B20 (800 DD)
Ethio Telecom	Ethiopia	636 01	900 (E-GSM) 1800 (DCS)	B3 (1800+)
Nema	Faroe Islands	288 02	900 (E-GSM)	B3 (1800+) B20 (800 DD)
Foroya Tele	Faroe Islands	288 01	900 (E-GSM)	B3 (1800+)
Vodafone	Fiji	542 01	900 (E-GSM)	B3 (1800+)
Telecom	Fiji	542 03		B28 (700 APT)
Digicel	Fiji	542 02	900 (E-GSM)	B3 (1800+) B28 (700 APT)
VIRVE	Finland	244 33		
Ukkoverkot	Finland	244 35		B31 (450) B38 (TD 2600)

续表

运营商	国家/地区	号码	GSM 频段	LTE 频段
Telia	Finland	244 20 244 36 244 91	900 (E-GSM) 1800 (DCS)	B3 (1800+) B7 (2600) B20 (800 DD)
Elisa	Finland	244 05 244 06 244 21	900 (E-GSM) 1800 (DCS)	B3 (1800+) B7 (2600) B20 (800 DD) B28 (700 APT)
DNA	Finland	244 03 244 04 244 12 244 13 244 36	900 (E-GSM) 1800 (DCS)	B1 (2100) B3 (1800+) B7 (2600) B14 (700 PS) B20 (800 DD)
Alcom	Finland	244 14	900 (E-GSM) 1800 (DCS)	B9 (1800) B20 (800 DD)
Virgin Mobile	France	208 10	900 (E-GSM) 1800 (DCS)	B1 (2100) B3 (1800+) B7 (2600) B20 (800 DD) B28 (700 APT)
Transatel Mobile	France	208 22	900 (E-GSM) 1800 (DCS)	B1 (2100) B3 (1800+) B7 (2600) B20 (800 DD) B28 (700 APT)
SFR	France	208 08 208 09 208 10 208 11 208 13	900 (E-GSM) 1800 (DCS)	B1 (2100) B3 (1800+) B7 (2600) B20 (800 DD) B28 (700 APT)
Orange	France	208 01 208 02 208 32	900 (E-GSM) 1800 (DCS)	B1 (2100) B3 (1800+) B7 (2600) B20 (800 DD) B28 (700 APT)
NRJ Mobile	France	208 26	900 (E-GSM) 1800 (DCS)	B1 (2100) B3 (1800+) B7 (2600) B20 (800 DD) B28 (700 APT)
La Poste Mobile	France	208 10	900 (E-GSM) 1800 (DCS)	B1 (2100) B3 (1800+) B7 (2600) B20 (800 DD) B28 (700 APT)
Globalstar	France	208 05 208 06 208 07		
Free Mobile	France	208 15 208 16	900 (E-GSM) 1800 (DCS)	B3 (1800+) B7 (2600) B28 (700 APT)
Bouygues Telecom	France	208 20 208 21 208 88	900 (E-GSM)	B1 (2100) B3 (1800+) B7 (2600) B20 (800 DD) B28 (700 APT)
Vodafone	French Polynesia	547 15	900 (E-GSM)	B1 (2100) B20 (800 DD)
Viti	French Polynesia	547 05		B7 (2600)
VINI	French Polynesia	547 20	900 (E-GSM)	B7 (2600) B20 (800 DD)
Moov	Gabon	628 02	900 (E-GSM)	
Gabon Telecom	Gabon	628 01	900 (E-GSM)	B3 (1800+) B7 (2600) B20 (800 DD)
Azur	Gabon	628 04	900 (E-GSM) 1800 (DCS)	
Airtel	Gabon	628 03	900 (E-GSM)	B4 (1700/2100 AWS 1)
QCell	Gambia	607 04	900 (E-GSM) 1800 (DCS)	D4 (1700/2100 AWS 1)
Netpage	Gambia	607 06		B40 (TD 2300)
Gamcel	Gambia	607 01	900 (E-GSM) 1800 (DCS)	
Comium	Gambia	607 03	900 (E-GSM) 1800 (DCS)	
Africell	Gambia	607 02	900 (E-GSM) 1800 (DCS)	B3 (1800+)
Silknet	Georgia	282 01		B40 (TD 2300)
MagtiCom	Georgia	282 02	900 (E-GSM) 1800 (DCS)	B3 (1800+) B20 (800 DD)
Cellfie	Georgia	282 04	900 (E-GSM) 1800 (DCS)	B20 (800 DD)
Vodafone	Germany	262 02 262 04 262 09	900 (E-GSM) 1800 (DCS)	B1 (2100) B3 (1800+) B7 (2600) B20 (800 DD) B28 (700 APT) B32 (1500 L-band) B38 (TD 2600)

运营商	国家/地区	号码	GSM 频段	LTE 频段
Telekom	Germany	262 01 262 06 262 78	900 (E-GSM) 1800 (DCS)	B3 (1800+) B7 (2600) B8 (900) B20 (800 DD) B28 (700 APT) B32 (1500 L-band) B38 (TD 2600)
Simquadrat	Germany	262 33	900 (E-GSM) 1800 (DCS)	B1 (2100) B3 (1800+) B7 (2600) B20 (800 DD) B38 (TD 2600)
O2	Germany	262 03 262 05 262 07 262 08 262 11 262 17 262 77	900 (E-GSM) 1800 (DCS)	B1 (2100) B3 (1800+) B7 (2600) B20 (800 DD) B28 (700 APT) B38 (TD 2600)
Nash Technologies	Germany	262 92	1800 (DCS)	
Lycamobile	Germany	262 43	900 (E-GSM) 1800 (DCS)	B1 (2100) B3 (1800+) B7 (2600) B20 (800 DD) B28 (700 APT) B32 (1500 L-band) B38 (TD 2600)
Dolphin Telecom	Germany	262 12	900 (E-GSM) 1800 (DCS)	B1 (2100) B3 (1800+) B7 (2600) B20 (800 DD) B28 (700 APT) B38 (TD 2600)
Congstar	Germany	262 13	900 (E-GSM) 1800 (DCS)	B3 (1800+) B7 (2600) B20 (800 DD) B28 (700 APT) B32 (1500 L-band) B38 (TD 2600)
Airdata	Germany	262 15		
1&1	Germany	262 23		
Vodafone	Ghana	620 02	900 (E-GSM) 1800 (DCS)	B3 (1800+)
Surfline	Ghana	620 08		B7 (2600)
MTN	Ghana	620 01	900 (E-GSM) 1800 (DCS)	B20 (800 DD)
Glo	Ghana	620 07	900 (E-GSM) 1800 (DCS)	
Blu	Ghana	620 10		B38 (TD 2600)
AirtelTigo	Ghana	620 03 620 06	900 (E-GSM) 1800 (DCS)	
Gibtelecom	Gibraltar	266 01	900 (E-GSM) 1800 (DCS)	B7 (2600) B20 (800 DD)
Vodafone	Greece	202 05 202 14	900 (E-GSM) 1800 (DCS)	B3 (1800+) B7 (2600) B20 (800 DD)
Nova	Greece	202 09 202 10	900 (E-GSM) 1800 (DCS)	B3 (1800+) B7 (2600) B20 (800 DD)
Cyta	Greece	202 14	900 (E-GSM) 1800 (DCS)	B3 (1800+) B7 (2600) B20 (800 DD)
Cosmote	Greece	202 01 202 02	900 (E-GSM) 1800 (DCS)	B3 (1800+) B7 (2600) B20 (800 DD)
Tele Post	Greenland	290 01	900 (E-GSM)	B20 (800 DD)
Nanoq Net	Greenland	290 02		B41 (TD 2500)
FLOW (Cable & Wireless)	Grenada	352 110	850	
Digicel	Grenada	352 030	900 (E-GSM) 1800 (DCS)	
Orange	Guadeloupe	340 01	900 (E-GSM)	B3 (1800+) B7 (2600)
Digicel	Guadeloupe	340 20	900 (E-GSM) 1800 (DCS)	B20 (800 DD)
NTT DoCoMo	Guam	310 370	1900 (PCS)	B17 (700 bc)
IT&E	Guam	310 032	1900 (PCS)	B12 (700 ac)
iConnect	Guam	310 400 310 480 311 120 311 250	1900 (PCS)	B2 (1900 PCS) B12 (700 ac)

续表

运营商	国家/地区	号码	GSM 频段	LTE 频段
GTA	Guam	310 140	850 1900 (PCS)	B4 (1700/2100 AWS 1)
Tigo	Guatemala	704 02	850	B5 (850)
Movistar	Guatemala	704 03	1900 (PCS)	B2 (1900 PCS)
Claro	Guatemala	704 01	900 (E-GSM) 1800 (DCS) 1900 (PCS)	B2 (1900 PCS)
GTT+	Guiana	738 002	900 (E-GSM) 1800 (DCS)	B28 (700 APT)
Digicel	Guiana	738 01	900 (E-GSM)	B20 (800 DD)
Telecel	Guinea	611 03	900 (E-GSM)	
Orange	Guinea	611 01	900 (E-GSM) 1800 (DCS)	
MTN	Guinea	611 04	900 (E-GSM) 1800 (DCS)	
Cellcom	Guinea	611 05	900 (E-GSM) 1800 (DCS)	
Orange	Guinea Bissau	632 03	900 (E-GSM) 1800 (DCS)	B3 (1800+)
MTN	Guinea Bissau	632 02	900 (E-GSM) 1800 (DCS)	
Natcom	Haiti	372 03	900 (E-GSM) 1800 (DCS)	B1 (2100) B20 (800 DD)
Digicel	Haiti	372 02	900 (E-GSM) 1800 (DCS)	
Tigo	Honduras	708 002	850	B4 (1700/2100 AWS 1)
Hondutel	Honduras	708 030	1900 (PCS)	
Digicel	Honduras	708 040	1900 (PCS)	
Claro	Honduras	708 001	1900 (PCS)	B4 (1700/2100 AWS 1)
SmarTone	Hong Kong, China	454 15 454 17	900 (E-GSM) 1800 (DCS)	B1 (2100) B3 (1800+) B7 (2600) B8 (900)
PCCW	Hong Kong, China	454 16 454 19 454 20 454 29	1800 (DCS)	B3 (1800+) B7 (2600)
Hutchison Telecom	Hong Kong, China	454 14	900 (E-GSM) 1800 (DCS)	
CSL	Hong Kong, China	454 00	900 (E-GSM) 1800 (DCS)	B3 (1800+) B7 (2600)
CITIC Telecom	Hong Kong, China	454 01	900 (E-GSM) 1800 (DCS)	B3 (1800+) B7 (2600)
China-Hongkong Telecom	Hong Kong, China	454 11	1800 (DCS)	B3 (1800+) B7 (2600)
China Unicom	Hong Kong, China	454 07	1800 (DCS)	B3 (1800+) B7 (2600)
China Mobile	Hong Kong, China	454 12 454 13	1800 (DCS)	B1 (2100) B3 (1800+) B7 (2600) B40 (TD 2300)
3 (Three)	Hong Kong, China	454 03 454 04 454 05	900 (E-GSM) 1800 (DCS)	B1 (2100) B3 (1800+) B7 (2600) B8 (900)
Yettel	Hungary	216 01	900 (E-GSM) 1800 (DCS)	B3 (1800+) B7 (2600) B20 (800 DD)
Vodafone	Hungary	216 70	900 (E-GSM) 1800 (DCS)	B3 (1800+) B7 (2600) B20 (800 DD)
Telecom	Hungary	216 30	900 (E-GSM) 1800 (DCS)	B3 (1800+) B7 (2600) B20 (800 DD)
MVM Net	Hungary	216 02		B31 (450)
Vodafone	Iceland	274 02 274 03	900 (E-GSM) 1800 (DCS)	B1 (2100) B3 (1800+) B20 (800 DD)
Siminn	Iceland	274 01 274 31	900 (E-GSM) 1800 (DCS)	B3 (1800+) B7 (2600) B28 (700 APT)
On-Waves	Iceland	274 08	900 (E-GSM) 1800 (DCS)	

续表

运营商	国家/地区	号码	GSM 频段	LTE 频段
Nova	Iceland	274 11		B1 (2100) B3 (1800+) B20 (800 DD)
Vodafone	India	404 01 404 05 404 11 404 13 404 15 404 20 404 27 404 30 404 43 404 46 404 60 404 84 404 86 404 88 405 66 405 67 405 750 405 751 405 752 405 753 405 754 405 755 405 756	900 (E-GSM) 1800 (DCS)	
Tata Docomo	India	405 025 405 026 405 027 405 028 405 029 405 030 405 031 405 032 405 033 405 034 405 035 405 036 405 037 405 038 405 039 405 041 405 042 405 043 405 044 405 045 405 046 405 047	900 (E-GSM) 1800 (DCS)	
Reliance	India	404 09 404 18 404 36 404 50 404 52 404 67 404 83 404 85 405 01 405 03 405 04 405 05 405 06 405 07 405 08 405 09 405 10 405 11 405 12 405 13 405 14 405 15 405 16 405 17 405 18 405 19 405 20 405 21 405 22 405 23	900 (E-GSM) 1800 (DCS)	
Jio	India	405 840 405 854 405 855 405 856 405 857 405 858 405 859 405 860 405 861 405 862 405 863 405 864 405 865 405 866 405 867 405 868 405 869 405 870 405 871 405 872 405 873 405 874		B3 (1800+) B5 (850) B40 (TD 2300)
IDEA	India	404 04 404 07 404 12 404 14 404 19 404 22 404 24 404 44 404 56 404 78 404 82 404 87 404 89 405 70 405 799 405 845 405 846 405 847 405 848 405 849 405 850 405 851 405 852 405 853 405 908 405 909 405 910 405 911	900 (E-GSM) 1800 (DCS)	

续表

运营商	国家/地区	号码	GSM 频段	LTE 频段
BSNL	India	404 34 404 38 404 51 404 53 404 54 404 55 404 57 404 58 404 59 404 62 404 64 404 66 404 71 404 72 404 73 404 74 404 75 404 76 404 77 404 80 404 81	900 (E-GSM) 1800 (DCS)	
BPL Telecom	India	404 21	900 (E-GSM)	
Airtel	India	404 06 404 10 404 31 404 40 404 45 404 49 404 70 404 94 404 95 404 97 404 98 405 51 405 52	900 (E-GSM) 1800 (DCS)	B40 (TD 2300)
Aircel	India	404 17 404 25 404 28 404 29 404 37 404 91 405 082 405 800 405 801 405 802 405 803 405 804 405 805 405 806 405 807 405 808 405 809 405 810 405 811 405 812 405 813	900 (E-GSM) 1800 (DCS)	B40 (TD 2300)
Xl Axiata	Indonesia	510 11	900 (E-GSM) 1800 (DCS)	B3 (1800+) B8 (900)
Telkomsel	Indonesia	510 10	900 (E-GSM) 1800 (DCS)	B3 (1800+) B8 (900)
Telkom	Indonesia	510 07		
Smartfren	Indonesia	510 09		B3 (1800+) B5 (850) B40 (TD 2300)
PSN	Indonesia	510 00		
IM3 Ooredoo	Indonesia	510 01 510 21	900 (E-GSM) 1800 (DCS)	B3 (1800+) B8 (900)
Bolt	Indonesia	510 88		B40 (TD 2300)
AXIS	Indonesia	510 08	1800 (DCS)	
3 (Three)	Indonesia	510 89	900 (E-GSM) 1800 (DCS)	B3 (1800+)
TCI	Iran	432 70	850	
Taliya Mobile	Iran	432 32	900 (E-GSM) 1800 (DCS)	
RighTel	Iran	432 20 432 21		B3 (1800+)
MTN Irancell	Iran	432 35	900 (E-GSM) 1800 (DCS)	B3 (1800+) B7 (2600) B42 (TD 3500)
HiWEB	Iran	432 12		B20 (800 DD) B39 (TD 1900+)
Hamrahe Aval (MCI)	Iran	432 11	900 (E-GSM) 1800 (DCS)	B3 (1800+) B7 (2600)
Zain	Iraq	418 20 418 30	900 (E-GSM) 1800 (DCS)	
Omnnea	Iraq	418 92		
Mobitel	Iraq	418 45		

续表

运营商	国家/地区	号码	GSM 频段	LTE 频段
Korek Telecom	Iraq	418 40	900 (E-GSM)	
Asiacell	Iraq	418 00 418 05	900 (E-GSM)	
Vodafone	Ireland	272 01	900 (E-GSM) 1800 (DCS)	B3 (1800+) B20 (800 DD)
Three	Ireland	272 02 272 05 272 17	900 (E-GSM) 1800 (DCS)	B3 (1800+) B8 (900) B20 (800 DD)
Tesco Mobile	Ireland	272 11	900 (E-GSM) 1800 (DCS)	B3 (1800+) B8 (900) B20 (800 DD)
O2	Ireland	272 02	900 (E-GSM) 1800 (DCS)	B1 (2100) B20 (800 DD)
Meteor	Ireland	272 03	900 (E-GSM) 1800 (DCS)	B3 (1800+) B20 (800 DD)
Lycamobile	Ireland	272 13	900 (E-GSM) 1800 (DCS)	B3 (1800+) B8 (900) B20 (800 DD)
Eir	Ireland	272 03 272 07 272 08	900 (E-GSM) 1800 (DCS)	B3 (1800+) B20 (800 DD)
Rami Levy	Israel	425 16		B3 (1800+)
Pelephone	Israel	425 03		B3 (1800+)
Partner	Israel	425 01	900 (E-GSM) 1800 (DCS)	B3 (1800+)
Hot Mobile	Israel	425 07	900 (E-GSM) 1800 (DCS)	B3 (1800+)
Golan Telecom	Israel	425 08	1800 (DCS)	B3 (1800+)
Cellcom	Israel	425 02	1800 (DCS)	B3 (1800+)
018 XPhone	Israel	425 09		B3 (1800+)
Wind Tre	Italy	222 88 222 99	900 (E-GSM) 1800 (DCS)	B1 (2100) B3 (1800+) B7 (2600) B20 (800 DD)
Vodafone	Italy	222 06 222 10	900 (E-GSM) 1800 (DCS)	B3 (1800+) B20 (800 DD)
TIM	Italy	222 01 222 43 222 48	900 (E-GSM) 1800 (DCS)	B7 (2600) B9 (1800) B20 (800 DD) B21 (1500 Upper)
Iliad	Italy	222 50		B3 (1800+) B7 (2600)
Fastweb	Italy	222 08	900 (E-GSM) 1800 (DCS)	B1 (2100) B3 (1800+) B7 (2600) B20 (800 DD)
3 (Three)	Italy	222 37 222 99	900 (E-GSM) 1800 (DCS)	B3 (1800+) B4 (1700/2100 AWS 1) B7 (2600) B20 (800 DD)
Orange	Ivory Coast	612 03	900 (E-GSM)	B3 (1800+)
MTN	Ivory Coast	612 05	900 (E-GSM)	B20 (800 DD)
Moov	Ivory Coast	612 02	900 (E-GSM) 1800 (DCS)	B7 (2600)
FLOW (Cable & Wireless)	Jamaica	338 020 338 110 338 180	850 1900 (PCS)	B2 (1900 PCS) B4 (1700/2100 AWS 1) B5 (850)
Digicel	Jamaica	338 050	900 (E-GSM) 1800 (DCS)	B5 (850) B17 (700 bc)
Caricel	Jamaica	338 040		
SoftBank	Japan	440 20 440 21 441 01		B1 (2100) B8 (900) B9 (1800) B11 1500 Lower B28 (700 APT) B41 (TD 2500) B42 (TD 3500)

续表

运营商	国家/地区	号码	GSM 频段	LTE 频段
NTT DoCoMo	Japan	440 10		B1 (2100) B9 (1800) B19 (800 Upper) B21 (1500 Upper) B28 (700 APT) B42 (TD 3500)
KDDI au	Japan	440 50 440 51 440 52 440 53 440 54 440 70 440 71 440 72 440 73 440 74 440 75 440 76 440 78		B1 (2100) B11 1500 Lower B18 (800 Lower) B26 (850+) B28 (700 APT) B41 (TD 2500) B42 (TD 3500)
eMobile	Japan	440 00		
Zain	Jordan	416 01	900 (E-GSM)	B3 (1800+)
Umniah	Jordan	416 03	1800 (DCS)	B3 (1800+) B42 (TD 3500)
Orange	Jordan	416 77	900 (E-GSM)	B3 (1800+) B7 (2600)
Tele2	Kazakhstan	401 77	900 (E-GSM) 1800 (DCS)	B3 (1800+)
Kcell	Kazakhstan	401 02	900 (E-GSM)	B3 (1800+) B20 (800 DD)
Kazakhtelecom	Kazakhstan	401 08		
Beeline	Kazakhstan	401 01	900 (E-GSM) 1800 (DCS)	B1 (2100) B3 (1800+) B20 (800 DD)
Altel	Kazakhstan	401 07	900 (E-GSM)	B3 (1800+)
Telkom	Kenya	639 07	900 (E-GSM) 1800 (DCS)	B20 (800 DD)
Safaricom	Kenya	639 01 639 02	900 (E-GSM) 1800 (DCS)	B3 (1800+) B20 (800 DD)
Faiba	Kenya	639 10		B28 (700 APT)
Airtel	Kenya	639 03	900 (E-GSM) 1800 (DCS)	B20 (800 DD)
ATHKL	Kiribati	545 01 545 09	900 (E-GSM)	B28 (700 APT)
Zain	Kuwait	419 02	900 (E-GSM) 1800 (DCS)	B3 (1800+)
Viva	Kuwait	419 04	900 (E-GSM) 1800 (DCS)	B3 (1800+)
Ooredoo	Kuwait	419 03	900 (E-GSM) 1800 (DCS)	B3 (1800+) B20 (800 DD)
O!	Kyrgyzstan	437 09	900 (E-GSM) 1800 (DCS)	B7 (2600) B20 (800 DD)
MegaCom	Kyrgyzstan	437 05	900 (E-GSM) 1800 (DCS)	B1 (2100) B3 (1800+) B20 (800 DD)
Beeline	Kyrgyzstan	437 01	900 (E-GSM) 1800 (DCS)	B20 (800 DD)
Unitel	Laos	457 03	900 (E-GSM) 900 (P-GSM)	B3 (1800+)
LaoTel	Laos	457 01	900 (E-GSM) 1800 (DCS)	B3 (1800+)
ETL	Laos	457 02	900 (E-GSM) 1800 (DCS)	
Beeline	Laos	457 08	900 (E-GSM) 1800 (DCS)	
TRIATEL	Latvia	247 03		
Tele2	Latvia	247 02	900 (E-GSM) 1800 (DCS)	B3 (1800+) B7 (2600) B20 (800 DD)
Rigatta	Latvia	247 06		
LMT	Latvia	247 01	900 (E-GSM) 1800 (DCS)	B3 (1800+) B7 (2600)
Bite	Latvia	247 05	900 (E-GSM) 1800 (DCS)	B3 (1800+) B7 (2600) B20 (800 DD)

续表

运营商	国家/地区	号码	GSM 频段	LTE 频段
Touch	Lebanon	415 03	900 (E-GSM)	B3 (1800+) B20 (800 DD)
Ogero Mobile	Lebanon	415 05	900 (E-GSM)	
Alfa	Lebanon	415 01	900 (E-GSM)	B3 (1800+) B20 (800 DD)
Vodacom	Lesotho	651 01	900 (E-GSM)	B20 (800 DD)
Econet Telecom	Lesotho	651 02	900 (E-GSM)	
Orange	Liberia	618 07	900 (E-GSM) 1800 (DCS)	B3 (1800+)
Novafone	Liberia	618 04	900 (E-GSM) 1800 (DCS)	
Lonestar Cell	Liberia	618 01	900 (E-GSM)	
Libtelco	Liberia	618 20		
Libyana	Libya	606 00	900 (E-GSM) 1800 (DCS)	
Hatif	Libya	606 06		
Aljeel	Libya	606 02	900 (E-GSM) 1800 (DCS)	
Al Madar	Libya	606 01	900 (E-GSM) 1800 (DCS)	
Swisscom	Liechtenstein	295 01	900 (E-GSM) 1800 (DCS)	B3 (1800+)
FL1	Liechtenstein	295 05	900 (E-GSM) 1800 (DCS)	B20 (800 DD)
Cubic Telecom	Liechtenstein	295 06		
7acht	Liechtenstein	295 02	1800 (DCS)	B3 (1800+)
Telia	Lithuania	246 01	900 (E-GSM) 1800 (DCS)	B1 (2100) B3 (1800+) B7 (2600) B20 (800 DD)
Tele2	Lithuania	246 03	900 (E-GSM) 1800 (DCS)	B3 (1800+) B7 (2600) B20 (800 DD)
Mediafon	Lithuania	246 06		
Bite	Lithuania	246 02	900 (E-GSM) 1800 (DCS)	B3 (1800+) B7 (2600) B20 (800 DD)
Tango	Luxembourg	270 77	900 (E-GSM) 1800 (DCS)	B3 (1800+) B20 (800 DD)
Post	Luxembourg	270 01	900 (E-GSM) 1800 (DCS)	B3 (1800+)
Orange	Luxembourg	270 99	900 (E-GSM) 1800 (DCS)	B3 (1800+)
SmarTone	Macao, China	455 06 455 00	900 (E-GSM) 1800 (DCS)	
CTM	Macao, China	455 04 455 01	900 (E-GSM) 1800 (DCS)	B3 (1800+) B40 (TD 2300)
China Telecom	Macao, China	455 07 455 02		B3 (1800+)
3 (Three)	Macao, China	455 03 455 05	900 (E-GSM) 1800 (DCS)	B3 (1800+)
Telma	Madagascar	646 04	900 (E-GSM)	B3 (1800+)
Orange	Madagascar	646 02	900 (E-GSM)	B3 (1800+)
Airtel	Madagascar	646 01	900 (E-GSM) 1800 (DCS)	
TNM	Malawi	650 01	900 (E-GSM) 1800 (DCS)	B41 (TD 2500)
Airtel	Malawi	650 10	900 (E-GSM)	B3 (1800+)
Access	Malawi	650 02		B5 (850)

运营商	国家/地区	号码	GSM 频段	LTE 频段
Yes	Malaysia	502 152		B38 (TD 2600) B40 (TD 2300)
U Mobile	Malaysia	502 18	900 (E-GSM) 1800 (DCS)	B3 (1800+) B7 (2600)
Tune Talk	Malaysia	502 150	900 (E-GSM) 1800 (DCS)	B3 (1800+) B7 (2600)
Telekom	Malaysia	502 01 502 11 502 14		B5 (850)
P1	Malaysia	502 153		B5 (850)
Maxis	Malaysia	502 12 502 17	900 (E-GSM) 1800 (DCS)	B3 (1800+) B7 (2600)
Electcoms	Malaysia	502 20		
DiGi	Malaysia	502 16	900 (E-GSM) 1800 (DCS)	B3 (1800+) B7 (2600) B8 (900)
CelcomDigi	Malaysia	502 13 502 19	900 (E-GSM) 1800 (DCS)	B3 (1800+) B7 (2600)
Ooredoo	Maldives	472 02	900 (E-GSM)	B3 (1800+) B7 (2600)
Dhiraagu	Maldives	472 01	900 (E-GSM)	B3 (1800+) B7 (2600)
Sotelma-Malitel	Mali	610 01	900 (E-GSM)	
Orange	Mali	610 02	900 (E-GSM)	
Melita	Malta	278 77		B1 (2100) B3 (1800+) B20 (800 DD)
GO	Malta	278 21 278 30	900 (E-GSM) 1800 (DCS)	B3 (1800+) B7 (2600) B20 (800 DD)
Epic	Malta	278 01	900 (E-GSM) 1800 (DCS)	B3 (1800+) B7 (2600) B20 (800 DD)
Mauritel	Mauritania	609 10	900 (E-GSM)	
Mattel	Mauritania	609 01	900 (E-GSM)	
Chinguitel	Mauritania	609 02	900 (E-GSM) 1800 (DCS)	
my.t	Mauritius	617 01	900 (E-GSM) 1800 (DCS)	B3 (1800+)
Emtel	Mauritius	617 10	900 (E-GSM) 1800 (DCS)	B3 (1800+)
CHiLi	Mauritius	617 03	900 (E-GSM)	B3 (1800+)
Unefon	Mexico	334 040 334 070 334 080		
Ultranet	Mexico	334 150		B7 (2600)
Telcel	Mexico	334 020	850 1900 (PCS)	B4 (1700/2100 AWS 1)
Movistar	Mexico	334 030	1900 (PCS)	B2 (1900 PCS)
AT&T	Mexico	334 010 334 050 334 090	850 1900 (PCS)	B4 (1700/2100 AWS 1) B5 (850)
Altan Redes	Mexico	334 140		B28 (700 APT)
FSMTC	Micronesia	550 01	900 (E-GSM)	
Orange	Moldova	259 01	900 (E-GSM) 1800 (DCS)	B3 (1800+) B7 (2600) B20 (800 DD)
Moldtelecom	Moldova	259 03 259 05 259 99		B3 (1800+)
Moldcell	Moldova	259 02	900 (E-GSM) 1800 (DCS)	B3 (1800+) B7 (2600) B20 (800 DD)
IDC	Moldova	259 00 259 15		B20 (800 DD)
Telecom	Monaco	212 10	1800 (DCS)	B3 (1800+) B7 (2600) B9 (1800) B20 (800 DD)

续表

运营商	国家/地区	号码	GSM 频段	LTE 频段
Unitel	Mongolia	428 88	900 (E-GSM) 1800 (DCS)	B3 (1800+) B28 (700 APT) B40 (TD 2300)
Skytel	Mongolia	428 91		
MobiCom	Mongolia	428 99	900 (E-GSM) 1800 (DCS)	B3 (1800+) B28 (700 APT)
GMobile	Mongolia	428 98		
Telekom	Montenegro	297 02	900 (E-GSM) 1800 (DCS)	B3 (1800+) B7 (2600) B20 (800 DD)
One	Montenegro	297 01	900 (E-GSM) 1800 (DCS)	B3 (1800+) B7 (2600)
Mtel	Montenegro	297 03	900 (E-GSM) 1800 (DCS)	B3 (1800+)
Orange	Morocco	604 00	900 (E-GSM) 1800 (DCS)	B3 (1800+) B20 (800 DD)
Maroc Telecom	Morocco	604 06 604 01	900 (E-GSM) 1800 (DCS)	B3 (1800+) B20 (800 DD)
INWI	Morocco	604 02 604 05	900 (E-GSM) 1800 (DCS)	B3 (1800+) B20 (800 DD)
Vodacom	Mozambique	643 04	900 (E-GSM) 1800 (DCS)	
Movitel	Mozambique	643 03	900 (E-GSM) 1800 (DCS)	
MCEL	Mozambique	643 01	900 (E-GSM) 1800 (DCS)	
Telenor	Myanmar	414 06	900 (E-GSM)	B1 (2100) B3 (1800+)
Ooredoo	Myanmar	414 05	900 (E-GSM)	B1 (2100) B3 (1800+)
Mytel	Myanmar	414 09	900 (E-GSM)	B1 (2100) B8 (900)
MPT	Myanmar	414 00 414 01 414 02 414 04	900 (E-GSM)	B1 (2100) B3 (1800+)
TN Mobile	Namibia	649 03	900 (E-GSM) 1800 (DCS)	B3 (1800+) B7 (2600)
MTC	Namibia	649 01	900 (E-GSM) 1800 (DCS)	B3 (1800+) B20 (800 DD)
Digicel	Nauru	536 02	900 (E-GSM) 1800 (DCS)	B3 (1800+)
UTL	Nepal	429 03		
Smart Cell	Nepal	429 04	900 (E-GSM) 1800 (DCS)	B3 (1800+)
Nepal Telecom	Nepal	429 01	900 (E-GSM) 1800 (DCS)	B3 (1800+)
Ncell	Nepal	429 02	900 (E-GSM) 1800 (DCS)	B3 (1800+)
Ziggo	Netherlands	204 15		B7 (2600)
Vodafone	Netherlands	204 04	900 (E-GSM) 1800 (DCS)	B1 (2100) B3 (1800+) B7 (2600) B20 (800 DD)
Vectone Mobile	Netherlands	204 06		
Telfort	Netherlands	204 12	900 (E-GSM) 1800 (DCS)	B3 (1800+) B7 (2600) B20 (800 DD)
Tele2	Netherlands	204 02		B7 (2600) B20 (800 DD)
Odido	Netherlands	204 16 204 20	900 (E-GSM) 1800 (DCS)	B1 (2100) B3 (1800+) B7 (2600) B8 (900)
Lycamobile	Netherlands	204 09		
KPN	Netherlands	204 08 204 10 204 69	900 (E-GSM) 1800 (DCS)	B1 (2100) B3 (1800+) B7 (2600) B20 (800 DD)
UTS	Netherlands Antilles	362 59 362 60 362 91	900 (E-GSM) 1800 (DCS)	B3 (1800+)
Telcell	Netherlands Antilles	362 51	900 (E-GSM)	B3 (1800+)

续表

运营商	国家/地区	号码	GSM 频段	LTE 频段
Digicel	Netherlands Antilles	362 68 362 69	900 (E-GSM) 1800 (DCS)	B3 (1800+)
OPT	New Caledonia	546 01	900 (E-GSM)	B3 (1800+) B20 (800 DD) B38 (TD 2600)
Vodafone	New Zealand	530 01 530 04	900 (E-GSM) 1800 (DCS)	B3 (1800+) B7 (2600) B28 (700 APT)
Spark	New Zealand	530 05	900 (E-GSM) 1800 (DCS)	B3 (1800+) B7 (2600) B28 (700 APT) B40 (TD 2300)
2degrees	New Zealand	530 24	900 (E-GSM) 1800 (DCS)	B3 (1800+) B28 (700 APT)
Movistar	Nicaragua	710 30	850 1900 (PCS)	B2 (1900 PCS)
Claro	Nicaragua	710 21 710 73	1900 (PCS)	B4 (1700/2100 AWS 1)
SahelCom	Niger	614 01	900 (E-GSM)	
Orange	Niger	614 04	900 (E-GSM) 1800 (DCS)	
Moov	Niger	614 03	900 (E-GSM)	
Airtel	Niger	614 02	900 (E-GSM)	
Swift	Nigeria	621 26		B40 (TD 2300)
Spectranet	Nigeria	621 24		B40 (TD 2300)
Smile	Nigeria	621 27		B20 (800 DD)
ntel	Nigeria	621 40		B3 (1800+) B8 (900)
MTN	Nigeria	621 30	900 (E-GSM) 1800 (DCS)	B7 (2600) B20 (800 DD) B42 (TD 3500)
InterC	Nigeria	621 22		B20 (800 DD)
Glo Mobile	Nigeria	621 50	900 (E-GSM) 1800 (DCS)	B28 (700 APT)
Airtel	Nigeria	621 20	900 (E-GSM) 1800 (DCS)	B3 (1800+)
9mobile	Nigeria	621 60	900 (E-GSM) 1800 (DCS)	B28 (700 APT)
Telecom	Niue	555 01	900 (E-GSM)	B28 (700 APT)
Koryolink	North Korea	467 05 467 06		
Telekom	North Macedonia	294 01	900 (E-GSM) 1800 (DCS)	B3 (1800+) B20 (800 DD)
Lycamobile	North Macedonia	294 04	900 (E-GSM) 1800 (DCS)	B3 (1800+) B20 (800 DD)
A1	North Macedonia	294 02 294 03	900 (E-GSM) 1800 (DCS)	B3 (1800+) B20 (800 DD)
Telia	Norway	242 02 242 05	900 (E-GSM) 1800 (DCS)	B1 (2100) B3 (1800+) B7 (2600) B8 (900) B20 (800 DD)
Telenor	Norway	242 01 242 12	900 (E-GSM) 1800 (DCS)	B1 (2100) B3 (1800+) B7 (2600) B8 (900) B20 (800 DD)
Tele2	Norway	242 04	900 (E-GSM) 1800 (DCS)	B1 (2100) B3 (1800+) B7 (2600) B8 (900) B20 (800 DD)
TDC	Norway	242 08	900 (E-GSM) 1800 (DCS)	B1 (2100) B3 (1800+) B7 (2600) B8 (900) B20 (800 DD)
Lycamobile	Norway	242 23	900 (E-GSM) 1800 (DCS)	B1 (2100) B3 (1800+) B7 (2600) B8 (900) B20 (800 DD)
Ice	Norway	242 06	900 (E-GSM)	B3 (1800+) B8 (900) B20 (800 DD) B31 (450)
Ooredoo	Oman	422 03	900 (E-GSM) 1800 (DCS)	B3 (1800+) B20 (800 DD) B40 (TD 2300)

续表

运营商	国家/地区	号码	GSM 频段	LTE 频段
Omantel	Oman	422 04 422 02	900 (E-GSM) 1800 (DCS)	B3 (1800+) B40 (TD 2300)
Zong	Pakistan	410 04	900 (E-GSM) 1800 (DCS)	B3 (1800+)
Ufone	Pakistan	410 03	900 (E-GSM) 1800 (DCS)	
Telenor	Pakistan	410 06	900 (E-GSM) 1800 (DCS)	B3 (1800+) B5 (850)
SCO Mobile	Pakistan	410 05 410 08	900 (E-GSM) 1800 (DCS)	B3 (1800+)
Jazz	Pakistan	410 01 410 07	900 (E-GSM) 1800 (DCS)	B3 (1800+)
CharJi	Pakistan	410 02		B33 (TD 1900)
PNCC	Palau	552 01	900 (E-GSM)	B12 (700 ac)
Wataniya	Palestine	425 06	900 (E-GSM) 1800 (DCS)	B1 (2100)
JAWWAL	Palestine	425 05	900 (E-GSM)	
Movistar	Panama	714 02	850	B28 (700 APT)
FLOW (Cable & Wireless)	Panama	714 01	850	B5 (850) B28 (700 APT)
Digicel	Panama	714 04	1800 (DCS) 1900 (PCS)	B28 (700 APT)
Claro	Panama	714 03	1900 (PCS)	B2 (1900 PCS) B28 (700 APT)
Telikom PNG	Papua New Guinea	537 02	900 (E-GSM)	B28 (700 APT)
Digicel	Papua New Guinea	537 03	900 (E-GSM)	B28 (700 APT)
Bmobile	Papua New Guinea	537 01	900 (E-GSM)	
VOX	Paraguay	744 01	850 1900 (PCS)	B4 (1700/2100 AWS 1)
Tigo	Paraguay	744 04	850 1900 (PCS)	B4 (1700/2100 AWS 1)
Personal	Paraguay	744 05	850 1900 (PCS)	B2 (1900 PCS)
Copaco	Paraguay	744 06	1800 (DCS)	B4 (1700/2100 AWS 1)
Claro	Paraguay	744 02	1900 (PCS)	B4 (1700/2100 AWS 1)
Movistar	Peru	716 06	850 1900 (PCS)	B4 (1700/2100 AWS 1) B28 (700 APT)
Entel	Peru	716 07 716 17	850 1900 (PCS)	B4 (1700/2100 AWS 1) B40 (TD 2300)
Claro	Peru	716 10	850 1900 (PCS)	B2 (1900 PCS) B28 (700 APT) B42 (TD 3500)
Bitel	Peru	716 15	1900 (PCS)	B8 (900)
Sun Cellular	Philippines	515 05	1800 (DCS)	
Smart	Philippines	515 03	900 (E-GSM) 1800 (DCS)	B1 (2100) B3 (1800+) B5 (850) B28 (700 APT) B40 (TD 2300) B41 (TD 2500)
Globe Telecom	Philippines	515 02	900 (E-GSM) 1800 (DCS)	B3 (1800+) B28 (700 APT) B41 (TD 2500)
Dito Telecommunity	Philippines	515 55	900 (E-GSM) 1800 (DCS)	B1 (2100) B28 (700 APT) B34 (TD 2000) B41 (TD 2500)
Aero2	Poland	260 04 260 15 260 16 260 17	900 (E-GSM) 1800 (DCS)	B3 (1800+) B20 (800 DD) B38 (TD 2600)
Virgin Mobile	Poland	260 06	900 (E-GSM) 1800 (DCS)	B1 (2100) B3 (1800+) B7 (2600) B20 (800 DD)

续表

运营商	国家/地区	号码	GSM 频段	LTE 频段
Vectra	Poland	260 06	900 (E-GSM) 1800 (DCS)	B1 (2100) B3 (1800+) B7 (2600) B20 (800 DD)
T-Mobile	Poland	260 02	900 (E-GSM) 1800 (DCS)	B1 (2100) B3 (1800+) B7 (2600) B20 (800 DD)
Sferia	Poland	260 13		
Red Bull Mobile	Poland	260 02	900 (E-GSM) 1800 (DCS)	B1 (2100) B3 (1800+) B7 (2600) B20 (800 DD)
Premium Mobile	Poland	260 01	900 (E-GSM) 1800 (DCS)	B1 (2100) B3 (1800+) B7 (2600) B8 (900) B20 (800 DD) B38 (TD 2600)
Plush	Poland	260 01	900 (E-GSM) 1800 (DCS)	B1 (2100) B3 (1800+) B7 (2600) B8 (900) B20 (800 DD) B38 (TD 2600)
Plus	Poland	260 01	900 (E-GSM) 1800 (DCS)	B1 (2100) B3 (1800+) B7 (2600) B8 (900) B20 (800 DD) B38 (TD 2600)
Play	Poland	260 06	900 (E-GSM) 1800 (DCS)	B1 (2100) B3 (1800+) B7 (2600) B20 (800 DD)
Orange	Poland	260 03	900 (E-GSM) 1800 (DCS)	B1 (2100) B3 (1800+) B7 (2600) B20 (800 DD)
Nordisk	Poland	260 11		
Nju mobile	Poland	260 03	900 (E-GSM) 1800 (DCS)	B1 (2100) B3 (1800+) B7 (2600) B20 (800 DD)
Netia	Poland	260 07	900 (E-GSM) 1800 (DCS)	B1 (2100) B3 (1800+) B7 (2600) B8 (900) B20 (800 DD) B38 (TD 2600)
Mobile Vikings	Poland	260 06	900 (E-GSM) 1800 (DCS)	B1 (2100) B3 (1800+) B7 (2600) B20 (800 DD)
Lycamobile	Poland	260 09	900 (E-GSM) 1800 (DCS)	B1 (2100) B3 (1800+) B7 (2600) B8 (900) B20 (800 DD) B38 (TD 2600)
Lajt Mobile	Poland	260 01	900 (E-GSM) 1800 (DCS)	B1 (2100) B3 (1800+) B7 (2600) B8 (900) B20 (800 DD) B38 (TD 2600)
Heyah	Poland	260 15	900 (E-GSM) 1800 (DCS)	B1 (2100) B3 (1800+) B7 (2600) B20 (800 DD)
FM MOBILE	Poland	260 01	900 (E-GSM) 1800 (DCS)	B1 (2100) B3 (1800+) B7 (2600) B8 (900) B20 (800 DD) B38 (TD 2600)
Cyfrowy Polsat	Poland	260 12	900 (E-GSM) 1800 (DCS)	B1 (2100) B3 (1800+) B7 (2600) B8 (900) B20 (800 DD) B38 (TD 2600)
Vodafone	Portugal	268 01	900 (E-GSM) 1800 (DCS)	B1 (2100) B3 (1800+) B7 (2600) B20 (800 DD)
NOS	Portugal	268 03	900 (E-GSM) 1800 (DCS)	B1 (2100) B3 (1800+) B7 (2600) B20 (800 DD)
MEO	Portugal	268 02 268 06 268 80	900 (E-GSM) 1800 (DCS)	B1 (2100) B3 (1800+) B7 (2600) B20 (800 DD)
LycaMobile	Portugal	268 04	900 (E-GSM) 1800 (DCS)	B1 (2100) B3 (1800+) B7 (2600) B20 (800 DD)
Open Mobile	Puerto Rico	330 000 330 120		B13 (700 c)
Claro	Puerto Rico	330 110	850 1900 (PCS)	B4 (1700/2100 AWS 1) B17 (700 bc)
Vodafone	Qatar	427 02	900 (E-GSM) 1800 (DCS)	B3 (1800+) B7 (2600) B20 (800 DD)
Ooredoo	Qatar	427 01	900 (E-GSM) 1800 (DCS)	B3 (1800+) B7 (2600) B20 (800 DD)

续表

运营商	国家/地区	号码	GSM 频段	LTE 频段
Warid Telecom	Republic of Congo	629 07	900 (E-GSM)	
MTN	Republic of Congo	629 10	900 (E-GSM)	
Airtel	Republic of Congo	629 01	900 (E-GSM)	
SFR	Reunion	647 10	900 (E-GSM)	B3 (1800+) B7 (2600) B20 (800 DD)
Orange	Reunion	647 00	900 (E-GSM) 1800 (DCS)	B3 (1800+)
Free	Reunion	647 02 647 03	900 (E-GSM) 1800 (DCS)	B3 (1800+)
Vodafone	Romania	226 01	900 (E-GSM) 1800 (DCS)	B3 (1800+) B7 (2600) B20 (800 DD)
Telecom	Romania	226 03	900 (E-GSM) 1800 (DCS)	B3 (1800+) B7 (2600) B8 (900) B20 (800 DD)
Orange	Romania	226 10	900 (E-GSM) 1800 (DCS)	B3 (1800+) B7 (2600) B20 (800 DD)
Lycamobile	Romania	226 16	900 (E-GSM) 1800 (DCS)	B3 (1800+) B7 (2600) B8 (900) B20 (800 DD)
Idilis	Romania	226 15		B38 (TD 2600)
Digi	Romania	226 05	900 (E-GSM) 1800 (DCS)	B4 (1700/2100 AWS 1) B38 (TD 2600)
Yota	Russia	250 11	900 (E-GSM) 1800 (DCS)	B7 (2600) B20 (800 DD)
Vainah Telecom	Russia	250 08	900 (E-GSM) 1800 (DCS)	B40 (TD 2300)
Tele2	Russia	250 20 250 39	900 (E-GSM) 1800 (DCS)	B3 (1800+) B7 (2600) B20 (800 DD) B31 (450) B40 (TD 2300)
Tattelecom	Russia	250 54	1800 (DCS)	B3 (1800+)
Skylink	Russia	250 06 250 09		
Rostelecom	Russia	250 39	900 (E-GSM) 1800 (DCS)	B7 (2600) B20 (800 DD) B40 (TD 2300)
MTS	Russia	250 01	900 (E-GSM) 1800 (DCS)	B3 (1800+) B7 (2600) B20 (800 DD) B38 (TD 2600) B40 (TD 2300) B46 (TD 900)
Motiv Telecom	Russia	250 35	1800 (DCS)	B3 (1800+) B9 (1800)
MegaFon	Russia	250 02	900 (E-GSM) 1800 (DCS)	B3 (1800+) B7 (2600) B20 (800 DD) B38 (TD 2600)
Beeline	Russia	250 28 250 99	900 (E-GSM) 1800 (DCS)	B3 (1800+) B7 (2600) B20 (800 DD)
Tigo	Rwanda	635 13	900 (E-GSM) 1800 (DCS)	
MTN	Rwanda	635 10	900 (E-GSM) 1800 (DCS)	
Airtel	Rwanda	635 14	900 (E-GSM) 1800 (DCS)	
FLOW (Cable & Wireless)	Saint Kitts and Nevis	356 110	900 (E-GSM) 1800 (DCS)	B14 (700 PS)
Digicel	Saint Kitts and Nevis	356 050	900 (E-GSM) 1800 (DCS)	
FLOW (Cable & Wireless)	Saint Lucia	358 110	850	B14 (700 PS)
Digicel	Saint Lucia	358 050	900 (E-GSM) 1800 (DCS) 1900 (PCS)	
FLOW (Cable & Wireless)	Saint Vincent and the Grenadines	360 110	850	

续表

运营商	国家/地区	号码	GSM 频段	LTE 频段
Digicel	Saint Vincent and the Grenadines	360 050	900 (E-GSM) 1800 (DCS) 1900 (PCS)	
Ameris	Saint-Pierre and Miquelon	308 01	900 (E-GSM)	
Digicel	Samoa	549 00 549 01	900 (E-GSM)	B3 (1800+)
Bluesky	Samoa	549 27	900 (E-GSM)	B3 (1800+) B14 (700 PS)
SMT	San Marino	292 01	900 (E-GSM) 1800 (DCS)	B3 (1800+) B7 (2600) B20 (800 DD)
Unitel STP	Sao Tome and Principe	626 02	900 (E-GSM)	
CST	Sao Tome and Principe	626 01	900 (E-GSM)	
Zain	Saudi Arabia	420 04	900 (E-GSM) 1800 (DCS)	B1 (2100) B3 (1800+) B8 (900) B38 (TD 2600)
Virgin Mobile	Saudi Arabia	420 05	900 (E-GSM) 1800 (DCS)	B1 (2100) B3 (1800+) B28 (700 APT) B40 (TD 2300)
STC	Saudi Arabia	420 01	900 (E-GSM) 1800 (DCS)	B1 (2100) B3 (1800+) B28 (700 APT) B40 (TD 2300)
Mobily	Saudi Arabia	420 03	900 (E-GSM) 1800 (DCS)	B3 (1800+) B38 (TD 2600)
Tigo	Senegal	608 02	900 (E-GSM) 1800 (DCS)	
Orange	Senegal	608 01	900 (E-GSM)	
Expresso Telecom	Senegal	608 03	900 (E-GSM) 1800 (DCS)	
Yettel	Serbia	220 01 220 02	900 (E-GSM) 1800 (DCS)	B3 (1800+) B20 (800 DD)
Vectone Mobile	Serbia		900 (E-GSM) 1800 (DCS)	B3 (1800+) B20 (800 DD)
Orion Telecom	Serbia	220 07		
MTS	Serbia	220 03	900 (E-GSM) 1800 (DCS)	B3 (1800+)
Globaltel	Serbia	220 11	900 (E-GSM) 1800 (DCS)	B3 (1800+) B20 (800 DD)
A1	Serbia	220 05	900 (E-GSM) 1800 (DCS)	B3 (1800+) B20 (800 DD)
FLOW (Cable & Wireless)	Seychelles	633 01	900 (E-GSM)	
Airtel	Seychelles	633 10	900 (E-GSM)	B20 (800 DD)
SierraTel	Sierra Leone	619 06		
Orange	Sierra Leone	619 01	900 (E-GSM)	
Africell	Sierra Leone	619 02 619 03 619 05	900 (E-GSM)	
StarHub	Singapore	525 05 525 06 525 08	900 (E-GSM) 1800 (DCS)	B3 (1800+) B7 (2600) B38 (TD 2600)
Singtel	Singapore	525 01 525 02 525 07	900 (E-GSM) 1800 (DCS)	B3 (1800+) B7 (2600) B8 (900)
M1	Singapore	525 03	900 (E-GSM) 1800 (DCS)	B3 (1800+) B7 (2600)
Telekom	Slovakia	231 02 231 04	900 (E-GSM) 1800 (DCS)	B3 (1800+) B7 (2600) B20 (800 DD) B43 (TD 3700)
Orange	Slovakia	231 01 231 05	900 (E-GSM) 1800 (DCS)	B3 (1800+) B7 (2600) B20 (800 DD)
O2	Slovakia	231 06	900 (E-GSM) 1800 (DCS)	B3 (1800+) B8 (900) B20 (800 DD) B42 (TD 3500) B43 (TD 3700)

续表

运营商	国家/地区	号码	GSM 频段	LTE 频段
4ka	Slovakia	231 03	900 (E-GSM) 1800 (DCS)	B3 (1800+) B42 (TD 3500) B43 (TD 3700)
Telemach	Slovenia	293 70	900 (E-GSM) 1800 (DCS)	B1 (2100) B3 (1800+) B20 (800 DD)
Telekom	Slovenia	293 41	900 (E-GSM) 1800 (DCS)	B1 (2100) B3 (1800+) B7 (2600) B8 (900) B20 (800 DD)
T-2	Slovenia	293 64		
A1	Slovenia	293 40	900 (E-GSM) 1800 (DCS)	B3 (1800+) B7 (2600) B20 (800 DD)
Our Telekom	Solomon Islands	540 01	900 (E-GSM) 1800 (DCS)	
Bmobile Vodafone	Solomon Islands	540 02	900 (E-GSM) 1800 (DCS)	B1 (2100)
Telesom	Somalia	637 01	900 (E-GSM) 1800 (DCS)	
Somtel	Somalia	637 71	900 (E-GSM) 1800 (DCS)	B20 (800 DD)
SomNet	Somalia	637 20	900 (E-GSM) 1800 (DCS)	B20 (800 DD)
Somafone	Somalia	637 04	900 (E-GSM) 1800 (DCS)	
Nationlink	Somalia	637 10 637 60	900 (E-GSM) 1800 (DCS)	
Golis	Somalia	637 30	900 (E-GSM)	
Vodacom	South Africa	655 01	900 (E-GSM) 1800 (DCS)	B1 (2100) B3 (1800+) B8 (900)
Telkom	South Africa	655 02	1800 (DCS)	B3 (1800+) B40 (TD 2300)
Neotel	South Africa	655 13 655 14		B3 (1800+)
MTN	South Africa	655 10 655 12	900 (E-GSM) 1800 (DCS)	B1 (2100) B3 (1800+) B8 (900)
Cell C	South Africa	655 07	900 (E-GSM) 1800 (DCS)	B1 (2100) B3 (1800+)
SK Telecom	South Korea	450 05 450 12		B1 (2100) B3 (1800+) B5 (850) B7 (2600)
LGU+	South Korea	450 06		B1 (2100) B5 (850) B7 (2600)
KT	South Korea	450 02 450 04 450 07		B1 (2100) B3 (1800+) B8 (900)
Yoigo	Spain	214 04	1800 (DCS)	B1 (2100) B3 (1800+)
Vodafone	Spain	214 01 214 06	900 (E-GSM) 1800 (DCS)	B1 (2100) B3 (1800+) B7 (2600) B20 (800 DD)
TeleCable	Spain	214 16		
Simyo	Spain	214 19	900 (E-GSM) 1800 (DCS)	B1 (2100) B3 (1800+) B7 (2600) B20 (800 DD)
Orange	Spain	214 03 214 09	900 (E-GSM) 1800 (DCS)	B1 (2100) B3 (1800+) B7 (2600) B20 (800 DD)
Movistar	Spain	214 07	900 (E-GSM) 1800 (DCS)	B1 (2100) B3 (1800+) B7 (2600) B20 (800 DD)
LycaMobile	Spain	214 25		
Euskaltel	Spain	214 08		
DIGI Mobil	Spain	214 22		
Barablu	Spain	214 23		
SLT	Sri Lanka	413 12		B38 (TD 2600)

续表

运营商	国家/地区	号码	GSM 频段	LTE 频段
Mobitel	Sri Lanka	413 01	900 (E-GSM) 1800 (DCS)	B1 (2100) B3 (1800+) B8 (900)
Lanka Bell	Sri Lanka	413 04 413 13		B40 (TD 2300)
Hutch	Sri Lanka	413 08	900 (E-GSM) 1800 (DCS)	
Etisalat	Sri Lanka	413 03	900 (E-GSM) 1800 (DCS)	
Dialog	Sri Lanka	413 02 413 11	900 (E-GSM) 1800 (DCS)	B3 (1800+) B40 (TD 2300)
Airtel	Sri Lanka	413 05	900 (E-GSM) 1800 (DCS)	
Zain	Sudan	634 01	900 (E-GSM)	B3 (1800+)
Sudani	Sudan	634 07	1800 (DCS)	B3 (1800+)
MTN	Sudan	634 02	900 (E-GSM) 1800 (DCS)	
Canar	Sudan	634 05		
Telesur	Suriname	746 05 746 02	900 (E-GSM) 1800 (DCS)	B3 (1800+) B28 (700 APT)
Digicel	Suriname	746 03 746 04	900 (E-GSM) 1800 (DCS)	
MTN	Swaziland	653 10	900 (E-GSM)	
Tre	Sweden	240 02	900 (E-GSM) 1800 (DCS)	B7 (2600) B20 (800 DD) B38 (TD 2600)
Telia	Sweden	240 01	900 (E-GSM) 1800 (DCS)	B3 (1800+) B7 (2600) B20 (800 DD)
Telenor	Sweden	240 06 240 08	900 (E-GSM) 1800 (DCS)	B3 (1800+) B7 (2600) B8 (900) B20 (800 DD)
Tele2	Sweden	240 07	900 (E-GSM) 1800 (DCS)	B3 (1800+) B7 (2600) B8 (900) B20 (800 DD)
Gotanet	Sweden	240 17		
Swisscom	Switzerland	228 01	900 (E-GSM) 1800 (DCS)	B1 (2100) B3 (1800+) B7 (2600) B20 (800 DD)
Sunrise	Switzerland	228 02	900 (E-GSM) 1800 (DCS)	B1 (2100) B3 (1800+) B7 (2600) B20 (800 DD)
Salt Mobile	Switzerland	228 03	900 (E-GSM) 1800 (DCS)	B1 (2100) B3 (1800+) B7 (2600) B20 (800 DD)
Comfone	Switzerland	228 05 228 09		
SyriaTel	Syria	417 01	900 (E-GSM)	B3 (1800+)
MTN	Syria	417 02	900 (E-GSM)	D3 (1800+)
Taiwan Mobile	Taiwan, China	466 97	900 (E-GSM) 1800 (DCS)	B3 (1800+) B28 (700 APT)
T Star	Taiwan, China	466 89 466 90		B7 (2600) B8 (900)
FarEasTone	Taiwan, China	466 01 466 02 466 03 466 06 466 07 466 88	900 (E-GSM) 1800 (DCS)	B3 (1800+) B7 (2600) B28 (700 APT)
Chunghwa Telecom	Taiwan, China	466 11 466 92	900 (E-GSM) 1800 (DCS)	B3 (1800+) B7 (2600) B8 (900)
APTG	Taiwan, China	466 05	900 (E-GSM)	B7 (2600) B8 (900) B28 (700 APT) B41 (TD 2500)
Tcell	Tajikistan	436 01 436 02 436 12	900 (E-GSM) 1800 (DCS)	B20 (800 DD)
Megafon	Tajikistan	436 03	900 (E-GSM) 1800 (DCS)	B20 (800 DD)
Beeline	Tajikistan	436 05	900 (E-GSM) 1800 (DCS)	

续表

运营商	国家/地区	号码	GSM 频段	LTE 频段
Babilon Mobile	Tajikistan	436 04 436 10	900 (E-GSM)	B1 (2100) B3 (1800+)
Zantel	Tanzania	640 03	900 (E-GSM) 1800 (DCS)	B3 (1800+)
Vodacom	Tanzania	640 04	900 (E-GSM) 1800 (DCS)	B3 (1800+) B42 (TD 3500)
TTCL	Tanzania	640 07		B3 (1800+) B40 (TD 2300)
Tigo	Tanzania	640 02	900 (E-GSM) 1800 (DCS)	B3 (1800+) B20 (800 DD)
Smile	Tanzania	640 11	900 (E-GSM) 1800 (DCS)	B20 (800 DD)
Halotel	Tanzania	640 09	900 (E-GSM) 1800 (DCS)	
Airtel	Tanzania	640 05	900 (E-GSM) 1800 (DCS)	
True Move	Thailand	520 99	900 (E-GSM) 1800 (DCS)	B1 (2100)
TOT	Thailand	520 15		
DTAC	Thailand	520 18	900 (E-GSM) 1800 (DCS)	B1 (2100)
CAT Telecom	Thailand	520 00 520 02		
AIS	Thailand	520 01 520 03	900 (E-GSM) 1800 (DCS)	B1 (2100) B3 (1800+) B8 (900)
Togocel	Togo	615 01	900 (E-GSM)	
Moov	Togo	615 03	900 (E-GSM)	
TCC	Tonga	539 01	900 (E-GSM)	
Digicel	Tonga	539 88	900 (E-GSM)	B3 (1800+)
Digicel	Trinidad and Tobago	374 130	850 1900 (PCS)	B2 (1900 PCS) B7 (2600)
Bmobile	Trinidad and Tobago	374 12	850 1800 (DCS)	B2 (1900 PCS) B7 (2600)
Tunisie Telecom	Tunisia	605 02	900 (E-GSM) 1800 (DCS)	B3 (1800+) B20 (800 DD)
Orange	Tunisia	605 01	900 (E-GSM) 1800 (DCS)	B3 (1800+) B20 (800 DD)
Ooredoo	Tunisia	605 03	900 (E-GSM) 1800 (DCS)	B3 (1800+) B20 (800 DD)
Lycamobile	Tunisia	605 06	900 (E-GSM) 1800 (DCS)	
Vodafone	Turkey	286 02	900 (E-GSM) 1800 (DCS)	B3 (1800+) B7 (2600) B8 (900) B38 (TD 2600)
Turkcell	Turkey	286 01	900 (E-GSM) 1800 (DCS)	B1 (2100) B3 (1800+) B7 (2600) B8 (900) B20 (800 DD)
Turk Telekom	Turkey	286 03	1800 (DCS)	B3 (1800+) B7 (2600) B8 (900) B38 (TD 2600)
TMCELL	Turkmenistan	438 02	900 (E-GSM) 1800 (DCS)	B7 (2600)
MTS	Turkmenistan	438 01	900 (E-GSM) 1800 (DCS)	
Uganda Telecom	Uganda	641 11	900 (E-GSM)	
Smile	Uganda	641 33		B20 (800 DD)
MTN	Uganda	641 10	900 (E-GSM)	B7 (2600)
Airtel	Uganda	641 01 641 22	900 (E-GSM) 1800 (DCS)	
Africell	Uganda	641 14	900 (E-GSM) 1800 (DCS)	B20 (800 DD)
Vodafone	Ukraine	255 01	900 (E-GSM) 1800 (DCS)	B3 (1800+) B7 (2600)

续表

运营商	国家/地区	号码	GSM 频段	LTE 频段
TriMob	Ukraine	255 07	900 (E-GSM) 1800 (DCS)	
PEOPLEnet	Ukraine	255 21		
Lifecell	Ukraine	255 06	900 (E-GSM) 1800 (DCS)	B3 (1800+) B7 (2600)
Kyivstar	Ukraine	255 03	900 (E-GSM) 1800 (DCS)	B3 (1800+) B7 (2600)
Intertelecom	Ukraine	255 04		
Etisalat	United Arab Emirates	424 02	900 (E-GSM)	B3 (1800+) B7 (2600) B20 (800 DD) B42 (TD 3500)
du	United Arab Emirates	424 03	900 (E-GSM) 1800 (DCS)	B3 (1800+) B20 (800 DD)
Manx Telecom	United Kingdom	234 58	900 (E-GSM)	B3 (1800+) B20 (800 DD)
iD Mobile	United Kingdom	234 54	900 (E-GSM) 1800 (DCS)	B1 (2100) B3 (1800+) B20 (800 DD) B21 (1500 Upper)
EE	United Kingdom	234 30 234 33 234 34	1800 (DCS)	B1 (2100) B3 (1800+) B7 (2600) B20 (800 DD)
Cloud9	United Kingdom	234 18		
BT	United Kingdom	234 00	900 (E-GSM) 1800 (DCS)	
3 (Three)	United Kingdom	234 20		B1 (2100) B3 (1800+) B20 (800 DD) B21 (1500 Upper)
Vodafone	United Kingdom	234 07 234 15 235 91 235 92	900 (E-GSM) 1800 (DCS)	B1 (2100) B3 (1800+) B7 (2600) B20 (800 DD)
Virgin Mobile	United Kingdom	234 38	1800 (DCS)	B1 (2100) B3 (1800+) B7 (2600) B20 (800 DD)
Tesco Mobile	United Kingdom	234 100	900 (E-GSM) 1800 (DCS)	B1 (2100) B3 (1800+) B20 (800 DD) B40 (TD 2300)
T-Mobile	United Kingdom	234 30	1800 (DCS)	B1 (2100) B3 (1800+) B7 (2600) B20 (800 DD)
Sure Mobile	United Kingdom	234 36 234 55	900 (E-GSM) 1800 (DCS)	B3 (1800+) B20 (800 DD)
Orange	United Kingdom	234 33 234 34	1800 (DCS)	B1 (2100) B3 (1800+) B7 (2600) B20 (800 DD)
O2	United Kingdom	234 02 234 10 234 11	900 (E-GSM) 1800 (DCS)	B1 (2100) B3 (1800+) B20 (800 DD) B40 (TD 2300)
West Central Wireless	United States	310 180	850	
Virgin Mobile	United States	310 053		B2 (1900 PCS) B5 (850) B25 (1900+) B26 (850+)
Viaero	United States	310 450 310 740	850 1900 (PCS)	B2 (1900 PCS) B4 (1700/2100 AWS 1) B14 (700 PS)
Verizon	United States	310 004 310 005 310 006 310 010 310 012 310 013 310 350 310 590 310 820 310 890 310 910 311 012 311 110 311 270 311 271 311 272 311 273 311 274 311 275 311 276 311 277 311 278 311 279 311 280 311 281 311 282 311 283 311 284 311 285 311 286 311 287 311 288 311 289 311 390 311 480 311 481 311 482 311 483 311 484 311 485 311 486 311 487 311 488 311 489 311 590 312 770	850 1900 (PCS)	B2 (1900 PCS) B4 (1700/2100 AWS 1) B13 (700 c)

续表

运营商	国家/地区	号码	GSM 频段	LTE 频段
US Cellular	United States	310 066 310 730 311 220 311 580	850 1900 (PCS)	B2 (1900 PCS) B4 (1700/2100 AWS 1) B5 (850) B12 (700 ac)
Union Telephone	United States	310 020	850 1900 (PCS)	
TracFone	United States	310 999		
Ting	United States	310 260		B2 (1900 PCS) B4 (1700/2100 AWS 1) B5 (850) B17 (700 bc)
T-Mobile	United States	310 160 310 200 310 210 310 220 310 230 310 240 310 250 310 260 310 270 310 310 310 490 310 660 310 800	1900 (PCS)	B2 (1900 PCS) B4 (1700/2100 AWS 1) B12 (700 ac) B66 (1700/2100) B71 (600)
Straight Talk	United States	310 999	850 1900 (PCS)	B2 (1900 PCS) B4 (1700/2100 AWS 1) B5 (850) B12 (700 ac) B13 (700 c) B17 (700 bc) B26 (850+) B41 (TD 2500)
Sprint	United States	310 120 311 490		B2 (1900 PCS) B5 (850) B25 (1900+) B26 (850+) B41 (TD 2500)
Plateau Wireless	United States	310 100 310 960	850	
Pine Cellular	United States	311 080	850	
Metro	United States	311 660	1900 (PCS)	B2 (1900 PCS) B4 (1700/2100 AWS 1) B12 (700 ac) B66 (1700/2100) B71 (600)
Lycamobile	United States	311 960	1900 (PCS)	B2 (1900 PCS) B4 (1700/2100 AWS 1) B12 (700 ac)
Limitless Mobile	United States	310 340 310 690 311 600 312 180	1900 (PCS)	B2 (1900 PCS)
iWireless	United States	310 530 310 770	1900 (PCS)	B2 (1900 PCS) B4 (1700/2100 AWS 1)
Indigo Wireless	United States	311 030	850 1900 (PCS)	
Globalstar	United States	310 970		
Cricket	United States	310 016	850 1900 (PCS)	B2 (1900 PCS) B4 (1700/2100 AWS 1) B17 (700 bc) B30 (2300 WCS)
Commnet Wireless	United States	311 040 311 320 312 370	850 1900 (PCS)	
Chariton Valley	United States	311 010 311 020 311 920 312 010 312 220	850	B14 (700 PS)
Cellular One	United States	310 320 310 390 310 570	850	
Carolina West Wireless	United States	310 130 312 470		B14 (700 PS)
C Spire	United States	311 230 311 630		B2 (1900 PCS) B4 (1700/2100 AWS 1) B5 (850) B12 (700 ac) B33 (TD 1900) B41 (TD 2500)
Boost Mobile	United States	311 870		B2 (1900 PCS) B5 (850) B25 (1900+) B26 (850+) B41 (TD 2500)
Bluegrass Cellular	United States	311 440 311 800 311 810		B12 (700 ac)
AT&T	United States	310 016 310 030 310 070 310 080 310 090 310 150 310 170 310 280 310 380 310 410 310 560 310 670 310 680 310 950 311 070 311 090 311 180 311 190 312 090 312 680 313 210	850 1900 (PCS)	B2 (1900 PCS) B4 (1700/2100 AWS 1) B17 (700 bc) B30 (2300 WCS)

250

续表

运营商	国家/地区	号码	GSM 频段	LTE 频段
Movistar	Uruguay	748 07	850 1900 (PCS)	B2 (1900 PCS)
Claro	Uruguay	748 10	900 (E-GSM) 1900 (PCS)	B4 (1700/2100 AWS 1)
Antel	Uruguay	748 00 748 01 748 03	1800 (DCS)	B4 (1700/2100 AWS 1) B28 (700 APT)
UzMobile	Uzbekistan	434 08	900 (E-GSM) 1800 (DCS)	B3 (1800+)
UMS	Uzbekistan	434 07	900 (E-GSM) 1800 (DCS)	B20 (800 DD)
Ucell	Uzbekistan	434 05	900 (E-GSM) 1800 (DCS)	B7 (2600) B28 (700 APT)
Perfectum	Uzbekistan	434 06		
Beeline	Uzbekistan	434 04	900 (E-GSM) 1800 (DCS)	B5 (850) B7 (2600) B18 (800 Lower)
WanTok	Vanuatu	541 07		B40 (TD 2300)
Telecom Vanuatu	Vanuatu	541 01	900 (E-GSM)	B28 (700 APT)
Digicel	Vanuatu	541 05	900 (E-GSM)	B28 (700 APT)
Movistar	Venezuela	734 04	850 1900 (PCS)	B4 (1700/2100 AWS 1)
Movilnet	Venezuela	734 06	850	B4 (1700/2100 AWS 1)
Digitel	Venezuela	734 01 734 02	900 (E-GSM) 1800 (DCS)	B3 (1800+)
Vinaphone	Vietnam	452 02	900 (E-GSM) 1800 (DCS)	B3 (1800+)
Viettel	Vietnam	452 04	900 (E-GSM) 1800 (DCS)	B3 (1800+)
Vietnamobile	Vietnam	452 05	900 (E-GSM)	
MobiFone	Vietnam	452 01	900 (E-GSM) 1800 (DCS)	
GMobile	Vietnam	452 07	1800 (DCS)	
Yoho Mobile	World	123 45	900 (E-GSM) 1800 (DCS)	B1 (2100) B3 (1800+) B7 (2600)
Yesim	World	123 45	900 (E-GSM) 1800 (DCS)	B1 (2100) B3 (1800+) B7 (2600)
WiFi Map	World	123 45	900 (E-GSM) 1800 (DCS)	B1 (2100) B3 (1800+) B7 (2600)
Webbing	World	123 45	900 (E-GSM) 1800 (DCS)	B1 (2100) B3 (1800+) B7 (2600)
Voye	World	123 45	900 (E-GSM) 1800 (DCS)	B1 (2100) B3 (1800+) B7 (2600)
Visible	World	123 45	900 (E-GSM) 1800 (DCS)	B1 (2100) B3 (1800+) B7 (2600)
USIMS	World	123 45	900 (E-GSM) 1800 (DCS)	B1 (2100) B3 (1800+) B7 (2600)
UPeSIM	World	123 45	900 (E-GSM) 1800 (DCS)	B1 (2100) B3 (1800+) B7 (2600)
Ubigi	World	123 45	900 (E-GSM) 1800 (DCS)	B1 (2100) B3 (1800+) B7 (2600)
TSIM	World	123 45	900 (E-GSM) 1800 (DCS)	B1 (2100) B3 (1800+) B7 (2600)
Truphone	World	123 45	900 (E-GSM) 1800 (DCS)	B1 (2100) B3 (1800+) B7 (2600)
TEXTReSIM	World	123 45	900 (E-GSM) 1800 (DCS)	B1 (2100) B3 (1800+) B7 (2600) B20 (800 DD)
Stork Mobile	World	123 45	900 (E-GSM) 1800 (DCS)	B1 (2100) B3 (1800+) B7 (2600)

续表

运营商	国家/地区	号码	GSM 频段	LTE 频段
Sparks eSIM	World	123 45	900 (E-GSM) 1800 (DCS)	B1 (2100) B3 (1800+) B7 (2600)
Soracom Mobile	World	123 45	900 (E-GSM) 1800 (DCS)	B1 (2100) B3 (1800+) B7 (2600)
Simtex	World	123 45	900 (E-GSM) 1800 (DCS)	B1 (2100) B8 (900)
SimOptions	World	123 45	900 (E-GSM) 1800 (DCS)	B1 (2100) B3 (1800+) B7 (2600) B20 (800 DD)
Redteago	World	123 45	900 (E-GSM) 1800 (DCS)	B1 (2100) B3 (1800+) B7 (2600)
Onesim	World	123 45	900 (E-GSM) 1800 (DCS)	B1 (2100) B3 (1800+) B7 (2600)
Numero eSIM	World	123 45	900 (E-GSM) 1800 (DCS)	B1 (2100) B3 (1800+) B7 (2600)
Nomad	World	123 45	900 (E-GSM) 1800 (DCS)	B1 (2100) B3 (1800+) B7 (2600)
MTX Connect	World	123 45	900 (E-GSM) 1800 (DCS)	B1 (2100) B3 (1800+) B7 (2600)
Monty	World	123 45	900 (E-GSM) 1800 (DCS)	B1 (2100) B3 (1800+) B7 (2600)
Mogo	World	123 45	900 (E-GSM) 1800 (DCS)	B1 (2100) B3 (1800+) B7 (2600)
MobiMatter	World	123 45	900 (E-GSM) 1800 (DCS)	B1 (2100) B3 (1800+) B7 (2600)
Mint Mobile	World	123 45	900 (E-GSM) 1800 (DCS)	B1 (2100) B3 (1800+) B7 (2600)
Maya Mobile	World	123 45	900 (E-GSM) 1800 (DCS)	B1 (2100) B3 (1800+) B7 (2600)
Manet Mobile	World	123 45	900 (E-GSM) 1800 (DCS)	B1 (2100) B3 (1800+) B7 (2600)
Knowroaming	World	123 45	900 (E-GSM) 1800 (DCS)	B1 (2100) B3 (1800+) B7 (2600)
Kite.Mobi	World	123 45	900 (E-GSM) 1800 (DCS)	B1 (2100) B3 (1800+) B7 (2600)
Keepgo	World	123 45	900 (E-GSM) 1800 (DCS)	B1 (2100) B3 (1800+) B7 (2600)
Instabridge	World	123 45	900 (E-GSM) 1800 (DCS)	B1 (2100) B3 (1800+) B7 (2600)
Holiday eSIM	World	123 45	900 (E-GSM) 1800 (DCS)	B1 (2100) B3 (1800+) B7 (2600)
Holafly	World	123 45	900 (E-GSM) 1800 (DCS)	B1 (2100) B3 (1800+) B7 (2600)
GoMoWorld	World	123 45	900 (E-GSM) 1800 (DCS)	B1 (2100) B3 (1800+) B7 (2600)
GlobaleSIM	World	123 45	900 (E-GSM) 1800 (DCS)	B1 (2100) B3 (1800+) B7 (2600)
Global YO	World	123 45	900 (E-GSM) 1800 (DCS)	B1 (2100) B3 (1800+) B7 (2600)
GigSky	World	123 45	900 (E-GSM) 1800 (DCS)	B1 (2100) B3 (1800+) B7 (2600)
Flexiroam	World	123 45	900 (E-GSM) 1800 (DCS)	B1 (2100) B3 (1800+) B7 (2600)
FlairSIM	World	123 45	900 (E-GSM) 1800 (DCS)	B1 (2100) B3 (1800+) B7 (2600)
eTravelSim	World	123 45	900 (E-GSM) 1800 (DCS)	B1 (2100) B3 (1800+) B7 (2600)
eSIMCard	World	123 45	900 (E-GSM) 1800 (DCS)	B1 (2100) B3 (1800+) B7 (2600)

续表

运营商	国家/地区	号码	GSM 频段	LTE 频段
Esimatic	World	123 45	900 (E-GSM) 1800 (DCS)	B1 (2100) B3 (1800+) B7 (2600)
eSIM4Travel	World	123 45	900 (E-GSM) 1800 (DCS)	B1 (2100) B3 (1800+) B7 (2600)
Only Travel eSIM With Voice And Data | eSIM.Nety	World	123 45	900 (E-GSM) 1800 (DCS)	B1 (2100) B3 (1800+) B7 (2600)
eSIM GO	World	123 45	900 (E-GSM) 1800 (DCS)	B1 (2100) B3 (1800+) B7 (2600)
EscapeSIM	World	123 45	900 (E-GSM) 1800 (DCS)	B1 (2100) B3 (1800+) B7 (2600)
Digital Republic	World	123 45	900 (E-GSM) 1800 (DCS)	B1 (2100) B3 (1800+) B7 (2600)
Dent	World	123 45	900 (E-GSM) 1800 (DCS)	B1 (2100) B3 (1800+) B7 (2600)
CMLink eSIM	World	123 45	900 (E-GSM) 1800 (DCS)	B1 (2100) B3 (1800+) B7 (2600)
Breeze	World	123 45	900 (E-GSM) 1800 (DCS)	B1 (2100) B3 (1800+) B7 (2600)
BreatheSIM	World	123 45	900 (E-GSM) 1800 (DCS)	B1 (2100) B3 (1800+) B7 (2600)
BNESIM	World	123 45	900 (E-GSM) 1800 (DCS)	B1 (2100) B3 (1800+) B7 (2600)
aloSIM	World	123 45	900 (E-GSM) 1800 (DCS)	B1 (2100) B3 (1800+) B7 (2600)
AIS eSIM2FLY	World	123 45	900 (E-GSM) 1800 (DCS)	B1 (2100) B3 (1800+) B7 (2600)
AIRSIMe	World	123 45	900 (E-GSM) 1800 (DCS)	B1 (2100) B3 (1800+) B7 (2600)
Airhub	World	123 45	900 (E-GSM) 1800 (DCS)	B1 (2100) B3 (1800+) B7 (2600)
Airalo	World	123 45	900 (E-GSM) 1800 (DCS)	B1 (2100) B3 (1800+) B7 (2600) B20 (800 DD)
Yemen Mobile	Yemen	421 03		
SabaFon	Yemen	421 01	900 (E-GSM)	
MTN	Yemen	421 02	900 (E-GSM)	
Zamtel	Zambia	645 03	900 (E-GSM)	B40 (TD 2300)
MTN	Zambia	645 02	900 (E-GSM)	B3 (1800+)
Airtel	Zambia	645 01	900 (E-GSM)	B8 (900)
Telecel	Zimbabwe	648 03	900 (E-GSM)	
NetOne	Zimbabwe	648 01	900 (E-GSM)	B3 (1800+)
Econet	Zimbabwe	648 04	900 (E-GSM) 1800 (DCS)	B3 (1800+)

附录2　工程机械命名编码规范

类别号	设备名称	规格
	I 土石方机械	
101	履带挖掘机	m³
101	轮胎挖掘机	m³
102	推土机	kW
103	履带拖拉机	kW
103	轮胎拖拉机	kW
104	自行铲运机	kW
105	铲运机斗	m³
106	振动压路机	t（激碾力）
106	静压压路机	t
107	平地机	kW
109	挖沟机	kW
110	履带装载机	m³
110	轮胎装载机	m³
110	挖掘装载机	m³/h
111	松土器、液压破碎锤、其他工装	
112	立爪装岩机	m³/h
112	风动装岩机	m³/h
112	电动装岩机	m³/h
112	蟹爪装岩机	m³/h
113	通风机	m³/min
114	锻钎机	
115	磨钎机	
116	潜孔钻机	直径×深度
117	二臂凿岩台车	kW
117	三臂凿岩台车	kW
117	四臂凿岩台车	kW
118	悬臂掘进机	kW
119	露天钻机	直径×深度

续表

类别号	设备名称	规格
120	装药台车	kg/h
121	锚杆台车	kW
122	隧道打眼车	kW
123	捞土斗	m³
124	水平钻机	直径×深度
125	注浆钻机	直径×深度
126	管棚钻机	直径×深度
130	TBM	直径
131	盾构机	直径
199	其他	
	Ⅱ 动力机械	
201	电动空压机	m³/min
201	内燃空压机	m³/min
202	发电机	kW
202	发电车	kW
202	发电船	kW
203	锅炉	t/h
204	汽油机	kW
204	柴油机	kW
205	电动机	kW
206	变压器	kVA
208	高压开关柜	
209	低压开关柜	
210	电容器柜	kVA
210	油断路器	
210	油开关	
210	互感器	
210	隔离开关	
210	起动器	
210	高压配电盘	A/V
210	低压配电盘	A/V
211	锅炉附属设备	
220	充电机	

续表

类别号	设备名称	规格
230	箱式变电站	
299	其他	
	Ⅲ 起重机械	
301	塔式起重机	t.m
302	汽车起重机	t
303	轮胎起重机	t
304	履带起重机	t
305	蒸汽轨道吊	t
305	内燃轨道吊	t
306	龙门起重机	t
307	简易起重机	t
308	缆索起重机	t
309	桥式起重机	t
310	卷扬机	t
311	浮吊	t
312	架桥机	t
313	电动葫芦	t
314	千斤顶	t
315	电气化架线车	
316	叉式起重机	t
317	电气化安装车	
318	电气化立杆车	
319	施工电梯	t
320	拼装吊车	t
330	物料提升机	
339	电动施工吊篮	
340	高空作业车	
399	其他	
	Ⅳ 运输机械	
401	载重汽车	t
402	自卸汽车	t
403	油槽汽车	L

续表

类别号	设备名称	规格
404	水槽汽车	L
405	大客车	人数×kW
405	小客车	人数×kW
405	吉普车	人数×kW
405	小轿车	人数×kW
406	消防车	kW
406	救护车	kW
406	防疫车	kW
406	洒水车	kW
406	煤气罐车	kW
406	冷藏车	kW
406	警车	kW
406	囚车	kW
406	检测车	
406	综合作业车	
407	拖车头带平板	t
408	皮带输送机	t/h
408	螺旋输送机	t/h
408	斗式输送机	t/h
409	电瓶车	t
410	轨道车	kW
411	梭式矿车	m³
412	船舶	
413	翻斗车	t
414	拖轮	kW
415	铁舶	t
416	汽车拖斗（板）	t
417	轨道平板车	t
418	机车	kW
420	箱梁运梁车	t
499	其他	
	V 混凝土机械	
501	混凝土搅拌机	L

续表

类别号	设备名称	规格
502	砂浆拌合机	L
503	喷浆机	m³/h
504	灌浆机	m³/h
506	混凝土输送泵	m³/h
506	车载式混凝土泵	m³/h
507	混凝土振动台	吨×长×宽
508	混凝土振动筛	目
509	碎石机	长×宽
511	钢筋切断机	mm（直径）
511	钢筋弯曲机	mm（直径）
511	钢筋调直机	mm（直径）
511	钢筋拉伸机	t
512	对焊机	kVA
512	点焊机	kVA
513	磨砂机	m³/h
514	混凝土搅拌站	m³/h
515	混凝土搅拌仓	m³/h
517	混凝土模板台车	吨×长×宽
517	散装水泥罐车	kW
518	混凝土搅拌输送车	m³
519	混凝土泵车	m³/h×m（臂架高）
520	混凝土三联机	m³/h
521	混凝土机械手	
521	混凝土湿喷机	
521	混凝土布料机（杆）	
522	水泥拆包机	
523	风送水泥机	
530	混凝土切割机	
531	混凝土切纹机	
540	泥浆净化器	
599	其他	
	Ⅵ 基础水工机械	
601	蒸汽打桩机	t

续表

类别号	设备名称	规格
602	内燃打桩机	t
603	振动打桩机	激振力 t
604	套管钻机	扭矩，直径×深度
604	回转钻机	扭矩，直径×深度
604	冲击钻机	扭矩，直径×深度
604	钻井钻机	扭矩，直径×深度
604	地质钻机	扭矩，直径×深度
604	潜水钻机	扭矩，直径×深度
604	通孔钻机	扭矩，直径×深度
604	反循环钻机	直径×深度
605	单级泵	扬程×流量
605	多级泵	扬程×流量
605	潜水泵	扬程×流量
605	深井泵	扬程×流量
605	污水泵	扬程×流量
605	泥浆泵	扬程×流量
605	真空泵	扬程×流量
605	柱塞泵	扬程×流量
605	沙泵	扬程×流量
605	胶泵	扬程×流量
605	灰渣泵	扬程×流量
605	混流泵	扬程×流量
605	往复泵	扬程×流量
606	浮鲸	t
607	顶进设备	
608	打桩机锤头	t
609	打桩船	
610	电杆钻坑机	直径×深度
611	沉拔桩机	t（激振力）/t（拔装力）
612	槽壁机	
699	其他	
	Ⅶ 木工机械	
701	带锯	直径 mm

续表

类别号	设备名称	规格
701	圆锯	直径 mm
701	截锯	直径 mm
701	弓锯	直径 mm
702	手压刨床	工作台长×宽
702	单面刨床	工作台长×宽
702	双面刨床	工作台长×宽
702	三面刨床	工作台长×宽
702	四面刨床	工作台长×宽
703	木工钻床	
704	木工车床	
705	榫槽机	
706	木工修理设备	
707	开榫机	
708	木工铣床	长×宽
709	木工打眼机	
799	其他	
	Ⅷ 金切机床	
801	车床	直径×中心距
802	铣床	工作台长×宽
803	刨床	最大行程
804	磨床	直径×长度
805	钻床	钻孔直径
806	镗床	镗孔直径
807	插床	工作直径×模数×行程
808	拉床	拉力×行程
809	齿轮加工机床	直径×模数
810	螺纹加工机床	直径×长度
811	电火花加工机床	
812	联合机床	
813	镗缸机	直径×深度
814	镗瓦机	直径
815	镗刹车鼓机	直径
816	珩磨机	内径×行程

续表

类别号	设备名称	规格
817	磨气门机	直径×肩角
818	气门座研磨机	肩角
819	金属锯床	锯长
820	剪冲设备	工件厚×宽
821	压力机	t
822	锻造设备	
823	卷板机	工件厚×宽
824	热处理设备	
825	工程修理车	
827	电焊设备	kVA
828	滤油机	L/min
829	铸造设备	
830	炼钢炉	t
831	电镀设备	
832	打气泵	m/min
833	弯管机	工作直径
834	化铁炉	t/h
835	电石炉	t
836	加油机	L/min
837	钢窗加工设备	
838	汽车修理设备	
899	其他	
	Ⅸ 测检设备	
901	燃油泵试验台	
902	机油泵试验台	
903	电气试验台	
904	水力测功器	
905	耐压试验设备	
906	材料试验机	
907	探伤设备	
908	内燃综合试验设备	
909	液压试验设备	
910	试验变压器	

续表

类别号	设备名称	规格
920	桥梁检测设备	
930	轨道检测设备	
999	其他	
	X 线路设备	
001	铺轨机	km/h
002	铺轨龙门架	km/h
003	铺碴机	
004	液压起拨道机	
005	液压捣固机	
006	道渣整形机	
007	夯拍机	
008	铺轨钉连机	
009	沥青摊铺机	
010	沥青搅拌站	
011	混凝土摊铺机	
012	稳定土路拌机	
013	稳定土厂拌设备	
014	灰土拌合机	
015	破碎站	
020	动力稳定车	
029	其他线上机械	
030	长钢轨焊接设备	
099	其他	

注：
1. 机械管理号码采用11位数字，共分三段。
   第一段3位数，第一个数取0~9为类别号，第二、三位为取01~99为机名号。
   第二段为流水号，取数字0001~9999，为各分公司自定的流水号。
   第三段为分公司单位名称简称代码。
   段与段之间用"-"分开。凡属同类同机名的机械前三位必须一致。
2. 各类机械在目录中都有一项"其他"，凡是机械目录中没有包括的都归入"其他"，具体名称填机械本身的名称。
3. 主要机械的种类视情况随时进行调整，本目录不做标记。

例：
川渝分公司47号履带挖掘机编码：103-0047-川渝。

附录3　工程机械数字化管理规范案例

机械设备信息化管理实施细则

1. 目的

1.1 为规范集团第四工程有限公司(以下简称"公司")机械设备信息化、智能化管理,加强对工程项目现场施工设备使用及油耗的实时管控,提高设备使用效率,降低设备使用成本,准确掌握设备的使用信息,方便设备结算数据核对,降低施工现场管理人员工作强度,公司引进设备信息化管理系统(机械指挥官设备管理系统),对设备的工作时间、怠速时间、油耗和供油偏差等指标进行全方位的实时管控,特制定本实施细则。

2. 适用范围

本细则所指设备是指公司承建的所有项目需要记录使用信息的通用流动式设备。

3. 职责

3.1 公司机械设备管理部(机械租赁分公司)职责:

3.1.1 负责拟定、宣贯机械设备信息化管理相关制度。

3.1.2 负责组织对各单位设备信息化智能化管理系统的安装和使用情况进行培训、指导、监督、检查、考核。

3.1.3 至少设置一名信息化管理专员,负责设备信息化系统的日常管理工作。

3.1.4 负责协调对设备信息化管理系统进行维护、升级,保障系统正常平稳地运行。

3.1.5 负责通过设备信息化管理系统数据分析,对各单位设备统筹安排、合理调度提出指导性意见和建议。

3.1.6 负责对各单位相应岗位人员进行设备信息化系统的账号权限设置和管理工作。

3.1.7 负责审批各单位设备信息化系统安装申请。

3.1.8 负责对各单位设备信息化系统应用情况进行检查,对异常数据记录,及时反馈至项目部整改,并形成检查记录,每月参与对各项目进行系统应用分析与考核。

3.1.9 负责信息化设备 SN 码、审核设备编码管理,建立《设备信息化系统使用台账》,防止出现编码错乱、重复等问题。

3.1.10 负责协调拆除的信息化设备保管、保养工作,合理使用信息化设备,杜绝重复购置。

3.2 项目部职责:

3.2.1 各项目须设置至少一名信息化管理专员,负责设备信息化系统的日常管理工作。

3.2.2 负责在设备进场前 7 个工作日，向公司申请报装设备监控系统。

3.2.3 负责对本项目部相应岗位人员进行设备信息化系统的账号权限设置和管理工作。

3.2.4 负责对本项目部设备信息化系统实施应用情况进行监督、培训工作。

3.2.5 项目部设备信息化管理专员应及时处理设备信息化系统发出的各类报警信息，及时联系设备操作司机和设备供应方，查找原因，填写上传报警处理记录。

3.2.6 项目部设备信息化管理专员根据需要（至少每周一次）对导出的工时、油耗、加油记录、异常报警等数据进行分析，及时对异常数据查找原因，并采取相应纠偏措施；

3.2.7 项目部通过设备信息化系统采集数据分析，实时统筹安排、合理调度设备，根据设备累计工时提醒，及时进行设备维护保养。

3.2.8 项目部通过设备信息化系统采集加油量与人工登记加油量（上传加油记录照片）进行比对，差异偏大时应及时查明原因，并采取相应的纠偏措施。

3.2.9 负责登记项目信息化设备 SN 码、核对项目设备编码，建立设备信息化系统使用台账并实行动态管理，防止出现编码错乱、重复等问题。

3.2.10 设备退场时对软件解绑，对硬件拆除，保证系统信息真实。

3.2.11 负责对运行和拆除的设备硬件保养、保管工作，合理使用设备信息化系统。

4. 设备监控系统安装范围

4.1 公司在建项目使用的流动式设备，含公司自有、长租、临租及有特殊要求的分包单位自带设备，不局限于各型汽车起重机、履带起重机、随车起重机、挖掘机、载重汽车、洒水车、自卸汽车、叉车、混凝土燃动设备、旋挖钻机、发电机组等。

5. 设备编码

5.1 设备编码需按以下规则统一编制，各单位不得擅自编码，确保设备编码的唯一性。

5.2 自有设备编码：（自有）+设备名称简称+型号规格+车牌号或设备出厂号后四位组成，如"（自有）汽车吊 25t-苏 A1606""（自有）汽车泵 56m-苏 A2B219"。

5.3 外租设备编码：（外租）+设备名称简称+型号规格+车牌号或设备出厂号后四位组成，如"（外租）半挂车 13m-苏 D77577""（外租）履带吊 200t-0008"。

5.4 临租设备编码：（临租）+设备名称简称+型号规格+车牌号或设备出厂号后四位组成，如"（临租）汽车吊 50t-苏 DFP127"。

5.5 常用设备统一简称如下：

汽车吊、履带吊、随车吊、挖机、载重车、半挂车、自卸车、洒水车、叉车、登高车、运梁车、装载机、搅拌车、汽车泵、拖泵、车载泵、旋挖钻、发电机。

6. 设备信息化系统的安装及收费标准

6.1 公司框架协议集中租赁的流动式设备必须由出租方负责安装机械指挥官系统，并作为租赁比选和进场使用的前置条件。

6.2 公司自有流动式设备由机械租赁分公司统一采购并组织安装机械指挥官系统，费用由相应的专业分公司承担。

6.3 其他月租和临租流动式设备原则上设备信息化系统由我方提供安装，统一由机械租赁分公司采购，调拨给使用单位，费用由使用单位一次性支付；租赁期间为有偿使用，使用单位在每次租赁费结算中直接扣除，设备提供方已自行安装与我方相同的设备信息化系统除外。

6.4 费用组成：机械指挥官系统摊销费＋服务费。

6.5 收费标准：

    6.5.1 对于月租赁费不足 2 万元的设备，按 10 元/天收取。

    6.5.2 对于月租赁费 2 万～10 万元的设备，按 15 元/天收取。

    6.6.3 对于月租赁费大于 10 万元及所有临租设备，按 20 元/天收取。

7. 设备进场

7.1 设备信息化系统报装

设备租赁合同签订后，项目部与设备供方确定具体的设备进场时间，并提前 7 个工作日向机械租赁分公司申请报装信息化管理系统（智能管理终端主机和油位监测仪），设备信息化系统由机械租赁分公司负责统一购置。

7.2 系统安装

    7.2.1 设备进场当日，由设备信息化专员通过手机微信登录信息化系统的微信小程序，在所属项目的工作界面中，上传新增机械照片、填写设备名称、机械类型、设备现场编号、机械来源、供应商名称、进场时间等，并绑定信息二维码。

    7.2.2 项目首次报装由厂家安排人员到工程现场安装信息化管理系统，并对项目设备管理员进行安装培训，安装完成后，通过扫描智能终端 SN 码绑定并激活信息化管理系统。

    7.2.3 信息化管理系统激活完成后，由项目设备管理员将机械二维码张贴或喷印在设备的醒目位置，项目管理人员可随时通过扫描二维码，查看该台设备的现场编码、供应商信息、进场时间、驾驶员姓名、工时、油耗、设备使用记录等。

    7.2.4 完成现场手机微信端新增设备、绑定入网等操作后，项目设备管理员应在 7 天内完成设备加油标定工作。

7.3 设备监控系统账号开通

    7.3.1 开通账号人员：公司相关领导、设备分管领导，设备部相关人员、公司信息化专员、项目经理、生产经理、生产调度、项目设备部负责人和项目信息化专员。

    7.3.2 对于外租设备供应商，项目信息化专员将供应商设置成对应租赁设备的操作司机，只给供应商查看所属出租设备的权限。

7.4 油位标定

    7.4.1 各项目利用标准容积油桶和自购加油枪对设备进行油位标定，标定完成后进行加油验证，直至油量采集值与实际加油量误差控制在 5%以内。

7.4.2　加油手工登记值录入：设备每次加油后当天内要完成加油手工登记值的录入，信息化专员必须如实录入加油量，并上传加油枪或加油机码表照片（用今日水印相机拍摄），手工登记的油量数值和上传的加油枪或加油机码表照片上的数值必须一致。

7.4.3　实际加油量与系统加油采集值差额±5%，表明加油误差在可控范围内；实际加油量与系统加油采集值相差较大时，表明加油设备计量不精准，各项目应重点监控、查找原因，进行及时纠偏。公司对一周内不纠正的项目进行督查督办，必要时上报公司纪委介入处理。

8. 设备退场及转场

8.1　设备使用结束后，由项目设备信息化管理专员通过手机微信小程序，在所属项目工作界面的机械退场模块，通过扫描二维码，填写完成设备退场记录，报机械租赁分公司信息化专员备案。

8.2　当公司自有设备转场至公司所属其他项目施工时，设备信息化系统（智能管理终端主机和油位监测仪）无须与设备解绑，但需变更设备使用台账。

8.3　外租设备退场时项目部信息专员对软件解绑，对硬件拆除，保证系统信息真实。

8.4　设备退场前，项目设备管理人员应对设备信息化系统硬件（智能管理终端主机和油位监测仪）进行检验，如有人为损坏、被盗等现象，由施工设备操作方承担相关费用。

9. 设备信息化系统应用报表

9.1　各项目应每周一上报"机械工时统计分析表""机械油耗统计分析表"等报表，形成周报制度，根据系统数据更新情况，各项目在每周一对导出前一周数据进行分析，每周一上午 9 点前上报机械租赁分公司信息化专员，汇总后进行通报。

9.2　各单位信息化专员每月 26 日必须从系统平台上导出所属设备上月的应用报表进行存档，将分析资料及解决措施总结上报公司机械设备管理部。

10. 结算管理

10.1　设备租赁费用结算管理

10.1.1　长租设备安装信息化系统后，设备租赁结算必须按设备信息化系统采集的设备运转工时数据，书面的单据可不再填写。项目部必须以系统导出打印运行数据为依据进行结算。

10.1.2　临租设备的使用和结算采用电子台班签证单，禁止使用纸质签单。以机械指挥官采集的工时作为临租设备结算的主要依据，特殊情况由设备管理人员来备注原因调整工时（如：运输车辆装/卸车等待、汽车吊在场内中转行驶、起重机在吊装作业中所涉及的安装连接过程等待等有功怠速时间或有功停机时间），有效临租时长应在设备临租合同中明确计算方法、特殊计时工况等相关约定。

10.2 设备的怠速管理

10.2.1 对自有设备：每周单台设备累计无功怠速时间超过 4 小时的，对操作手提出警告；每周单台设备累计无功怠速时间在 7～10 小时之间的，对操作司机处以罚金 100 元；每周单台设备累计无功怠速时间在 10～14 小时以内的，对操作司机处以罚金 200 元；每周设备无功怠速时间大于 14 小时的，对操作司机处以罚金 300 元；对屡教不改的操作司机，公司应予以辞退。

10.2.2 对月租设备：每月单台设备无功怠速时间在 15 小时以下的，正常结算包月台班；每月单台设备无功怠速时间在 15 小时以上的，在结算时按照无功怠速产生的油耗成本双倍扣除。该条款需在机械设备租赁合同中加以明确。

10.3 司机的加班管理：使用单位应加强对月租设备司机加班的控制和管理，配置 2 名司机正常作业的不得计算加班费；配置 1 名司机根据项目安排需要加班的，应提前提交加班申请书经批准后才能加班，根据信息化系统采集工时核算司机加班费，并在租赁合同中明确司机加班费计费方式。

10.4 燃油费用结算：项目燃油采购结算前应将加油原始单据与设备信息化系统的机械设备加油数据进行对比，原则上二者数据偏差不应超过 5%，如偏差过大应分析原因并采取有效措施进行处理。

10.5 强制性要求：符合安装机械指挥官系统的进场设备，均应安装智能终端和无线油位监测仪，甲方供油设备需安装智能终端和无线油位监测仪，乙方供油设备需安装智能终端；不同意安装的，不再继续租赁。

11. 监督与考核

11.1 监督与考核组织

11.1.1 公司机械设备管理部负责组织对各单位的设备信息化系统的运行情况进行监督与考核。

11.1.2 各单位应定期组织对各自设备信息化系统的运行情况进行监督与考核。

11.2 设备进场后 2 天内未能完成设备信息化系统安装的项目，对项目设备负责人处罚金 100 元/台次，对项目信息化专员处罚金 50 元/台次。

11.3 设备信息化系统完成安装当天未能完成信息录入的，对项目信息化专员处罚金 30 元/台次。

11.4 设备信息化系统非首次安装在 7 天内未完成油箱油位标定的，对项目设备负责人处罚金 100 元/台次，对项目信息化专员处罚金 50 元/台次。

11.5 未在加油完成后当天内完成加油手工登记值录入，对项目信息化专员处罚金 30 元/台次。手工登记值录入不符合要求的，如上传无带水印的照片，数值、时间和地点不符的，对项目信息化专员处罚金 30 元/台次。

11.6 各项目未按规定时间导出系统周报数据进行分析累计四次及以上的，或者对系统周报数据问题未处置及原因分析的，对项目设备负责人处罚金 200 元/次，对项目信息化专员处罚金 100 元/次。

11.7 各单位未按规定时间上报上月报表存在问题累计 2 次及以上的，对该单位设备负责人处罚金 200 元/次，信息化专员处罚金 100 元/次。

11.8 已安装信息化系统的设备，项目未设专人管理及维护，造成信息化系统周转过程中遗失和损坏的（无正当原因），以及被机械出租单位带走未在结算中扣款或摊销扣减的，对项目设备负责人处罚金 3000 元/台，对项目信息化专员处罚金 1500 元/台。

11.9 对设备无功怠速的考核与处罚详见第 10.2 条设备的怠速管理。

11.10 对外租设备：设备出现偷油、干私活等现象，一经发现将对设备操作司机和设备提供方列入黑名单，公司范围内严禁使用，并对设备提供方予以总损失对等的经济处罚。

11.11 对于加油量与系统采集值偏差过大、加油偷量等情况，设备负责人应及时上报本单位主要领导，并通知物资部门予以处理；情节严重的，相关部门应将责任单位列入黑名单，公司范围内严禁使用并上报集团公司，同时追究相应的经济损失；故意协助责任单位加油偷量的责任人应移交公司纪委处置。

11.12 奖励措施：公司组织对各单位信息化管理工作每半年进行一次考核，对系统报警信息及时处理并采取有效措施，设备利用率、出勤率等明显提高，怠速率明显减少，加油误差控制在合理范围内的，给予项目设备负责人 6000 元奖励，给予信息化专员 3000 元奖励，奖金由所在单位支付。

12. 闲置设备管理

12.1 设备信息化系统上显示月度利用率＜30%的自有设备，特别是长期闲置设备，项目部应及时向专业分公司书面反映情况，专业分公司应在收到书面反映情况后 3 日内出具设备调度方案，避免浪费。

12.2 设备信息化系统上显示月度利用率＜50%的外租设备，项目部应及时向有关领导反映，并研究是否退租处置。

附件：

设备信息化系统使用台账

序号	机械名称	设备编号	设备名称及编号				使用项目	使用地点	使用状态	设备来源	设备出租方名称	备注
			设备信息化系统1.0		设备信息化系统2.0							
			智能终端	油位监测仪	智能终端	油位监测仪						

备注：使用状态为"在用""封存""待修"。
编制人：　　　　　　　　　　　　　　　　　　　　审核人：

附录4 项目机械施工管理数字化分析报告

智慧工地项目管理云平台机械指挥官应用分析报告

2023 年 12 月 13 日

一、应用分析背景

为加快推进设备管理信息化建设,提升项目现场工程机械管理水平,加强对设备位置、工时、燃油、趟数、里程、异常情况等方面的管理,智慧工地项目管理云平台自 2023 年 5 月起,将项目机械纳入机械指挥官系统的统一管理之中。

本报告以 2023 年 9 月 1 日—12 月 13 日期间生成的基础数据作为依据,对智慧工地项目管理云平台的设备应用情况进行分析,同时为用户以更高效率、更低成本使用工程机械提供专业的建议。

1. 施工企业的传统设备管理方式

在引入机械指挥官之前:

(1)项目现场的设备管理主要依赖人工盯看、纸质单据,手段较为传统,数据采集过程中的人为干扰因素大;

(2)数据统计工作量大,且无法追查数据的准确性、可靠性,由此导致的管理漏洞很有可能给项目的效率和效益造成损失。

2. 机械指挥官的主要功能与作用

机械指挥官为一套软硬件结合的工程机械物联网管理系统,可对项目现场不同品牌、不同类型、新老不一的工程机械进行自动监测、远程监控、智能分析,为各层级设备管理人员提供客观准确的数据参考、可视化的数据呈现、多维的数据统计分析,现场异常情况及时发现及时处理,以此消除管理隐患(图1)。

图 1　机械指挥官实时动态大屏

二、公司总体联网情况及数据分析

截至 2023 年 12 月 13 日，智慧工地项目管理云平台的 8 个项目实现了设备联网管理，机械共有 34 台。38.24%的机械为租赁设备，这类设备进退场频繁，项目上充分利用机械指挥官拆卸方便、可重复利用的优势，做到了全面采集数据；52.94%的机械为自有设备，这类设备的档案留存、调拨使用和利用率等都是公司比较关注的方面，各项目通过机械指挥官实现了资产管理的信息化升级（表1）。

截至 2023 年 12 月 13 日设备联网情况　　　　表 1

主项目数量（个）	项目数量（个）	类型数量（种）	机械总数（台）	入网总数（台）	自有百分比	租赁百分比	分包百分比
1	8	11	34	23	52.94%	38.24%	8.82%

主项目设备情况如表 2、图 2、图 3 所示。

主项目 1 设备情况　　　　表 2

主项目名称	项目名称	机械类型	机械数量（台）	入网机械（台）	来源		
					自有（台）	租赁（台）	分包（台）
主项目 1	智慧工地项目部第一分部	挖掘机	5	3	3	2	0
		汽车式起重机	2	2	1	1	0
		洒水车	2	2	2	0	0
		侧翻装载机	1	0	1	0	0
	智慧工地项目部第三分部	自卸车	5	5	1	4	0
	智慧工地项目部第二分部	混凝土搅拌车	4	4	1	3	0
		挖掘机	1	1	0	1	0
	智慧工地项目部第四分部	装载机	3	2	1	0	2
		摊铺机	1	0	0	1	0
	智慧工地项目部第五分部	发电机组	2	2	2	0	0
		滑模摊铺机	1	0	1	0	0
	L4 大屏	挖掘机	1	0	1	0	0
		推土机	1	0	1	0	0
		装载机	1	0	0	0	1
	智慧工地项目部第六分部	挖掘机	1	1	1	0	0
		混凝土搅拌车	1	1	0	1	0
		推土机	1	0	1	0	0
	多租户演示	自卸车	1	0	1	0	0

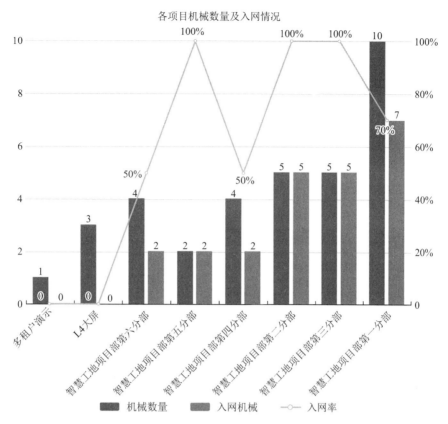

图 2　各项目机械数量及入网情况

（注：项目数量超限时，图表按"入网机械"数量从低到高顺序取前 15 个项目展示）

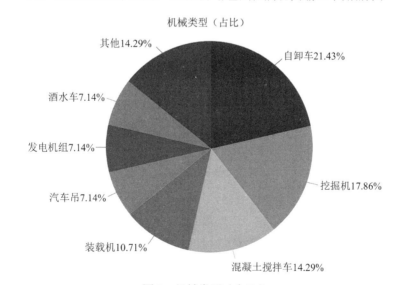

图 3　机械类型（占比）

（注：图表按"占比"从高到低顺序取前 7 个展示，剩下的机械类型合并到"其他"中）

2023 年 9 月 1 日—12 月 13 日，部分机械存在转场情况，共产生 20 条机械使用数据，现对设备运转情况做以下分析。

1. 公司总体工时数据分析

运行工时占比说明设备工作效率的高低，低效工作可能导致工期延误的严重后果，出勤率说明设备利用率的高低，低利用率导致的设备闲置，实际上是一种资源浪费（表3、表4，图4～图6）。

2023年9月1日—12月13日总体工时统计　　　　　　　　表3

主项目名称	项目名称	机械类型	合计			运行工时占比	出勤情况			利用率
			总工时	运行工时	怠速工时		应出勤天数	实际出勤天数	出勤率	
主项目1	智慧工地项目部第一分部	挖掘机	912.52	741.81	170.71	81.29%	230	195	84.78%	41.48%
		洒水车	1625.35	1625.35	0.00	100.00%	143	143	100.00%	66.72%
		汽车吊	1268.02	1268.02	0.00	100.00%	206	191	92.72%	60.13%
	智慧工地项目部第二分部	挖掘机	375.92	321.32	54.60	85.48%	74	69	93.24%	54.42%
		混凝土搅拌运输车	5647.12	5647.12	0.00	100.00%	388	388	100.00%	75.66%
	智慧工地项目部第三分部	自卸车	4422.17	4422.17	0.00	100.00%	515	500	97.09%	49.98%
	智慧工地项目部第四分部	装载机	1052.41	948.00	104.41	90.08%	270	172	63.70%	65.28%
		摊铺机	356.22	344.23	11.99	96.63%	89	50	56.18%	82.27%
	智慧工地项目部第五分部	发电机组	1653.04	1653.04	0.00	100.00%	208	180	86.54%	61.11%
	L4大屏	滑模摊铺机	0.00	0.00	0.00	—	1	0	0.00%	—
	智慧工地项目部第六分部	挖掘机	6.80	5.80	1.00	85.27%	2	2	100.00%	87.91%
		混凝土搅拌运输车	22.92	22.92	0.00	100.00%	3	3	100.00%	80.12%

2023年9月1日—12月13日机械运转情况区间占比统计　　　　　　　　表4

运行工时占比统计			出勤率统计			利用率统计		
	本期机械数量	占比		本期机械数量	占比		本期机械数量	占比
100%	16	61.54%	100%	11	42.31%	100%	10	38.46%
80%≤n<100%	8	30.77%	80%≤n<100%	9	34.62%	80%≤n<100%	4	15.38%
60%≤n<80%	1	3.85%	60%≤n<80%	3	11.54%	60%≤n<80%	3	11.54%
20%≤n<60%	0	0.00	20%≤n<60%	2	7.69%	20%≤n<60%	8	30.77%
n<20%	1	3.85%	n<20%	1	3.85%	n<20%	1	3.85%

附录 4 项目机械施工管理数字化分析报告

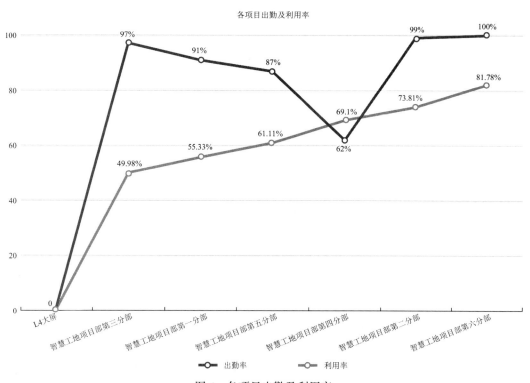

图 4 各项目出勤及利用率

（注：项目数量超限时，图表按"利用率"从低到高顺序取前 15 个项目展示）

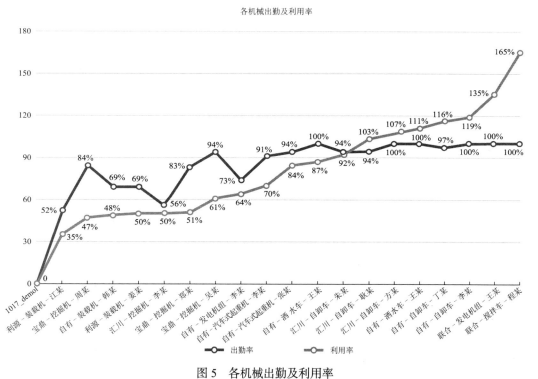

图 5 各机械出勤及利用率

（注：机械数量超限时，图表按"利用率"从低到高顺序取前 20 台机械示）

277

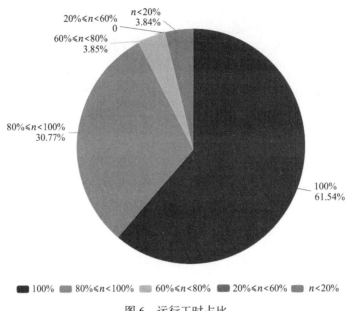

图 6　运行工时占比

可对工作勤勉且效率高的设备加以勉励，对工作懈怠且效率低下的设备加以惩戒，端正设备相关人员的工作态度。

同时，应注意合理调配设备资源，提高设备利用率，避免资源浪费。

2. 公司总体燃油数据分析

在设备的燃油管理中，油位标定对机械指挥官能否准确采集油量数据影响较大，严格按照规范指导完成油位标定，可以保证油量数据的正常采集和上传，目前已进行油箱标定的设备共有 19 台，未标定设备共有 9 台。以下只针对安装油位监测仪并完成标定的设备进行统计分析（表 5，图 7）。

2023 年 9 月 1 日—12 月 13 日总体燃油数据统计　　表 5

主项目名称	项目名称	机械类型	总耗油			怠速耗油			怠速耗油占总耗油比重
			总工时	总耗油量	平均油耗	总工时	总耗油量		
主项目 1	智慧工地项目部第一分部	挖掘机	840.25	9045.02	10.76	157.35	953.38		10.54%
		洒水车	1625.35	6001.40	3.69	0.00	0.00		0.00
		汽车式起重机	1268.02	3816.20	3.01	0.00	0.00		0.00
	智慧工地项目部第二分部	挖掘机	100.99	814.34	8.06	17.82	119.68		14.70%
		混凝土搅拌运输车	4921.45	25747.64	5.23	0.00	0.00		0.00
	智慧工地项目部第三分部	自卸车	4422.17	28400.05	6.42	0.00	0.00		0.00
	智慧工地项目部第四分部	装载机	1052.41	14847.34	14.11	104.41	924.71		6.23%
		摊铺机	325.68	9137.06	28.06	11.81	141.28		1.55%

续表

主项目名称	项目名称	机械类型	总耗油			急速耗油		急速耗油占总耗油比重
			总工时	总耗油量	平均油耗	总工时	总耗油量	
主项目1	智慧工地项目部第五分部	发电机组	1122.65	9102.09	8.11	0.00	0.00	0.00

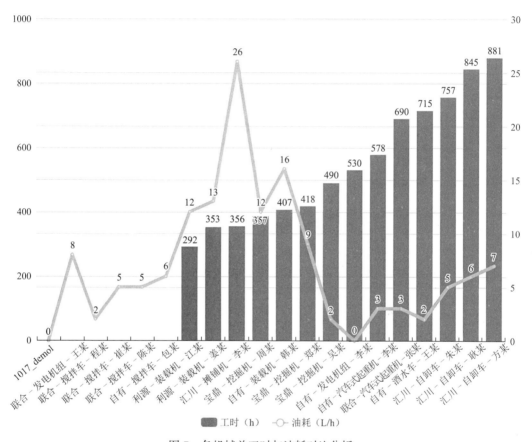

图 7　各机械总工时与油耗对比分析

（注：机械数量超限时，图表按"工时"从低到高顺序取前20台机械展示）

急速耗油造成的经济损失，报告期内急速耗油量总计2139.05L，若以柴油价格7元/L计算，本项目在报告期内因设备急速产生的燃油成本14973.35元。应对油耗高、急速耗油量多的设备加强监督，查找并分析影响设备耗油量和油耗的因素，避免高耗油、高油耗设备继续给项目造成经济利益的损失和能耗超标的压力。

3. 公司总体加油数据分析

从公司总体的加油情况统计来看，系统加油量共118102.55L，其中智慧工地项目部第三分部项目系统加油量最高。各项目累计加油609次，其中登记共41次。在油位标定的机械中，进行加油手工登记的设备台数为18，还存在6台机械从未录入手工登记值（表6，图8）。

2023年9月1日—12月13日总体加油记录统计 表6

主项目名称	项目名称	系统加油量	系统与人工值比较（仅统计填写人工值的记录）				加油手工登记完成情况			
			系统值	人工值	差值	差异率	加油次数	登记次数	未登记次数	登记设备台数
主项目1	智慧工地项目部第四分部	24433.47	24431.23	2016.00	22417.47	1111.98%	143	9	134	4
	智慧工地项目部第六分部	0.00	0.00	120.00	120.00	100.00%	1	1	0	1
	智慧工地项目部第五分部	9092.25	9095.86	3108.00	5984.25	192.54%	35	10	25	2
	智慧工地项目部第二分部	30493.11	31526.58	2057.00	28436.11	1382.41%	195	11	184	5
	智慧工地项目部第三分部	34235.15	34234.67	620.00	33615.15	5421.80%	116	3	113	3
	智慧工地项目部第一分部	19848.57	19847.04	1239.00	18609.57	1501.98%	119	7	112	5
	多租户演示	0.00	0.00	—	—	—	0	0	0	0
	L4大屏	0.00	0.00	—	—	—	0	0	0	0

各机械系统&人工加油对比及误差分析

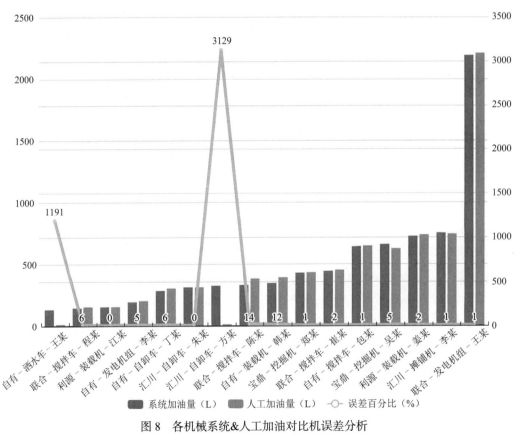

图8　各机械系统&人工加油对比机误差分析

（注：图表以存在系统采集值和人工登记值的机械加油记录为基础数据，当机械数量超限时，图表按"系统加油量"从低到高顺序取前20台机械展示）

由于机械指挥官自动采集的油量数据具备客观真实性,不受人为干扰,准确率可达95%以上,每次加油时,要求加油人员将油枪数据填写至手工登记值中,有利于通过油枪数据与系统采集数据的对比,检查油料供应商所提供的数据可靠程度。

在其他应用机械指挥官的施工项目中,我们曾帮助用户发现油枪计量失真的问题,加满一个容积为400L的油箱,供应商的油枪计量表上竟然显示出543L的数字,也就是说,按照当时的柴油价格,每加一箱油,项目部都要多付出900多元的费用。

4. 公司总体设备异常情况分析

从公司总体的报警情况来看,共计发生1686次报警,其中异常报警1653次。发生报警次数较多的是围栏报警和路线报警,分别为994次和466次。

各项目中,发生报警次数最多的是智慧工地项目部第一分部的洒水车,共631次(表7)。

2023年9月1日—12月13日报警记录汇总　　　　表7

主项目名称	项目名称	机械类型	异常报警						使用不规范报警			总计
			持续怠速报警	设备闲置报警	路线报警	围栏报警	油量异常报警	非法卸料报警	设备离线报警	低电量报警	设备拆除报警	
主项目1	智慧工地项目部第四分部	装载机	7	34	0	0	0	0	0	0	0	41
		摊铺机	0	3	0	0	0	0	0	0	0	3
	智慧工地项目部第六分部	挖掘机	2	0	0	0	0	0	0	0	1	3
	智慧工地项目部第五分部	发电机组	0	4	0	0	0	0	0	0	0	4
	智慧工地项目部第二分部	挖掘机	18	1	1	1	2	0	0	1	5	29
		混凝土搅拌运输车	1	0	420	0	3	0	7	0	0	431
	智慧工地项目部第三分部	自卸车	0	4	0	0	1	0	1	0	1	7
	智慧工地项目部第一分部	挖掘机	98	3	0	2	6	1	4	1	2	117
		洒水车	1	0	45	580	1	0	4	0	0	631
		汽车吊	0	0	0	411	3	0	5	1	0	420
总计			127	49	466	994	16	1	21	4	8	1686

存在的问题和解决意见:

(1)持续怠速报警多发,说明设备怠工现象严重,工作效率不足。

解决意见:建议设备管理员每天关注设备运行情况,制定设备怠速管理条例,实行奖惩制度,杜绝设备不必要的怠速。

(2)设备闲置报警多发,说明设备调配不合理,资源利用不充分。

解决意见:建议设备管理员多加关注设备运行情况,将闲置及使用率低的设备及时调往有需求的项目,提高设备利用率,减少资源浪费。

(3)路线报警多发,说明设备偏离规定行驶路线,存在安全隐患。

解决意见:建议查看报警记录,根据实际行驶路线判断路线规划是否合理。若过度偏离路线，及时核实原因并做出处理。

（4）油量异常报警多发，说明存在跑冒滴漏问题，或遭遇油料偷盗事件。

解决意见：建议定期检查维修机械，避免因机械故障而带来不必要的燃油损失，同时加强对进出现场人员的管控。

（5）围栏报警多发，说明设备或车辆经常违规出入施工区域，存在私自去其他项目兼工的可能性，或易引发安全事故。

解决意见：若出围栏位置离围栏很近，建议核实围栏划分是否合理，可根据实际情况调整围栏范围。若离围栏较远，建议根据报警记录进行核查，避免违规出入施工区域事件频发。

（6）非法卸料报警多发，说明搅拌车存在在非指定区域卸料的行为。

解决意见：建议项目现场对报警信息及时查收、及时处理，可查询车辆运行轨迹，追溯混凝土去向。

（7）设备离线报警多发，说明设备存在无法正常连接情况的可能性，易造成数据采集中断。

解决意见：建议项目现场及时排查，是否存在终端关机或者被拆除的情况，及时恢复数据的采集上传。

（8）低电量报警多发，说明现场对终端的维护较为忽略，或阴雨天气过多。

解决意见：建议项目现场时常检查终端电量，擦拭灰尘，或使用外接电源充电，避免因电量不足而导致数据无法采集上传。

（9）设备拆除报警多发，说明现场对机械指挥官的认知不到位。

解决意见：建议对项目现场人员加强培训和宣贯，正确使用机械指挥官产品，退场时应先解绑再拆除设备。

机械指挥官系统内有 16 种报警功能，能够有效帮助项目及时发现设备异常、及时解决问题，以此保障机械的安全、高效运转。这也需要各级设备管理人员关注并重视系统报警，及时核实现场情况，及时处理报警信息，避免异常情况对施工进度、项目成本、设备安全等造成不良影响。

三、总结及建议

本公司的项目设备管理工作，仍面临设备利用率和工作效率不高、怠速耗油量不少的情况，导致公司和项目上不得不承受设备资源的浪费和工时燃油成本的损失。

（1）建议公司施加相应管理措施，项目现场加强对设备的关注，充分利用机械指挥官并发挥其在提升设备管理水平、降低成本、提升效率方面的价值。

（2）建议安排专人负责机械指挥官的安装、培训、使用和维护事宜，并定期出具分析报告，将机械指挥官的使用融入日常管理当中，并制定相应的制度为设备信息化、数字化、智能化管理保驾护航。

（3）用好机械指挥官需要用户与机械指挥官团队的密切配合，机械指挥官团队将始终以优质的产品、专业的知识和用心的态度服务用户，帮助用户提升工程机械管理水平，陪伴客户完成数字化转型促高质量发展的部署。

参考文献

[1] 中国建筑业协会. 2023年建筑业发展统计分析[R]. 2024.

[2] 宁海龙. 数字化时代建筑企业转型升级路径探究[R/OL]. (2020-4-17)[2024-12-12]. https://www.iii.tsinghua.edu.cn/info/1059/2288.htm.

[3] 中国新闻网. 住建部：2023年建筑业总产值达31.6万亿元[EB/OL]. (2024-8-23)[2024-12-12]. https://www.chinanews.com.cn/cj/2024/08-23/10273395.shtml.

[4] 刘云浩. 物联网导论[M]. 北京：科学出版社，2011.

[5] 徐爱功，韩晓东，崔希民，等. 全球卫星导航定位系统原理与应用[M]. 北京：中国矿业大学出版社，2009.

[6] COPPENS D, SHAHID A, LEMEY S, et al. An overview of Ultra-WideBand (UWB) standards and organizations (IEEE 802.15.4, FiRa, Apple): Interoperability Aspects and Future Research Directions[J]. 2022.

[7] 彭力. 无线射频识别（RFID）技术基础[M]. 北京：北京航空航天大学出版社, 2012.

[8] 高翔，张涛，等. 视觉SLAM十四讲[M]. 北京：电子工业出版社, 2017.

[9] 施巍松，刘芳，孙辉，等. 边缘计算：EDGE COMPUTING[M]. 北京：科学出版社, 2018.

[10] 雷万云. 云计算——技术、平台及应用案例[M]. 北京：清华大学出版社, 2011.

[11] 吴刚，潘金龙. 装配式建筑（第二版）[M]. 北京：中国建筑工业出版社, 2024.